机电类专业高职单考单招系列丛书

电工基础
学习辅导与训练

基础练习—统测过关—高职考试

主　编　蒋心刚
副主编　孙丽萍　徐　瑜
参　编　包　含　卢　慧　宋建杭　魏周苗
主　审　胡松涛

机械工业出版社

本书是机电类专业高职单考单招系列丛书中《电工基础》的配套教学用书，内容包括基础练习、统测过关、高职考试和参考答案四大部分。

本书可作为中等职业学校机械类、电类专业学生基础学习、能力训练、考试复习和高考强化的教学辅导书，也可作为参加相关岗位培训人员、自学人员、专业爱好者的学习与参考书，更是任教《电工基础》课程老师的必备书籍。

图书在版编目（CIP）数据

电工基础学习辅导与训练/蒋心刚主编. —北京：机械工业出版社，2012.4（2025.8重印）

（机电类专业高职单考单招系列丛书）

ISBN 978-7-111-37625-5

Ⅰ.①电… Ⅱ.①蒋… Ⅲ.①电工学-中等专业学校-教学参考资料 Ⅳ.①TM1

中国版本图书馆 CIP 数据核字（2012）第 035377 号

机械工业出版社（北京市百万庄大街 22 号 邮政编码 100037）

策划编辑：汪光灿 责任编辑：汪光灿 王莉娜
版式设计：霍永明 责任校对：陈延翔
封面设计：张 静 责任印制：张 博
北京机工印刷厂有限公司印刷
2025 年 8 月第 1 版第 10 次印刷
184mm×260mm·20.25 印张·501 千字
标准书号：ISBN 978-7-111-37625-5
定价：58.00 元

电话服务 网络服务

客服电话：010-88361066 机 工 官 网：www.cmpbook.com
010-88379833 机 工 官 博：weibo.com/cmp1952
010-68326294 金 书 网：www.golden-book.com
封底无防伪标均为盗版 机工教育服务网：www.cmpedu.com

前　言

　　本书是《电工基础》配套教材，内容包括基础练习、统测过关、高职考试、参考答案四大部分。第一部分以主教材的章节分为直流电路基础知识、直流电路、电容器、磁与电磁感应、正弦交流电路、三相交流电路、变压器和交流电动机七个单元。每个单元基本上按知识范围和学习目标、知识要点和分析、练习卷、复习卷、测验卷的方式循序渐进，有利于学生的知识梳理、知识总结和学习能力的训练。对于不同要求的学生，教师还可以在其中挑选不同的卷子辅助分层教学。第二部分以单元复习、综合练习为主，内容要求相对较低，目的是经过该轮的训练，让绝大多数的中职学生能统测过关，顺利毕业。第三部分以参加高职考试的学生为主要对象，针对高二年级电工基础课程学习间断的特点，要求教师根据学生的实际情况，结合第一部分内容，进行适当的知识回顾和解题练习，然后按第三部分进行阶段性测试和高职模拟考试等强化训练。

　　本书使用灵活方便，可作为学生的作业本，免去了教师出各类练习卷的麻烦，更可以节约学校为印练习卷而带来的大量人力和物力的支出。作为学校，也可把本书作为试题库，便于教学管理。本书的内容结构和使用说明如下：

本书由蒋心刚任主编，孙丽萍、徐瑜任副主编，包含、卢慧、宋建杭、魏周苗参与部分内容编写，胡松涛任主审。在本书的编辑过程中，浙江省机电职业技术学院范建蓓教授和杭州市特级教师严加强给予了支持与关心，并提出了许多宝贵的意见，在此深表感谢！

由于编者的水平和教学经验有限，对于教学大纲的理解和把握、例题的选用和多种解法以及习题的筛选等方面会存在许多不足之处，望广大读者提出宝贵的意见和建议，以便今后的改正、提高和完善。

编　者

目　录

第一部分

基础练习

直流电路基础知识

知识范围和学习目标

1. 知识范围

1）库仑定律。

2）电场和电场强度。

3）电流。

4）电压和电位。

5）电源和电动势。

6）电阻和电阻定律。

7）电路和欧姆定律。

8）电能和电功率。

9）电源的最大输出功率。

2. 学习目标

1）知道库仑定律及应用条件，能运用公式进行计算。

2）掌握电场、电流、电阻、电位、电压、电动势、电能、电功率（功率）等基本概念，能运用相关公式进行计算和单位换算。

3）知道电路的三种状态。

4）掌握电阻定律、欧姆定律，能灵活应用欧姆定律。

5）了解电阻与温度的关系。

6）理解电源最大输出功率的条件，掌握最大输出功率的计算。

知识要点和分析

【知识要点一】 库仑定律

1）点电荷：当带电体的几何线度（直径）远远小于带电体间的距离时，带电体的形状和大小对相互作用力的影响可以忽略不计，这样的带电体称为点电荷。

2）库仑定律：真空中两个静点电荷之间的作用力大小跟它们所带的电荷量的乘积成正比，跟它们之间距离的平方成反比，作用力的方向在这两个点电荷的连线上，即

$$F = k\frac{q_1 q_2}{r^2}$$

其中，电荷量 q 的单位是库仑，符号为 C；k 为静电恒量，$k = 9.0 \times 10^9 \text{N} \cdot \text{m}^2/\text{C}^2$。

★ 常见题型

真空中两个静点电荷相距 8cm，相互作用力为 F，若距离变为 4cm 时，作用力将变为（　　）。

A. F/2　　　　　　B. 2F　　　　　　C. F/4　　　　　　D. 4F

【知识要点二】　电场和电场强度

1）电场：电荷的周围空间存在的一种特殊物质叫电场，通常是指静电场。

2）电场强度：放入电场中某一点的检验电荷所受到的电场力 F 跟它的电荷量 q 的比值，称为这一点的电场强度，简称场强，代号为 E。其定义式为 $E = F/q$；电场强度的单位是牛顿/米，符号为 N/C。

场强与 q、F 无关，是由电场本身的性质决定的。电场的最基本特性是具有力和能的特征。

3）电场强度的方向：电场强度是矢量，其方向与该点的正电荷受到的电场力方向相同。

4）电力线：用来形象地描述电场强度的大小和方向。电力线的特点如下：

① 电力线是一组假想的曲线。

② 电力线上每一点的切线方向和该点电场强度 E 的方向一致。

③ 电力线越密的地方电场强度 E 就越大。

④ 任何两条电力线都不会相交。

⑤ 电力线起始于正电荷，终止于负电荷，是不封闭的曲线。

5）匀强电场：电场中每一点的电场强度的大小和方向都相同的电场，称为匀强电场。

★ 常见题型

已知检验电荷 $q = 3 \times 10^{-9}$C，它在电场 P 点受到的电场力 $F = 18$N，求该点的电场强度。若检验电荷仍放在 P 点，电荷量变为 $q' = 6 \times 10^{-9}$C，那么该检验电荷 q' 所受的电场力变为多少？

【知识要点三】　电流

1）电流的形成：电荷的定向运动形成电流。电流的大小或强弱用电流强度（简称电流）I 来描述。

2）电流的大小：通过某一导体横截面的电荷量 q 与通过这些电荷量所需的时间 t 的比值称为电流。其代号为 I，定义式为 $I = q/t$。

电流的单位是安培，符号为 A，常用单位有毫安（mA）、微安（μA），$1\text{A} = 10^3 \text{mA} = 10^6 \mu\text{A}$。

3）电流的方向：电流是标量，规定正电荷定向运动的方向为电流的正方向。

★ 常见题型

在 5min 内，通过导体横截面的电荷量为 3.6C，求电流是多少安培？合多少毫安？

【知识要点四】　电压和电位

1）电压：电场力把电荷由 a 点移到 b 点所做的功 W_{ab} 与被移动电荷的电荷量 q 的比值，

称为 a、b 两点间的电压 U_{ab}。其定义式为 $U_{ab} = W_{ab}/q$

电压的单位是伏特，符号为 V，常用单位有毫伏（mV）、千伏（kV），$1kV = 10^3V = 10^6mV$。

2）电压的方向：电压是标量，规定电压的正方向为从高电位指向低电位。

3）电压和电位的计算关系：a、b 两点间的电压等于 a、b 两点的电位差，即 $U_{ab} = V_a - V_b$

电压与电位是两个不同的物理量，电位是相对的，与选择的参考点有关；电压是不变的，与参考点无关。

★**常见题型**

在电场中有 a、b、c 三点，取一个电荷量为 $q = 5 \times 10^{-2}$C 的电荷由 a 移到 b，电场力做功 2J，电荷由 b 移到 c，电场力做功 3J，若以 b 为参考点，试求 a 点和 c 点的电位。

【**知识要点五**】　电源和电动势

1）电动势：在电源内部，电源力把正电荷 q 从低电位（负极板）移到高电位（正极板）克服电场力所做的功 $W_{电源力}$ 与被移动电荷的电荷量 q 的比值称为电源的电动势。其代号为 E，定义式为 $E = W_{电源力}/q$

电动势的单位是伏特，符号为 V。

2）电动势的方向：电动势是标量，规定电动势的正方向为由电源内部的负极指向正极。

3）电动势与电压的区别：

① 电压存在于电源的内、外部，是衡量电场力做功本领的物理量。

② 电源电动势只存在于电源的内部，由电源本身的性质所决定，是表征电源把其他形式的能转化为电能本领的物理量。

③ 电动势的方向是由电源内部的负极指向正极，即电位升高的方向。

④ 电压的方向总是从高电位指向低电位，即电位降低的方向。

★**常见题型**

关于电动势的说法正确的是（　　）。

A. 电动势就是电源内部的电压

B. 电动势的方向是由电源内部的低电位指向高电位

C. 电动势存在于内、外电路中

D. 电动势的大小与外电路的电压、电流有关

【**知识要点六**】　电阻和电阻定律

1）电阻：导体两端电压 U 和通过它的电流 I 的比值称为该导体的电阻。其定义式为 $R = U/I$。

2）电阻定律：在温度不变时，一定材料制成的导体的电阻大小跟它的长度成正比，跟它的横截面积成反比，这个实验规律叫电阻定律，其公式为

$$R = \rho \frac{l}{S}$$

其中，电阻率 ρ 反映了材料的导电性能，与温度有关，一般随温度升高而增大。

电阻的单位是欧姆，符号为 Ω，常用单位有千欧（kΩ）和兆欧（MΩ），$1M\Omega = 10^3k\Omega$

$=10^6\Omega$。

★ 常见题型

1) 有一横截面积为 1.75mm^2 的铜导线，如果导线两端的电压为 20V，导线中通过 1A 的电流，求该导线的长度（$\rho=1.75\times10^{-8}\Omega\cdot\text{m}$）。

2) 两同种材料的电阻丝，长度之比为 1:4，横截面积之比为 2:3，则电阻之比为____。

【知识要点七】 电路和欧姆定律

1) 部分电路欧姆定律：电路中的电流 I 与电阻两端的电压 U 成正比，与电阻 R 成反比，这个实验结论称为部分电路欧姆定律。其公式为

$$I=U/R$$

注意：当 U、I 的参考方向一致时，$I=U/R$；

当 U、I 的参考方向不一致时，$I=-U/R$。

2) 电路的基本组成：

电源—负载—控制和保护装置—连接导线，如图 1-1 所示。

3) 电路的三种状态：

通路———开路（亦称断路）———短路。

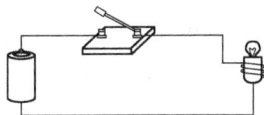

4) 全电路欧姆定律：在闭合电路中电流的大小跟电源电动势成正比，跟整个电路的总电阻成反比，这一实验规律称为全电路欧姆定律。其公式为

图 1-1 电路的基本组成

$$I=E/(R+r)$$

5) 电源的外特性：电源的端电压随负载电流变化的关系称为电源的外特性，这种变化关系图称为电源的外特性曲线，如图 1-2 所示，其中两个特殊点（A 和 B）的意义如下：

A 点：外电路断路时，$R\to\infty$，$I=0$，开路电压 $U_0=E$；

B 点：外电路短路时，$R\to0$，$U=0$，短路电流 $I_\text{S}=E/r$。

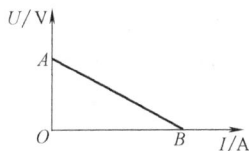

图 1-2 电源的外特性

★ 常见题型

1) 一段导体两端电压为 4V，通过导体的电流为 1A，导体的电阻为____，若导体两端电压为 8V，则通过导体的电流为____。

2) 有一闭合电路，电源电动势 $E=12\text{V}$，内阻 $r=0.5\Omega$，负载电阻 $R=11.5\Omega$，则通过电路的电流为____，负载两端的电压为____。

3) 某线性含源二端网络的开路电压为 10V，如果在网络两端接 10Ω 的电阻，二端网络的端电压为 8V，则此网络的等效电动势 $E_0=$____，内阻 $r_0=$____。

【知识要点八】 电能和电功率

1) 电流的热效应：当电流通过电阻时，电流做功而消耗电能，产生了热量，这种现象称为电流的热效应。

2) 电能：在电路中，电流所做的功称为电能，也称电功。其公式为 $W=qU=UIt$；对纯电阻电路，还有 $W=I^2Rt=U^2t/R$。

电能的单位是焦耳，符号为 J，常用单位为度（电），即千瓦时（$\text{kW}\cdot\text{h}$），1 度（电）= $1\text{kW}\cdot\text{h}=3.6\times10^6\text{J}$

3）电功率（简称功率）：电流在单位时间内所做的功，是描述电流做功快慢程度的物理量。其公式为 $P = W/t = UI$；对纯电阻电路，还有 $P = I^2R = U^2/R$。

功率的单位是瓦特，符号为 W，常用单位有 kW，$1\mathrm{kW} = 10^3\mathrm{W}$。

注意：在 $P = UI$ 的计算中，如果 I 与 U 取非关联参考方向时，公式应为 $P = -UI$，

那么：$P > 0$ 说明该元件正在消耗电能，也称"吸收功率"，如电阻发热、元件充电；

$P < 0$ 说明该元件正在发出电能，也称"发出功率"，如电源提供电路的电能。

4）电能表是计量电能的仪表，简称电表，俗称电度表、火表，常用"度（电）"这个单位来计量。

★ **常见题型**

1）当"220V 40W"的灯甲与"220V 100W"的灯乙都正常工作时，（　　　）。

A. 甲比乙亮，甲比乙电阻值小　　　　B. 甲比乙暗，甲比乙电阻值大

C. 甲、乙一样亮　　　　　　　　　　D. 甲和乙电阻值一样大

2）额定值为"220V 100W"的白炽灯，灯丝的热态电阻为_____。如果把它接到110V 的电源上，它实际消耗的功率为_____。若连续正常使用8h，所消耗的电能是_____度（电），它所产生的热量是_____焦耳。

【知识要点九】　电源的最大输出功率

1）电源最大输出功率定理：当负载电阻 R 等于电源内阻 R_0 时，电源输出功率最大，或者说负载能从电源获得最大消耗功率 P_m。即当 $R = R_0$ 时，$P_\mathrm{m} = \dfrac{E^2}{4R}$。

2）负载匹配：在无线电技术中，把负载电阻等于电源内阻的状态叫做负载匹配。

★ **常见题型**

如图 1-3 所示，已知电源电动势 $E = 20\mathrm{V}$，内阻 $r = 1\Omega$，$R_1 = 3\Omega$，R_P 为滑动变阻器，当 $R_\mathrm{P} =$ _____时，R_P 可以获得最大功率，$P_\mathrm{m} =$ _____。

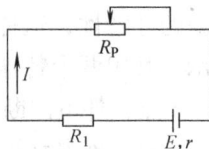

图 1-3　题图

直流电路基础知识（基本概念）——练习卷1

班级_____　学号_____　姓名_____　成绩_____

一、库仑定律

1. 电荷可以分为_____和_____两种。我们把丝绸摩擦过的玻璃棒上所带的电荷称为_____，把毛皮摩擦过的橡胶棒上所带的电荷称为_____。

2. 一般来说，物体得到电子带_____电，物体失去电子带_____电。

3. 电荷之间存在着相互_____，同种电荷互相_____，异种电荷互相_____。

4. 点电荷是指当带电体的_____远远_____所研究的带电体之间的_____时，带电体的形状和大小对它们的作用的影响可以_____，这样的带电体称为点电荷。

5. 真空中，两个静点电荷之间的相互作用力又称为_____、_____或_____。

6. 电荷的_____称为电荷量，电荷量的国际单位是_____，用符号_____来表示。

7. 一个自由电子或一个质子所带的电荷量为_____，称为_____电荷，任何带电物体所带的电荷量总是等于它的_____倍。

8. 库仑定律的文字叙述是：在_____中两_____电荷之间的作用力的大小跟它们所带的电荷量的_____成_____，跟它们之间的距离的_____成_____，作用力的方向在它们的_____上，其公式是 $F = $ _____，其中 k 称作_____，当力的单位为牛顿、电荷量的单位为库仑、距离的单位为米的时候，k 在数值上为_____ $N \cdot m^2 / C^2$。

9. 两电荷之间的库仑力是互为作用与_____作用力，它们_____相等，方向_____，作用力的方向在_____上。

10. 库仑定律的适用条件是_____、_____、_____。

11. 应用：在真空中，两个静点电荷的电荷量 $q_1 = 1C$、$q_2 = 1C$，相距 $r = 1m$，试求它们之间的相互作用力。

二、电场和电场强度

1. 电场是一种存在于电荷_____空间的、对电荷有_____的_____物质，因此，电场具有_____和_____的特性。

2. 电荷之间的相互作用力是依靠_____来实现的。

3. 电场强度是描述电场_____的物理量，电场强度的定义式为 $E = $ _____，文字叙述为：放入电场中某点的检验电荷受到的_____与该电荷量的_____，称为这一点的电场强度，简称_____。

4. 电场强度是_____量，既有_____，又有_____。电场中某一点的电场强度方向就是_____在该点所受_____的方向。

5. 为了形象地描述电场中各点电场强度的大小和方向，我们采用了电力线，它是这样的一系列曲线：使这些曲线上每一点的_____方向都跟该点的电场强度方向一致，并用曲线之间的疏密程度表示电场强度的_____。

6. 请用电力线来描述正、负点电荷周围的电场和带正负电荷的平行板内部的电场，如图 1-4 所示。

7. 如图 1-5 所示，场强为 E 的匀强电场中，C 点距 B 板的距离为 d，现将电量为 q 的正点电荷由 C 点移到 B 板，电场力做功 $W_{CB} =$ _____。

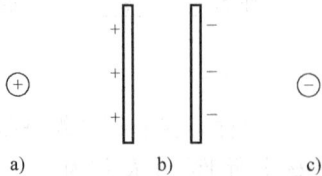

图 1-4　题 6 图
a) 正点电荷周围　b) 带电平行板内　c) 负点电荷周围

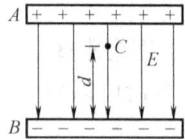

图 1-5　题 7 图

8. 电力线的特征：①电力线起于_____电荷，终止于_____电荷；②任何两条电力线都不会_____；③电力线越密的地方，场强越_____；④电力线上每一点的切线方向就是该点的_____方向。

9. 电场强度 E 反映了电场本身的性质，与检验电荷 q _____（有关或无关）。

10. 匀强电场中每一点的电场强度 E 的大小都_____、方向都_____。

11. 应用：电场中某点的电场强度是 $4 \times 10^9 \mathrm{N/C}$，电荷量为 $5 \times 10^{-8} \mathrm{C}$ 的点电荷在该点受到的电场力是多大？

三、电流

1. 电荷的_____运动形成电流。电流的方向规定为_____的方向。

2. 电流的国际单位是_____，符号为_____，常用单位还有_____、____，符号为_____、_____，即：$1\mathrm{A} =$_____$\mathrm{mA} =$_____$\mu\mathrm{A}$，电流的定义式是 $I =$_____。

3. 在某导体内能形成电流的条件是：①导体的两端有_____；②导体的内部有_____；③电路必须为_____。

4. 电流是_____（矢量或标量）。

5. 电流的种类可以分为_____、_____、_____。

6. 大小和方向都随时间做_____的电流，称为交流电。

7. 其_____和_____都不随时间变化的电流，称为_____，也称为_____。

8. 脉动电流的电流_____随时间变化，_____不随时间变化。

9. 如图 1-6 所示图中，交流电流是_____图，直流电流是_____图，脉动电流是_____图。

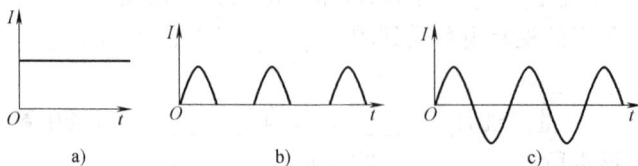

图 1-6　题 9 图
a) A 图　b) B 图　c) C 图

10. 一般使用电流表（安培表）来测量电路中的电流，使用时应该注意：

1）调_____；

2）选好_____，无法估计时，采用_____量程；

3）电流表与被测电路要_____联；

4）电流表的"+"（红笔）接电流的_____端，"−"（黑笔）接电流的_____端。

11. 应用：已知某一个导体内的电流为10mA，问要经过多长时间才能在该导体的横截面上通过1.8C的电荷量？

四、电压和电位

1. 电压反映了电场力_____的大小，表述了电场具有_____的特征。电压的定义式为 $U =$ _____。

2. 电压的正方向规定为从____电位指向____电位。

3. 电压的国际单位是_____，符号为_____，常用的单位还有_____、_____，符号是_____、_____。即：$1kV =$ _____$V =$ _____mV。

4. 一般取____电位点为电位的参考点。若在电路中选定某一点 A 为电位的参考点，那么就是规定该点的电位为_____，即 $V_A =$ _____。

5. 电位参考点的选择方法是：①在工程中常选_____作为电位参考点；②在电子线路中，常选一条特定的_____线或_____作为电位的参考点。

6. 电压和电位，既有相同点，也有区别，而且还有联系：

1）相同点：电压与电位都表示电场具有_____的能力，国际单位都是_____；

2）不同点：电位是_____的，与参考点的选择_____；电压是_____的，与参考点的选择_____；

3）电压和电位的关系式：$U_{AB} =$ _____。两点间的电压就是这两点的_____，所以电压也称为_____。

7. 一般用电压表（伏特表）来测量某电路两端的电压，使用时应注意：

1）调_____；

2）选好_____，无法估计时，采用_____量程；

3）电压表与被测电路要_____联；

4）电压表的"+"接电流_____端，"−"接电流_____端。

8. 应用：

1）已知某一电路中，A 点电位为10V，B 点电位为 −5V，则 A、B 两点间的电压是多少？

2）已知某一电路中，选择 B 点为参考点，测得 A、B 两点的电压为24V，那么，A 点的电位应该是多少？

五、电源和电动势

1. 电源是一种能够不断地把_____形式的能量转变为_____的装置。

2. 电动势定义的文字叙述是：在电源内部，电源力将正电荷从电源的_____极移向电源的_____极的过程中，电源力所做的_____与被移送电荷的电荷量的_____，称为电源的电动势，其定义式为 $E =$ _____。

3. 在国际单位制中，电动势的单位是_____，符号为_____。

4. 电动势的方向就是电源力的方向，或者说是由电源的_____极指向_____极。

5. 在电源内部，电源对电流的阻碍作用，叫做电源的_____。

6. 电动势与电压的区别：

1）电动势是由电源_____决定的，表征电源把_____形式的能转化为_____本领的物理量。它与所接的外电路情况_____，是存在于电源_____的。电动势的方向是从电源的_____极指向_____极，或者说是由电源内电路的_____电位指向_____电位。即：电动势的方向是电源内部电路的电位_____（升高或降低）的方向。

2）电压是衡量电场力_____本领的物理量；存在于电路的_____、_____部，方向总是由_____电位指向_____电位，即：在外电路，电压的方向是由_____极指向_____极，在内电路中，电压的方向是由电源的_____极指向_____极。

7. 应用：

1）在电源的内部，电源力做了42J的功才把7C的正电荷从负极移到正极，问该电源的电动势是多少？

2）在电源内部，电源力做了12J的功，将8C电荷量的正电荷由负极移到正极，则电源的电动势是多少？若该电源要将12C电荷量的电荷由负极移到正极，则电源力需做多少功？

六、电阻和电阻定律

1. 物质按导电性能分，可分为_____、_____和_____。

2. 金属导体导电的原因是因为金属内部存在着大量的_____，在电路中，它们在外加电压即电场力的作用下，会从_____电位流向_____电位，这样金属导体中便形成电流，这样形成的电流的方向与规定的电流的正方向_____。

3. 导体对电流的_____作用叫导体的电阻，电阻的主要物理特征是把电能转为_____，也就是说电阻是一个_____元件。

4. "1Ω"是这样定义的：当在一个电阻器的两端加上1V的电压时，如果在这个电阻器中有_____电流通过，则这个电阻器的阻值为1Ω。

5. 电阻的代号是_____，电阻的国际单位是_____，用符号_____表示，电阻的常用单位还有_____和_____；符号分别为_____和_____。

6. 电阻定律的文字叙述是：在温度不变时，一定材料制成的导体电阻的大小跟它的长度成_____，跟它的横截面积成_____。其数学表达式为 $R =$ _____，其中 ρ 称为_____，国际单位是_____，是由材料的_____决定的，还与_____有关。

7. 从电阻定律可知，影响电阻的主要因素是导体_____、_____和_____，还与_____有关。一般来说，金属导体的电阻值随着温度的升高而_____；但某些特殊导体材料（如负温度系数电阻）的电阻值随着温度的升高而_____。

8. 电阻值 R 与通过它的电流 I 和两端电压 U _____（有关或无关）的电阻元件叫做线性电阻，其伏安特性曲线在 $I-U$ 平面坐标系中为一条通过_____点的_____线。

9. 应用：

1）长 300m、横截面积是 $10mm^2$ 的铜导线（电阻率为 $\rho = 1.75 \times 10^{-8}\Omega \cdot m$）的电阻值是多少？

2）已知某导体的电阻是 48Ω，把它两次对折后，作为一根导线使用，电阻变为多少？

3）两导体材料相同，横截面积相等，长度分别为 1.8m 和 0.6m，则它们的电阻之比是多少？

七、电路和欧姆定律

1. 电流所流过的闭合路径称为_____。

2. 电路的基本组成有_____、_____、_____及_____四部分。

3. 整个电路完全由_____和电源构成的电路叫线性电路。

4. 电路的三种状态是_____、_____和_____。

5. 部分电路欧姆定律：流过导体的电流跟导体两端的_____成_____，跟导体的电阻成_____。当 U、I 的参考方向一致时，欧姆定律的表达式为 $I = $_____。当 U、I 的参考方向不一致时，欧姆定律的表达式为 $I = $_____。

6. 全电路欧姆定律：闭合电路中的电流大小与电源电动势成_____，与电路的总电阻成_____，其公式为 $I = $_____。

7. 当电源的电动势 E 和内阻 r 一定时：

1）负载电阻增大时，电流_____，电源内阻上的电压降_____，路端电压_____。

2）负载电阻减小时，电流_____，电源内阻上的电压降_____，路端电压_____。

3）若外电路断路（亦称开路）时，开路电压在数值上_____电源电动势。

4）若外电路短路时，短路电流将_____，此时短路电流的计算公式为 $I = $_____。

8. 应用：

1）如图 1-7 所示的电路中，电源的电动势 $E = 12V$，内电阻 $r = 1\Omega$，电流表的读数为 0.3A。

求：

① 电阻 R 的阻值。

② 电阻 R 上消耗的功率。

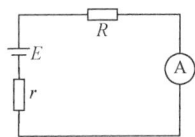

图 1-7 题 1）图

2）在如图 1-8 所示的实验中，当单刀双掷开关 S 合到位置 1 时，$R_1 = 14\Omega$，电流表读数 $I_1 = 0.2A$；当开关 S 合到位置 2 时，$R_2 = 9\Omega$，电流表读数 $I_2 = 0.3A$，试求：电源的电动势及内阻。

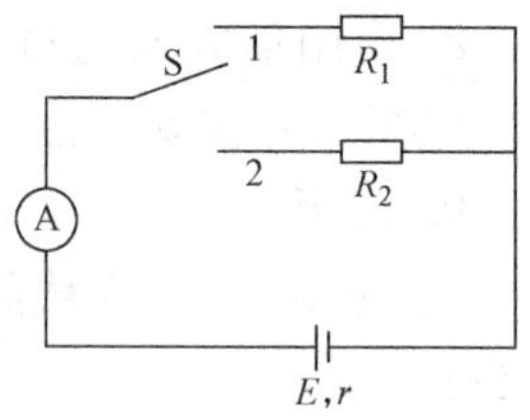

图 1-8　题 2）图

八、电能和电功率

1. 在电路中，电流所做的功称为_____，也称_____。

2. 电能的代号是_____，国际单位是_____，符号为_____。

3. 电能的基本计算公式是 $W =$____。对于纯电阻电路，还可以写成 $W =$____ = _____。

4. 电功率是描写电流做功_____程度的物理量。即：电流在_____内所做的功，称为电功率，简称_____。电功率的代号_____，国际单位是_____，单位符号为_____。

5. 功率的基本计算公式是 $P =$_____，对于纯电阻电路，还可以写成 $P =$_____ = _____。

6. 电能表是计量_____的仪表，计量单位用_____，单位符号_____。$1kW\cdot h$ 的物理意义是功率为_____的电阻工作 1h 所消耗的_____。

7. 导体通电时会发热，这一过程中电能转化为热能，把这种现象称为_____。

8. 根据能量的守恒定律，在一个闭合电路中的电功率是平衡的，即：电源电动势发出的功率等于_____消耗的功率和电源_____消耗的功率之和，表达式为 $P_E =$_____。

9. 电气设备的额定值有额定电压、额定电流、额定功率等，一般都会标在电器设备或元件的_____上。电气设备的超载（也称过载）是指_____额定值工作；欠载（也称轻载）是指_____额定值工作；满载是指在_____下工作。

10. 应用：

1）图 1-9a）中元件的功率 $P =$_____，是____功率；

图 1-9b）中元件的功率 $P =$_____，是____功率；

图 1-9c）中元件的功率 $P =$_____，是____功率。

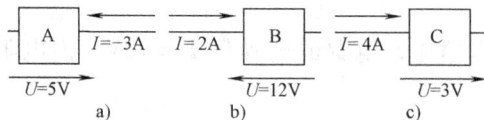

图 1-9　题 1）图

2）一个额定电压为 220V、电阻为 440Ω 的电热水器的额定电功率是多少瓦？正常工作时，每分钟能产生多少焦耳的热量？

3）有一个"2.2kW、220V"的电炉，正常工作时电流是多少？如果不考虑温度对电阻的影响，把它接在110V的电压上，它实际消耗的功率将是多少？

九、电源的最大输出功率

1. 电源的输出功率是指电源在_____上所消耗的全部功率。

2. 电源最大输出功率定理：当电路的_____时，电源的_____功率_____，或者说负载 R 上的消耗功率最大；最大功率为 $P_m =$ _____。

3. 无线电技术中，把负载电阻_____电源_____的状态，称为负载匹配。当负载匹配时，负载可获得_____功率。

4. 应用：在如图1-10所示的电路中，电源的电动势 $E = 20V$，内电阻 $r = 10\Omega$，固定电阻 $R = 90\Omega$，R_P 是滑动变阻器，在 R_P 由零增加到 400Ω 的过程中，求：

① 滑动变阻器 R_P 消耗功率最大的条件和最大热功率。

② 电源的内电阻 r 和固定电阻 R 上消耗的最小功率之和。

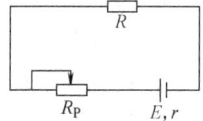

图 1-10 题 4 图

直流电路基础知识——练习卷2

班级_____ 学号_____ 姓名_____ 成绩_____

一、判断题

1. 自由电子在电场力作用下运动的方向就是电流的方向，即由高电位到低电位。（   ）

2. 电子是带正电荷的粒子，电流的方向就是自由电子定向运动的方向。（   ）

3. 两个静点电荷的电荷量都是 2 C，在真空中相距 1 m，则它们之间的作用力是 4 N。（   ）

4. 某点电位的高低与参考点的选择有关，而两点之间的电压大小，就是两点的电位差，即与两点的电位有关。因此，电压的大小是与参考点的选择有关的。（   ）

5. 两个相距 0.1 m 的点电荷，电荷量都是 +5 C，则该两点电荷将互相吸引。（   ）

6. 只有在金属导体中才能形成电流。（   ）

7. 只有正电荷的定向运动才能形成电流。（   ）

8. 只有在电场力的作用下才能形成电流。（   ）

9. 规定自负极通过电源内部指向正极的方向为电动势的方向。（   ）

10. 电位、电压、电动势的国际单位都是"伏特"，因此它们是完全一样的物理量。（   ）

11. 如果其他条件不变，导体的长度和截面都增大一倍，其电阻值也增大一倍。（   ）

12. 当电阻两端电压为 10V 时，阻值为 10Ω；当电压升至 20V 时，阻值变为 20Ω。（   ）

13. 若选不同的参考点，电路中各点的电位将变化，但任两点间的电压却不会改变。（   ）

14. 由电阻定律公式 $R = \rho L/S$ 可知，导体的电阻率可表示为 $\rho = RS/l$。因此，可以说导体电阻率的大小和导体的长度及横截面积有关。（   ）

15. 把一根铜导线拉长到原来的 3 倍，其电阻值是原来的 3 倍。（   ）

16. 导体的横截面积越大，则通过的电荷越多，电流越大。（   ）

17. 如果把一个 24V 的电源正极接地，负极的电位是 -24V。（   ）

18. 在全电路中，电源两端的电压与电动势大小相等，但它们的方向相反。（   ）

19. A、B 两点的电位分别为 $V_A = 15V$，$V_B = -10V$，则 AB 两点之间的电压为 5V。（   ）

20. 在电阻不变的情况下，加在电阻两端的电压跟通过电阻的电流成正比。（   ）

21. 用表测得旧电池电压为 1.4V，接上电珠却不亮，是因为电源的电动势变小了。（   ）

22. 当电路处于通路状态时，外电路负载上的电压等于电源的电动势。（   ）

23. $E = 100V$ 的全电路中，若总电流为 3A，则 0.1s 内通过电源的电荷量为 0.3C。（   ）

24. 在一个有源电路中，当负载电阻减小时，电源内压降升高，输出端电压下降。（   ）

25. 在全电路中，电源输出功率的大小总是由负载来决定的。（   ）

26. 电路中，电阻的大小与电阻两端的电压成正比，与流过电阻的电流成反比。（   ）

27. 一个标有"40kΩ，1W"的电阻器使用时，最多允许加的电压是 220V。（   ）

28. 一个"110V，60W"的灯泡，接在 220V 的电源上能正常工作。（   ）

29. 加在用电器上的电压改变了，但它消耗的功率是不会改变的。　　（　　）

30. 将负载 R 接至电源两端，R 值越大，其两端的电压越大，而流过 R 的电流越小。　　（　　）

31. 功率大的用电设备，总是比功率小的用电设备消耗的电能多。　　（　　）

32. 电源电动势提供的功率等于负载消耗的功率。　　（　　）

33. 额定电压和额定功率都相同的电烙铁和白炽灯，它们的电阻也都相同。　　（　　）

34. 一个额定值为"0.5W，200Ω"的碳膜电阻，在它两端允许加9V的电压。　（　　）

35. 电路中流过负载的电流大，其功率消耗一定也大。　　（　　）

二、选择题

1. 经过 $4\min$，通过一个电阻的电流是 $5A$，那么通过这电阻某横截面的电荷量是（　　）。

    A. 20C　　　　　　B. 50C　　　　　　C. 1200C　　　　　D. 2000C

2. 一般情况下，金属导体的电阻值随温度升高而（　　）。

    A. 减小　　　　　B. 增大　　　　　C. 不变　　　　　D. 不一定

3. "220V，40W" 和 "36V，40W" 甲乙两灯泡，各正常通电 1h，耗电量为（　　）。

    A. 甲灯多　　　　　　　B. 乙灯多　　　　　　　C. 甲乙一样多

4. 长度为 l，截面积为 S 的铜导体，由于压缩而使截面积 S 增加一倍时，（　　）。

    A. 电阻增加一倍

    B. 电阻不变

    C. 电阻减小到原来的 1/2

    D. 电阻减小到原来的 1/4

5. 在全电路中，端电压的高低是随着负载的增大而（　　）。

    A. 减小　　　　　B. 增大　　　　　C. 不变

6. 在电源内部，电动势的正方向是（　　）。

    A. 从负极指向正极　　B. 从正极指向负极　　C. 与电压方向一致

7. 在电路中，电压的正方向是（　　）。

    A. 高电位指向低电位　　B. 低电位指向高电位　　C. 没有方向

8. 有一个电源的电动势为 $1.5V$，内阻为 0.22Ω，当外电路的电阻为 1.28Ω 时，电路中的电流强度和外电路电阻两端的电压为（　　）。

    A. $I=6A$，$U=0.18V$　　B. $I=1A$，$U=1.28V$　　C. $I=1.5A$，$U=1V$

9. 一台直流电动机，运行时消耗功率为 $2.8kW$，每天运行 $6h$，30 天消耗的能量为（　　）。

    A. 30 度　　　　　B. 60 度　　　　　C. 504 度

10. 在远距离输电线路中，若输送的电功率一定，那么输电线上损失的电功率（　　）。

    A. 与输电电压成正比　　　　　B. 与输电电压成反比

    C. 与输电电压的平方成正比　　D. 与输电电压的平方成反比

11. 楼梯的照明灯，可用楼上、楼下两个开关 S_1、S_2 控制，拨动 S_1、S_2 中的任何一个都能使灯点亮或熄灭，能够满足上述要求的电路是图 1-11 中的（　　）。

A.   B.   C.   D.

图 1-11　题 11 图

三、填空题

1. 自然界中只有_____、_____两种电荷。

2. 真空中有 A、B 两个静点电荷，它们之间的相互作用力为 F，如把 A、B 的电荷量都增大为原来的 3 倍，要使其作用力保持不变，它们之间的距离必须变为原来的_____倍。

3. 在正电荷 Q 产生的电场中的 P 点，放入某检验电荷 $q = 5 \times 10^{-8}$C，它受到的电场力为 10N，则 P 点的场强大小为_____N/C，场强方向与该检验电荷受到的电场力方向____。

4. 规定_____定向运动的方向为电流的正方向，电子的运动方向与电流方向_____。

5. 电荷之间存在相互作用力，同种电荷互相_____；异种电荷互相_____。

6. 电场强度是矢量，它既有_____又有_____。

7. 任何两条电力线都不会_____，电力线越密的地方场强越_____；匀强电场的电力线是一组间隔_____、方向_____的_____线。

8. 把_____的能转换成_____的装置称为电源。

9. 在电源内部，电源力把正电荷从电源的_____极移到_____极。

10. 对于电流，在外电路中是_____力在做功，在内电路是_____力在做功。

11. 物质根据导电性能可分为_____、_____和_____。

12. 在电源内部，电源力做了 32J 的功，将 8C 的正电荷由负极移到正极，则该电源的电动势为_____V。若电源力做了 60J 的功，则能将_____库仑的正电荷由负极移到正极。

13. 有一根长为 1000m、截面积为 3mm^2 的铜导线，它的电阻是_____Ω；若将它均匀拉长为原来的 3 倍，拉长后的阻值为_____Ω。

14. 电路主要由_____、_____、_____、_____四个部分组成。

15. 电路的三种状态是_____、_____和_____。

16. 一个标有"220V，3A"的电度表，可用在最大功率是_____W 的电路上。

17. 甲、乙两电炉，额定电压都是 220V，但甲的额定功率是 1000W，乙的额定功率是 2000W，那么其中_____电炉的电阻较大。

18. 一个标有"110V，800W"额定值的电烤箱，正常工作时的电流为_____A，其电热丝的阻值为_____Ω，若连续正常使用 2h，所消耗的电能是_____度。

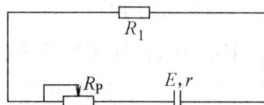

图 1-12　题 19 图

19. 如图 1-12 所示的电路中：

要使电源的输出功率最大的条件是_____；

电源能输出的最大功率的计算公式是 $P_{\mathrm{m}} =$ _____。

四、计算题

1. 在真空中，两个静止的点电荷 A 和 B，$q_A = 4 \times 10^{-6}C$，$q_B = -6 \times 10^{-6}C$，若 AB 间的距离 $r = 0.2m$，求 A、B 两电荷之间的相互作用力。若 AB 间的距离变为 $0.1m$，它们之间的作用力又是多少？

2. 真空中有两个静点电荷相互吸引，其吸引力大小为 $1.8N$，其中一个点电荷的电荷量为 $4 \times 10^{-9}C$，两个点电荷间的距离是 $10^{-3}m$，求另一个点电荷的电荷量。若两电荷相碰后再放回原处，则它们之间的作用力变为多少？是吸引力还是排斥力？

3. 在某电场中，电荷量为 $10^{-9}C$ 的点电荷，在 A 点受到的电场力是 $2 \times 10^{-5}N$。求 A 点的电场强度大小。

4. 电场中某点的场强是 $4 \times 10^4 N/C$，电荷量为 $5 \times 10^{-8}C$ 的点电荷在该点受到的电场力是多大？

5. 有一闭合电路，电源电动势 $E = 6V$，其内阻 $r = 2\Omega$，负载电阻 $R = 10\Omega$，试求：
1）电路中的电流；
2）负载两端的电压；
3）电源内阻上的电压降。

6. 某电源的电动势 $E = 2V$，与 $R = 9\Omega$ 的负载电阻连接成闭合电路，测得电源两端的电压为 $1.8V$，求该电源的内阻 r。

7. 在某一电路中，当外电路开路时，测得电源两端的电压为 20V，当外电路短路时，测得电路的电流为 5A，求该电源的电动势和内阻。

8. 一台晶体管收音机，当音量最小时，电池提供 20mA 电流；音量最大时，电池提供 200mA 电流，问使用相同的时间，音量最小状态与音量最大状态所消耗的电能的比是多少？

9. 有一个标有"20Ω，20W"的电阻器，正常使用时：
1）允许加至它两端的最大电压是多少？
2）允许流过它的最大电流是多少？
3）最大允许电流流过它 1min 后，消耗多少电能？

10. 某家庭有 60W 和 25W 灯泡两个，150W 电视机一台，灯泡每天点亮 3h，电视机每天用 2h，如果该月为 30 天，每度电费为 0.5 元。问该月交电费是多少元人民币？

11. 在如图 1-13 所示的电路中，直流电源的电动势 $E = 10V$，内阻 $r = 0.5\Omega$，电阻 $R_1 = 2\Omega$，问：可变电阻 R 调至多大时可获得最大功率？最大功率 P_m 等于多少？

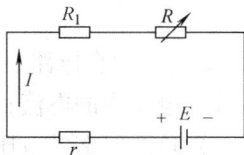

图 1-13 题 11 图

直流电路基础知识——复习卷

班级_____ 学号_____ 姓名_____ 成绩_____

一、库仑定律

1. 库仑定律的公式为 $F =$ _____。

2. 已知真空中，A、B 两静点电荷之间的库仑力是 F，

1）若它们之间的距离变为原来的 3 倍，其他量不变，则其相互作用力变为原来的几倍？

2）若它们之间的距离变为原来的 2 倍，同时电荷量各增加到原来的 4 倍，则其相互作用力变为原来的几倍？

3）若它们之间的距离变为原来的 4 倍，要使相互作用力不变，应该怎样改变其电荷量？有几种方案？（要求：电荷量要按原来的整数倍改变）

二、电场和电场强度

1. 电场强度的公式为 $E =$ _____。

2. 在某电场的 P 点，检验电荷 $q = 5 \times 10^{-9} C$ 所受到的电场力 $F = 25 N$，求 P 点的电场强度 E 是多少？

3. 在如图 1-14 所示的两平行板之间的匀强电场中，场强为 E，C 点与 A 板的距离为 d，现将电荷量为 q 的正点电荷由 C 点移到 A 板，问：

1）电场力做了正功还是负功？

2）做了多少大小的功？

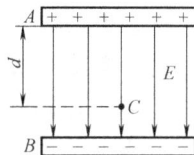

图 1-14 题 3 图

三、电流

1. 电流的公式为 $I =$ _____。

2. 如果在 4s 内共有 5×10^{18} 个电子通过一根导线的横截面，则通过此导线的电流是多少？

3. 导体中的电流为 0.5A，问需经过多长时间，通过该导体横截面的电荷量才能达到 30C？

四、电压和电位

1. 电压的公式为 U_{ab} = _____。

2. 电压与电位的关系式为 U_{ab} = _____。

3. 把 $q = 2 \times 10^{-6}$C 的电荷从电场的 A 点移到 B 点,电场力做功 2×10^{-4}J,则 A、B 之间的电压是多少?

4. 把 $q = 1.5 \times 10^{-8}$C 的电荷从电场的 A 点移到 B 点,电场力做了 3×10^{-8}J 的负功,则 A、B 之间的电压是多少? A、B 两点的电位哪点高? 高多少?

五、电源和电动势

1. 电动势的公式为 E = _____。

2. 在电源的内部,电源力做了 24J 的功才把 8C 的正电荷从负极移到正极,问该电源的电动势是多少?

3. 已知电源的电动势是 6V,要将 12C 的正电荷从电源的负极移到正极,电源力需要做多少功?

六、电阻和电阻定律

1. 电阻定律的公式为 R = _____。

2. 已知某导体的电阻是 21Ω,横截面积为 0.10mm^2,长度为 120m,求该导体的电阻率。

七、电路和欧姆定律

部分电路欧姆定律:

1. 部分电路欧姆定律的公式为 I = _____。

2. 某导体的两端电压为 20V,电阻为 4Ω,则通过该导体的电流是多少?

3. 若导体中的电流为 6.4A,导体的电阻为 10Ω,则该导体两端的电压是多少?

4. 有一条康铜丝,横截面积为 0.10mm^2,长度为 1.2m,在它的两端加 0.60V 电压时,通过它的电流正好是 0.10A,求这种康铜丝的电阻率。

全电路欧姆定律:

1. 全电路欧姆定律的公式为 I = _____。

2. 全电路欧姆定律的变形公式 E = _____,当外电路开路时,开路电压等于____;

当外电路短路时，短路电流等于_____。

3. 如图 1-15 所示的电路中，电阻 $R = 19\Omega$，电源的电动势 $E = 24V$，内电阻 $r = 1\Omega$。求：电路的电流是多少？电阻 R 消耗的功率是多少？

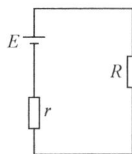

图 1-15　题 3 图

4. 若某电源的开路电压 $U_0 = 15V$，短路电流 $I_S = 30A$。求：该电源的电动势和内阻各为多少？

八、电能和电功率

1. 电能的公式为 $W = $ _____ = _____（纯电阻电路）。

2. 电功率的公式为 $P = $ _____ = _____（纯电阻电路）。

3. 在全电路中，功率平衡式是_____，也可以写作 $IE = $ _____。

4. 有一个"250Ω、$40W$"的电阻器。求：

1）允许加在这个电阻器上的最大电压是多少？

2）这个电阻器上能通过的最大电流是多少？

3）给这个电阻器加上 $10V$ 的电压时，它消耗的功率是多少？

5. 如图 1-16 所示的电路中，电动势 $E = 240V$，$R = 118\Omega$，电源内阻 $r = 2\Omega$。试求：

1）电阻 R 所消耗的功率是多少？

2）电源内阻 r 所消耗的功率是多少？

3）电源的输出功率是多少？

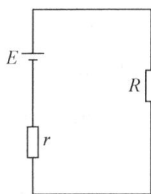

图 1-16　题 5 图

4）电源电动势提供的功率是多少？并写出功率平衡式。

九、电源的最大输出功率

1. 电源的最大输出功率公式为：当_____时，$P_m = $ _____。

2. 如图 1-17 所示的电路中，电源的电动势 $E = 12V$，内电阻 $r = 6\Omega$。求：电阻 R 消耗功率最大的条件和 R 最大热功率的值是多少？

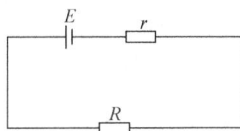

图 1-17　题 2 图

直流电路基础知识——测验卷 1

班级_____ 学号_____ 姓名_____ 成绩_____

一、判断题（每小题 2 分，共 20 分）

1. 对一个与外界没有电荷交换的物体系来说，如果一些物体失去多少电荷，另一些物体就必定要获得多少电荷。   （ ）

2. 在同一个电场中，电力线密的地方，电场强度小。   （ ）

3. 电场强度总是离正极越远，电场强度越小。   （ ）

4. 无论电压和电流的参考方向如何选择，电阻元件上的功率总是正值。 （ ）

5. 如果电阻中没有电流流过，电阻两端的电压一定为零。   （ ）

6. 在闭合的全电路中，电流方向总是从高电位流向低电位。   （ ）

7. 将一段阻值为 R 的导线，拉长到原来的 3 倍后，再分 3 段，则每段导线的电阻是 R。   （ ）

8. 当电路中的参考点改变时，该电路某两点间的电压也将随之改变。 （ ）

9. 额定功率越大的电灯泡，电阻越小。   （ ）

10. 当电路达到负载匹配时，负载获得最大的消耗功率，电源的输出功率也最大，电源的内耗也最大。   （ ）

二、选择题（每小题 2 分，共 20 分）

1. 真空中两静点电荷的电荷量都是 q，相距 r，库仑力为 F，要使 F 变为 $F/9$，只需（   ）。

    A. 使每个点电荷的电荷量为 $3q$　　　　　B. 使每个点电荷的电荷量变为 $9q$

    C. 使两个点电荷间的距离变为 $3r$　　　　　D. 使两个点电荷间的距离变为 $9r$

2. 关于点电荷，下列说法中正确的是（   ）。

    A. 几何尺寸很小的带电体才能看成是点电荷

    B. 点电荷就是带电的物质微粒

    C. 只有均匀带电球体才能看成是电荷量集中在球心的点电荷

    D. 当带电体的大小和形状在所讨论的问题中可以忽略不计时，都可以看成点电荷

3. 图 1-18 所示是一电场中的两点 A 与 B，对这两点的电场强度 E_A、E_B 和电位 V_A、V_B，以下说法正确的是（   ）。

    A. $E_A = E_B$、$V_A = V_B$　　　　　　　B. $E_A < E_B$、$V_A < V_B$

    C. $E_A > E_B$、$V_A > V_B$　　　　　　　D. $E_A > E_B$、$V_A < V_B$

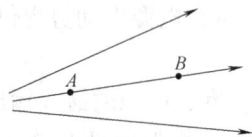

图 1-18　题 3 图

4. 带负电的物体往往是（   ）。

    A. 失去了一些原子　　　　　　　　　　　B. 获得了一些质子

    C. 失去了一些电子　　　　　　　　　　　D. 获得了一些电子

5. 若在 5s 内共有 10×10^{18} 个电子通过一根导线的横截面，则此导线中的电流为（   ）。

    A. 2A　　　　　　　B. 0.5A　　　　　　　C. 0.2A　　　　　　　D. 0.32A

6. 在电场的 P 点放入一点电荷 $-q$，它所受到的电场力为 F，下面正确的说法是（　　）。
   A. $E_P = F/q$，方向与 F 相同
   B. 若取走电荷，则 E_P 为 0
   C. 若点电荷变为 $2q$，则该点的电场变为 $2E_P$
   D. E_P 与检验电荷无关

7. 把一阻值为 R 的电阻丝两次对折后，作为一根导线使用，则电阻变为（　　）。
   A. $1/16R$　　　B. $1/4R$　　　C. $4R$　　　D. $16R$

8. 一台电动机的额定输出功率是 10kW，这表明该电动机正常工作时（　　）。
   A. 每秒钟消耗电能 10kW
   B. 每秒钟对外做功 10kW
   C. 每秒钟电枢绕组产生 10kJ 的热量
   D. 每秒钟对外做功 10kJ

9. 如图 1-19 所示，已知电流表的读数 10A，电压表的读数 100V，$r = 1\Omega$，则电动势应为（　　）。
   A. 100V　　　B. 10V　　　C. 110V

10. 如图 1-20 所示，已知电流 $I = 2A$，电压 $U = 12V$，则 A 和 B 两个网络的功率情况是（　　）。

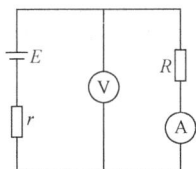　　　　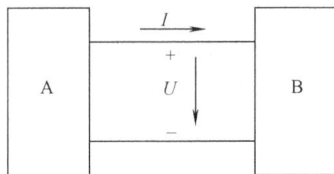

图 1-19　题 9 图　　　　　　图 1-20　题 10 图

   A. A 是发出功率，B 是吸收功率
   B. A 是吸收功率，B 是发出功率
   C. A 是发出功率，B 是也是发出功率
   D. A 是吸收功率，B 是也是吸收功率

三、填空题（每空 2 分，共 30 分）

1. 至今为止能够观察到的最小电荷称为_____，一个电子的带电荷量是_____。

2. 某电流表满偏量程是 10mA，已知一个电阻两端的电压是 8.0V 时，通过的电流是 2mA。如果给这个电阻加上 50V 的电压，此时电阻上的电流大小是_____。_____（能或不能）再用这个电流表去测量通过该电阻的电流。

3. 额定电压均是 220V，功率分别是 25W 和 40W 的两只白炽灯，它们正常发光时的电阻称为_____电阻，分别是_____Ω 和_____Ω。

4. 两同样材料的电阻，长度之比为 $1:5$，横截面积之比为 $2:3$，则它们的电阻之比为_____。

5. 在电路中，若加于电阻两端的电压不变，则电阻的功率与电阻值成_____比；若流过电阻的电流不变，则电阻的功率与电阻值成_____比。

6. 电阻器上除了标明电阻值，还标明额定功率值，这是它工作时允许消耗的最大功率，超过这个功率，电阻器会被烧坏。有一个"400Ω、0.25W"的电阻器：

1）允许加在这个电阻器上的最大电压是_____V；

2）这个电阻器上能通过的最大电流是_____A；

3）给这个电阻器加上 8V 的电压时，它消耗的功率是_____W。

7. 如图 1-21 所示是某一电路的电源外特性曲线，由图可知：电源的电动势 E =_____；电源的内阻 r =_____。

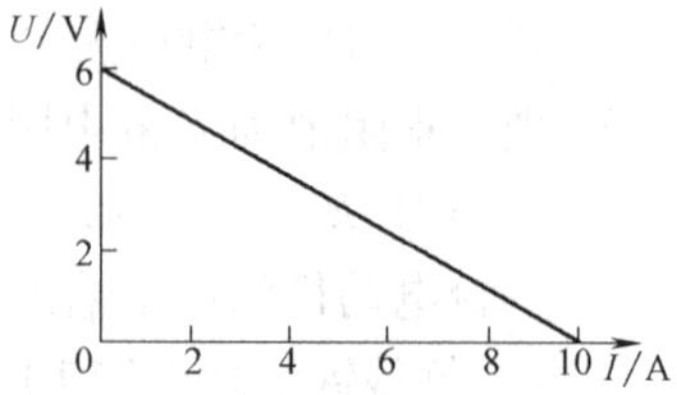

图 1-21　题 7 图

四、计算题（每小题 5 分，共 30 分）

1. 若 5s 内通过 A 导体截面的电荷量是 1.8C，30ms 内通过 B 导体截面的电荷量是 0.012C，问导体 A 和导体 B 上的电流哪一个大？在 1min 内通过 A 和 B 截面的电荷量各为多少？

2. 一个"220V，1kW"的电热器，接在 220V 的电源上，求通电 1h 后，耗电多少度？产生热量多少焦耳？

3. 在电路中，已知某用电器的额定功率为 2.2kW、额定电压为 220V，问应不应该选用熔断电流为 6A 的熔丝？为什么？

＊4. 如图 1-22 所示，已知电源的电动势 E = 12V，内电阻 r = 6Ω，R_1 = 4Ω，当可变电阻 R 为某一值时，电流表的读数为 0.4A。求：

1）此时可变电阻 R 的阻值和它消耗的功率。

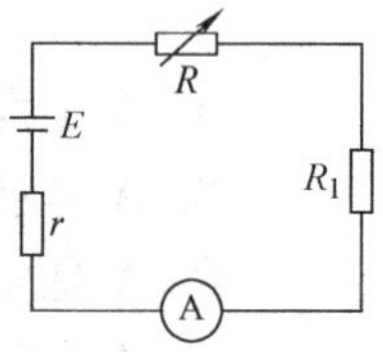

图 1-22　题 4 图

2）R 为何值时，R 消耗的功率最大？最大消耗功率为多少？此时，电源的输出功率是多少？

3）若要使电源的输出功率最大，R 又应该为何值？电源的最大输出功率是多少？

4）当电源的输出功率为最大时，R 上消耗的功率又是多少？

注：带＊号为选做题（全书同）。

5. 如图 1-23 所示，已知 $R_1 = 3\Omega$，$R_2 = 5\Omega$，当开关打在 1 位置时，电压表的读数为 6V，当开关打在 2 位置时，电压表的读数为 8V，试求电源的电动势和内阻值。

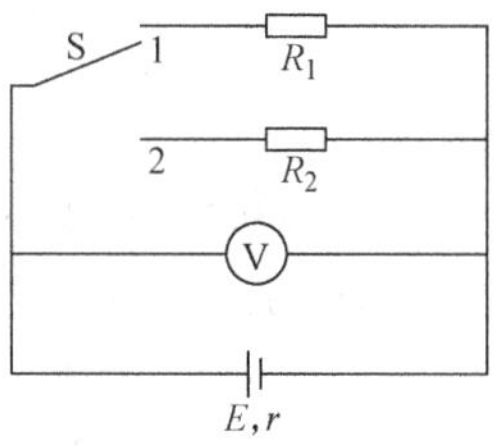

图 1-23　题 5 图

6. 在远距离输电中，输电线的电阻共计 1Ω，输送的电功率为 100kW，用 400V 的低压送电，输电线因发热损失的功率是多少？若改用 10kV 的电压送电，输电线因发热损失的功率又是多少？

直流电路基础知识——测验卷2

班级_____ 学号_____ 姓名_____ 成绩_____

一、判断题（每小题2分，共20分）

1. 对两点电荷间的作用力而言，其距离减小一半与电荷各增大一倍的效果是一样的。 （　　）

2. 在匀强电场中，各点的电场强度都一样，各点的电位也一样。 （　　）

3. 无论在液体中还是固体中，只要电荷作定向运动就一定形成电流。 （　　）

4. 导体中产生电流时，导体才有电阻。 （　　）

5. 由公式 $R = U/I$ 可知，电阻两端的电压越大，电阻越大。 （　　）

6. 电源电动势的大小不受电路中电流、电压变化的影响。 （　　）

7. 电流在电源内部总是从高电位流向低电位，在外部则是从低电位流向高电位。 （　　）

8. 电阻元件上电压的实际方向和电流的实际方向总是一致的。 （　　）

9. 电位的参考点是固定不变的。 （　　）

10. 电源开路时的端电压总是和它的电动势大小相等、方向一致。 （　　）

二、选择题（每小题2分，共20分）

1. 真空中两个静点电荷相距8cm，相互作用力为 F，若距离为4cm时，作用力将变为（　　）。

    A. 1/2F　　　　B. 2F　　　　C. 1/4F　　　　D. 4F

2. 有四个带电体 A、B、C、D，若 A 排斥 B，A 吸引 C，C 排斥 D，现已知 D 带的是正电，则（　　）。

    A. A 带的正电，B 带的正电　　　　B. A 带的正电，B 带的负电

    C. A 带的负电，B 带的正电　　　　D. A 带的负电，B 带的负电

3. 由如图 1-24 所给出的这些电力线，可以判定（　　）。

    A. A 点的电位等于 B 点的电位

    B. A 点的电位高于 B 点的电位

    C. C 点的电位低于 B 点的电位

    D. C 点的电位等于 A 点的电位

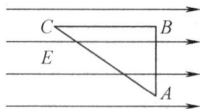

图 1-24　题 3 图

4. 关于电动势的说法正确的是（　　）。

    A. 电动势是矢量

    B. 电动势的方向是由电源的正极指向负极

    C. 电动势的方向是由电源的负极指向正极

    D. 电动势就是电压

5. 导体中电流的正方向规定为（　　）。

    A. 负电荷定向运动的方向　　　　B. 正电荷定向运动的方向

    C. 电子运动的方向   D. 分子热运动的方向

6. 与导体电阻值的大小无关的因素是（   ）。

    A. 导体的材料   B. 导体的工作温度

    C. 导体的几何形状   D. 导体的外加电压

7. 设导线电阻值为 R，现分别将电阻对折和拉长 n 倍，则对应的电阻值变为（   ）。

    A. 对折时电阻值为 $R/2$、拉长 n 倍时电阻值为 nR

    B. 对折时电阻值为 $2R$、拉长 n 倍时电阻值为 R/n

    C. 对折时电阻值为 $R/2$、拉长 n 倍时电阻值为 n^2R

    D. 对折时电阻值为 $R/4$、拉长 n 倍时电阻值为 n^2R

8. 在电路中，电压和电动势相同的是（   ）。

    A. 物理意义相同   B. 方向相同

    C. 单位相同   D. 存在的地方相同

9. 在电路中关于参考点的选择是（   ）。

    A. 只能选零电位   B. 只能选大地

    C. 可以选电路中的任意一点   D. 只能选电路中的某一点

10. 白炽灯 A 为"12V，12W"，白炽灯 B 为"6V，12W"，白炽灯 C 为"9V，12W"，它们都在各自的额定电压下工作，以下说法正确的是（   ）。

    A. 三个白炽灯一样亮   B. 三个白炽灯电阻相同

    C. 三个白炽灯的电流相同   D. 白炽灯 C 最亮

三、填空题（每空 2 分，共 30 分）

1. 在某一电路中，有一段 10Ω 的电阻，每秒钟流过 3C 的电荷量，则这段电阻在 1min 内能产生的热量为 $W = $ _____。

2. 有两个导体的材料和横截面积分别相等，而长度分别为 1.2m 和 0.4m，那么它们的电阻值之比为_____。

3. 在电路中，已知某一个导体的阻值为 10Ω，流过该导体的电流为 6A，则该导体两端的电压 $U = $ _____。

4. 有一条长为 2000m、横截面积是 $2mm^2$ 的铜导线（电阻率为 $\rho_{铜} = 1.75 \times 10^{-8}\Omega \cdot m$），由电阻定律可求得其阻值 $R = $ _____Ω。

5. 一个 $R = 4\Omega$ 的电阻，当通过的电流为 5A 时，该电阻消耗的功率 $P = $ _____。

6. 一个额定电压是 220V，功率是 60W 的电灯泡，其热态电阻 $R = $ _____Ω。

7. 任何两条电力线都不会_____，匀强电场的电力线是一组_____。

8. 有一个包括电源和负载电阻的简单闭合电路，当外电阻的值增加到原来的 2 倍时，通过该电阻的电流变为原来的 2/3，则内外电阻值之比 $r : R = $ _____。

9. 常用的功单位是 $kW \cdot h$（俗称"度"），那么 1 度等于_____焦耳。

10. 如图 1-25 所示的电路，已知其电动势 $E = 8V$，内阻 $r = 0.1\Omega$，$R_2 = 1.9\Omega$，当负载电阻 $R_1 = $ _____ 时，R_1 消耗的功率为最大，其最大值为 $P_m = $ _____。

11. R_1、R_2、R_3、R_4 四个电阻，每个电阻的 I/U 图线如图 1-26 所示，四个电阻中，电阻值最小的是_____；当四个电阻上的电压相同时，消耗功率最大的是_____；当四个电阻中的电流相同时，消耗功率最大的是_____。

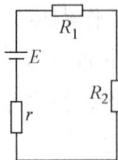

图 1-25　题 10 图　　　　　图 1-26　题 11 图

四、计算题（第 1、2、3 小题每题 6 分，第 4 小题 12 分，共 30 分）

1. 有一导线，通以 4A 的电流，两端电压为 2V，若把导体拉长到原来长度的 3 倍，并通以相同的电流，求两端的电压为多少？

2. 有一个标有"2kW，220V"的电炉，在正常工作时的电流是多少？如果不考虑温度对电阻的影响，把它接在 110V 的电压上，它消耗的功率将是多少？

3. 在某个直流电路中，已知当电源的外部电路短路时，消耗在电源内阻上的功率是 400W。试问：该电源能供给外电路的最大功率是多少？

4. 如图 1-27 所示，已知 $R = 10\Omega$，当开关断开时，电压表的读数为 50V，当开关合上时，电压表的读数为 40V。试求：电源的电动势和内阻值。

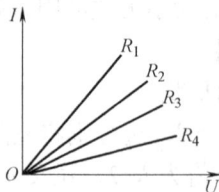

图 1-27　题 4 图

直流电路基础知识——测验卷 3

班级_____　　学号_____　　姓名_____　　成绩_____

一、判断题（每小题 2 分，共 20 分）

1. 金属导体中的电流是由于自由电子的定向移动形成的，因此金属导体中的电流方向就是自由电子定向移动的方向。　　　　　　　　　　　　　　　　　（　　）

2. 电源电动势的大小与外电路无关，是由电源本身的性质决定的。　　　　（　　）

3. 在匀强电场中，每一点的电场强度的大小和方向均相等。　　　　　　（　　）

4. 外电路的电流是从低电位流向高电位，内电路的电流是从电源的负极流向正极。（　　）

5. 当白炽灯的实际电压与额定电压相等时，才能处于正常发光状态。　　（　　）

6. 电阻两端的电位高低可根据电流方向判定，电流是从低电位流向高电位的。（　　）

7. 电动势与电压都是移动正电荷的功与电荷量之比，所以它们的物理意义相同。（　　）

8. 若在线路上输送的功率一定，则输电线上损失的功率与输电的电压成反比。（　　）

9. 在电路中，电源提供的功率大小，决定于负载的大小。　　　　　　　（　　）

10. 要测量电路某一点的电位，我们总是通过测量这点到参考点的电压来得到的。（　　）

二、选择题（每小题 2 分，共 20 分）

1. 如图 1-28 所示电路中，实际电流的方向为（　　）。

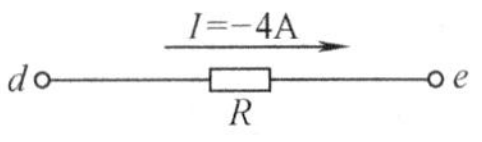

图 1-28　题 1 图

   A. e 到 d　　　　　　　　　　B. d 到 e

   C. 都可以　　　　　　　　　　D. 无法确定

2. 在全电路中，负载电阻增大，端电压将（　　）。

   A. 增大　　　　B. 减小　　　　C. 不变　　　　D. 不确定

3. 一位同学家里的新电表用了几天后的读数是 980，这说明他家里用电已经消耗了（　　）。

   A. 980J 的电能　　　　　　　　B. 980kW·h 的功率

   C. 980W 的电功　　　　　　　　D. 980 度的电能

4. 电路中的电流从 3A 增到 4A，若电路电阻保持 20Ω 不变，则电压升高为（　　）。

   A. 10V　　　　B. 20V　　　　C. 80V　　　　D. 60V

5. 有一未知电源，测得其端电压 $U = 16V$，内阻 $r = 2\Omega$，输出的电流 $I = 2A$，则该电源的电动势为（　　）。

   A. 16V　　　　B. 4V　　　　C. 220V　　　　D. 20V

6. 会影响电场强度的因素是（　　）。

   A. 检验电荷的性质　　　　　　B. 检验电荷的电荷量

   C. 检验电荷所受的电场力　　　　D. 产生该电场的电荷本身的性质

7. 若 $U_{AB} = -2V$，则 A 点的电位（　　）B 点的电位。

   A. 高于　　　　B. 低于　　　　C. 等于　　　　D. 无法确定

8. 某有源二端网络，测得其开路电压为10V，短路电流为1A。当外接10Ω负载时，负载电流为（　　　）。

　　A. 1A　　　　　　B. 0A　　　　　　C. 1A　　　　　　D. 0.5A

9. 在电路中，常说的过载情况是指（　　　）。

　　A. 负载在额定功率下的工作状态　　　B. 负载低于额定功率的工作状态

　　C. 负载高于额定功率的工作状态　　　D. 负载无能量消耗的工作状态

10. 有些半导体材料具有负温度系数，当环境温度升高时，其电阻值将（　　　）。

　　A. 增大　　　　B. 减小　　　　C. 不变　　　　　D. 无法确定

三、填空题（每空1分，共30分）

1. 库仑是电荷的国际单位，库仑定律只适用于计算 ＿＿＿＿＿＿＿＿＿ 之间的相互作用力。

2. 电功的国际单位是 ＿＿＿＿ ，电功率的国际单位是 ＿＿＿＿ 。

3. 额定值为 "220V，40W" 的灯泡，灯丝的热态电阻为 ＿＿＿＿ ；如果把它接到110V电压上，它实际消耗的功率为 ＿＿＿＿ 。

4. 电源的外特性指的是 ＿＿＿＿＿＿＿＿＿＿＿＿＿＿＿＿＿＿＿＿＿＿＿ 。

5. 若某一个导体的电阻值是1Ω，通过的电流是1A，那么在1min内通过该导体横截面上的电荷量是 ＿＿＿＿＿ 库仑；电流做的功是 ＿＿＿＿＿ ；产生的热量是 ＿＿＿＿＿ ；它消耗的功率是 ＿＿＿＿＿ 。

6. 电荷间的相互作用是通过 ＿＿＿＿＿ 发生的。

7. 发电机是把 ＿＿＿＿＿＿ 能转变成 ＿＿＿＿ 能的设备；电动机是把 ＿＿＿＿ 能转变成 ＿＿＿＿＿＿ 能的设备。

8. 电荷的 ＿＿＿＿ 移动就形成了电流。若1min内通过某一导线截面的电荷量是6C，则该导线的电流是 ＿＿＿＿＿ A。

9. 按导电能力不同，物质可分为 ＿＿＿＿＿＿ 、 ＿＿＿＿＿ 、 ＿＿＿＿＿ 。

10. 已知 A、B 两点之间的电压 $U_{AB} = 20V$，A 点的电位 $V_A = 5V$，那么 B 点的电位为 ＿＿ V。

11. 在无线电技术中，把负载电阻等于电源内阻的状态称为 ＿＿＿＿＿＿＿＿＿ 。

12. 电流通过导体使导体发热的现象称为 ＿＿＿＿＿＿＿＿＿＿＿＿＿ 。

13. 电源的外特性是指：电源的 ＿＿＿＿＿＿ 随负载 ＿＿＿＿＿＿ 变化的关系。这种变化关系图称为 ＿＿＿＿＿＿＿＿＿＿＿＿＿＿ 。

14. 电场具有 ＿＿＿＿＿ 和 ＿＿＿＿＿ 的特性。

15. 当某一元件的功率的数值是正值时，表明该元件正在 ＿＿＿＿＿＿ 功率；当某一元件的功率的数值是负值时，表明该元件正在 ＿＿＿＿＿＿ 功率。

四、计算题（共25分）

1. （本题5分）在某一闭合电路中，电源内阻 $r = 0.2Ω$，当端电压为1.9V时，电路中的电流为0.5A，试求电源的电动势、外电阻及电阻所消耗的功率。

2. （本题 10 分）有一台直流发电机，其端电压 $U = 237V$，内阻 $r = 0.6\Omega$，输出电流 $I = 5A$。求：

1）发电机的电动势 E 和此时的负载电阻 R；

2）各项功率大小，并写出功率平衡式。

3. （本题 10 分）一台电动机，线圈电阻为 0.5Ω，额定电压为 $220V$，额定电流为 $4A$，在额定条件下工作 30min。求：

1）电动机的额定功率；

2）电流通过电动机所做的功；

3）电动机发热消耗的功率；

4）电动机产生的热量；

5）有多少电能转化成了机械能。

五、实验题（5 分）

设计出三种不同的测量电源电动势和内阻的实验方法（画出实验电路图，列出相关的计算式）。

直流电路

知识范围和学习目标

1. 知识范围

1）电阻串联电路。

2）电阻并联电路。

3）电阻混联电路。

4）电池的连接。

5）电路中各点电位的计算。

6）基尔霍夫定律。

7）支路电流法。

8）电压源与电流源及其等效变换。

9）戴维南定理。

10）叠加定理。

2. 学习目标

1）掌握电阻串联、并联、混联电路的特点，会计算等效电阻。

2）了解电池的串、并联特点及计算。

3）了解扩大电压表与电流表量程的方法，能进行简单的计算。

4）知道用万用表测量电路中的电阻、电动势、电压和电流的方法。

5）知道电压和电位的区别，掌握电路中各点电位的分析与计算方法。

6）掌握基尔霍夫定律及其应用，学会运用支路电流法分析和计算复杂直流电路。

7）了解电压源、电流源及其等效变换的方法，并能应用于解决复杂直流电路的问题。

8）了解戴维南定理及其应用，并能应用于解决复杂直流电路的问题。

9）了解叠加定理及其应用，并能应用于解决复杂直流电路的问题。

知识要点和分析

【知识要点一】 电阻串联电路

1）等效电阻：在电路中，几个电阻的作用与一个电阻的作用效果相同，那么这个电阻就称为那几个电阻的等效电阻。

2）电阻串联电路的特点：

① 电流处处相等，即

$$I = I_1 = I_2 = I_3 = \cdots\cdots$$

② 总电压等于各串联电阻上的分电压之和，即

$$U = U_1 + U_2 + U_3 + \cdots\cdots$$

③ 总电阻等于各串联电阻之和，即

$$R = R_1 + R_2 + R_3 + \cdots\cdots$$

④ 电压分配关系：各电阻两端的电压与各电阻的阻值成正比，即

$$\frac{U_1}{R_1} = \frac{U_2}{R_2} = \frac{U_3}{R_3} = \cdots = \frac{U}{R}$$

两个电阻串联时，$U_1 = \dfrac{R_1}{R_1 + R_2}U$，此式称为分压公式。

n 个电阻串联时，还有 $\quad U_1 = \dfrac{R_1}{R_1 + R_2 + R_3 + \cdots + R_n}U$。

⑤ 功率分配关系：各电阻所消耗的功率与各电阻的阻值成正比，即

$$\frac{P_1}{R_1} = \frac{P_2}{R_2} = \frac{P_3}{R_3} = \cdots = \frac{P}{R}$$

⑥ 总功率：串联电路的总功率等于各电阻上的功率之和，即

$$P = I^2 R = P_1 + P_2 + P_3 + \cdots\cdots$$

3）应用：电压表量程从 U_g 扩大到 U，应串联的电阻 R 为（图1-29）

$$R = \frac{U - U_g}{I_g} = \frac{U - I_g R_g}{I_g}$$

★ **常见题型**

1）如图1-30所示，已知 $U_{AB} = 52\text{V}$，$R_1 = 3\Omega$，$R_2 = 8\Omega$，$R_3 = 15\Omega$。求：

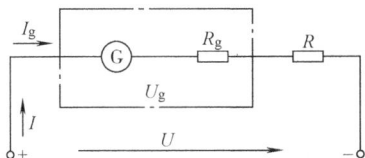

图1-29　电压表量程的扩大　　　　　图1-30　题1）图

① A、B 两端的等效电阻 R_{AB}。

② R_3 上消耗的功率。

③ A、B 两端消耗的总功率。

2）有一个表头，内阻是 $R_g = 1000\Omega$，满刻度电流 $I_g = 100\mu\text{A}$，要把它改装成量程为3V的电压表，应该如何连接一个多大电阻值的电阻？

【知识要点二】 电阻并联电路

1）电阻并联电路的特点：

① 各个电阻两端的电压相同，即

$$U = U_1 = U_2 = U_3 = \cdots\cdots$$

② 总电流等于各支路电流之和，即

$$I = I_1 + I_2 + I_3 + \cdots\cdots$$

③ 总电阻的倒数等于各个并联电阻的倒数之和，即

$$\frac{1}{R} = \frac{1}{R_1} + \frac{1}{R_2} + \frac{1}{R_3} + \cdots\cdots$$

两个电阻并联时，其等效电阻为 $R = \dfrac{R_1 R_2}{R_1 + R_2}$。

④ 电流分配关系：各支路电流和该支路的电阻成反比，即

$$I_1 R_1 = I_2 R_2 = I_3 R_3 = \cdots\cdots$$

两个电阻并联时，$\dfrac{I_1}{I_2} = \dfrac{R_2}{R_1}$，即 $I_1 = \dfrac{R_2}{R_1 + R_2} I$，此式称为分流公式。

⑤ 功率分配关系：各支路电阻所消耗的功率和该支路的电阻成反比，即

$$P_1 R_1 = P_2 R_2 = P_3 R_3 = \cdots\cdots$$

⑥ 总功率：并联电路的总功率也等于各并联电阻上的功率之和，即

$$P = \frac{U^2}{R} = P_1 + P_2 + P_3 + \cdots\cdots$$

2）应用：电流表的量程从 I_g 扩大到 I，应并联的电阻 R 为（图1-31）

$$R = \frac{U_g}{I - I_g} = \frac{I_g R_g}{I - I_g}$$

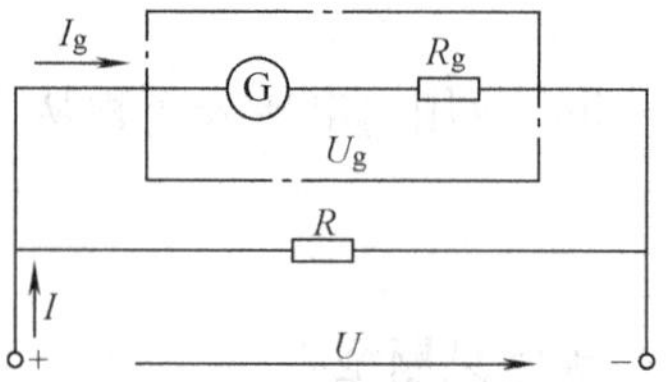

图1-31 电流表量程的扩大

★常见题型

1）如图1-32所示，已知 $U_{AB} = 40\text{V}$，$R_1 = 8\Omega$，$R_2 = 8\Omega$，$R_3 = 4\Omega$。求：

① A、B 两端的等效电阻 R_{AB}。

② R_3 上消耗的功率。

③ A、B 两端消耗的总功率。

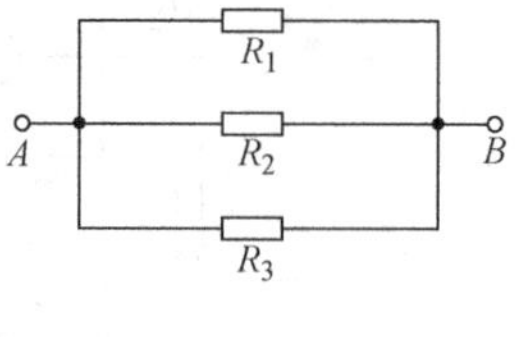

2）有一个表头，满刻度电流 $I_g = 100\text{mA}$，内阻 $R_g = 1\text{k}\Omega$，若要将其改装成量程为 1A 的电流表，需要并联多大的分流电阻？

图1-32 题1）图

【知识要点三】 电阻混联电路

1）电阻混联：既有电阻的串联关系又有电阻的并联关系的电路，称为电阻混联电路。

2）电阻混联电路的解题步骤：

① 观察原图中电阻的串、并联关系，常用等电位法画出规范的等效电路图。

② 利用串、并联等效电阻公式计算出电路的等效电阻。

③ 利用已知条件进行计算，确定电路的总电压与总电流。

④ 根据电阻分压关系和分流关系，逐步推算出各支路的电流或电压。

3）电阻值的测量：对中等电阻（一般是指测量阻值在 $1\Omega \sim 0.1\mathrm{M}\Omega$ 之间的电阻）常用伏安法测量电阻值。

4）伏安法测量电阻值的具体方法为：

① 电流表的外接法（图 1-33a）；

② 电流表的内接法（图 1-33b）。

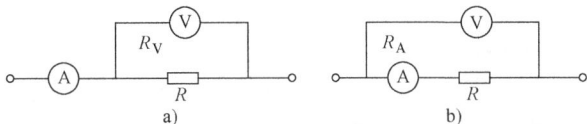

图 1-33　伏安法测量电阻值

为了减小误差，这两种方法的选择依据是：

① 当 $R \ll R_\mathrm{V}$（即测量较小的电阻）时，用电流表的外接法，但测量所得的值小于实际值，即

$$R_{测} = \frac{U}{I}; \quad R = \frac{U}{I - I_\mathrm{V}}$$

② 当 $R \gg R_\mathrm{A}$（即测量较大的电阻）时，用电流表的内接法，但测量所得的值大于实际值，即

$$R_{测} = \frac{U}{I}; \quad R = \frac{U - U_\mathrm{A}}{I} = \frac{U}{I} - R_\mathrm{A}$$

★ 常见题型

1）如图 1-34 所示，已知每个电阻的阻值均为 20Ω，画出等效电路图，并求 A、B 两端的等效电阻 R_{AB}。

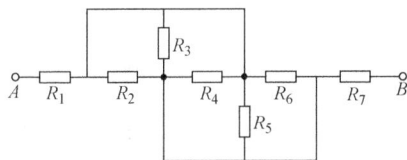

图 1-34　题 1）图

2）画出如图 1-35 所示电路的等效电路图，若已知 $R = R_1 = R_2 = R_3 = R_4 = 10\Omega$，电源电动势 $E = 6\mathrm{V}$，内阻 $r = 0.5\Omega$，试求等效电阻 R_{AB} 和总电流 I。

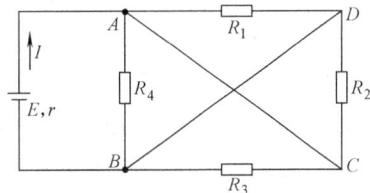

图 1-35　题 2）电路图

3）如图 1-36 所示的实验器材，是为伏安法测量电阻实验所准备的。若已知被测电阻值相对较小，为了减小测量误差，请正确连线，并分析测量所得的电阻值与实际值哪个大。

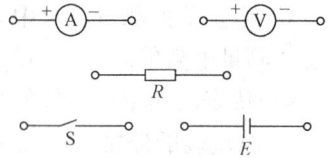

图 1-36

【知识要点四】 电池的连接

设每个电池的电动势均为 E，内阻均为 r。如果有 n 个相同的电池：

1）串联电池组，如图 1-37 所示，有：

$$E_串 = nE$$

$$r_串 = nr$$

$$I = \frac{E_串}{R + r_串} = \frac{nE}{R + nr}$$

2）并联电池组如图 1-38 所示，有：

$$E_并 = E$$

$$r_并 = \frac{r}{n}$$

$$I = \frac{E_并}{R + r_并} = \frac{E}{R + \dfrac{r}{n}}$$

图 1-37 串联电池组   图 1-38 并联电池组

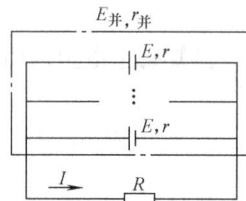

★常见题型

如图 1-39 所示，每单个电池的电动势为 E，内阻为 r。求：

$E_{ab} = $ _____，$r_{ab} = $ _____，$I = $ _____

【知识要点五】 电路中各点电位的计算

1）电路中的电位参考点：在电路中选定某一点 D 为电位参考点，就是规定该点的电位为零，即：$V_D = 0$。且要注意：电压值与电位参考点选择无关，而电位则是相对于参考点而言的。

2）电位参考点的选择方法是：一般在工程中常选大地作为电位参考点；在电子线路中，常选一条特定的公共线或机壳作为电位参考点。在电路中通常用符号"⊥"标出电位参考点。

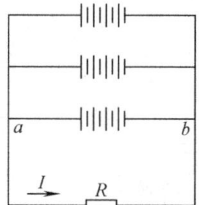

图 1-39 电路图

3）A、B 两点的电位与 A、B 两点间的电压关系式：$U_{AB} = V_A - V_B$

4）电路中各点电位的计算步骤：

① 选定参考点和路径；②确定电流大小和方向；③按电位与电压的关系列式计算。

★ **常见题型**

如图 1-40 所示电路，请分别求：

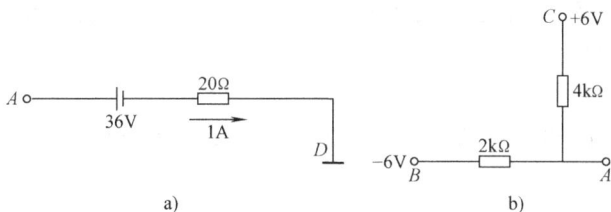

图 1-40 部分电路图

$V_A =$ _____ $V_A =$ _____

【知识要点六】 基尔霍夫定律

1）支路：电路中具有两个端点且通过同一电流的无分支电路。

2）节点：电路中三条或三条以上支路的连接点。

3）回路：电路中任一闭合的路径。

4）网孔：不含有分支的闭合回路。

5）基尔霍夫第一定律（节点电流定律）：在任一时刻，电路中流入某一节点的电流之和恒等于流出该节点的电流之和。或者说：在任一时刻，电路中任一节点上的各支路电流代数和恒等于零。其数学表达式为 $\sum I = 0$。

6）基尔霍夫第二定律（回路电压定律）：在任一时刻，对任一闭合回路，沿回路绕行方向上的各段电压的代数和恒等于零。其数学表达式为 $\sum U = 0$。

★ **常见题型**

1）如图 1-41 所示，列出节点 A 的电流方程：_____。

2）如图 1-42 所示，列出回路电压方程：_____。

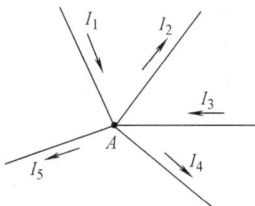

图 1-41 题 1）图

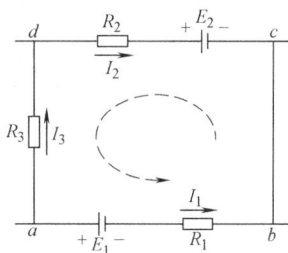

图 1-42 题 2）图

【知识要点七】 支路电流法

1）支路电流法：以各支路电流为未知量，应用基尔霍夫定律列出节点电流方程和回路电压方程，组成方程组，解出各支路电流的方法，称为支路电流法。

2）应用支路电流法求各支路的电流的解题步骤如下：

① 任意标出各支路参考电流的方向和回路的绕行方向；

② 应用基尔霍夫定律列出独立的节点电流方程和回路电压方程；

③ 解联立方程，求出各支路的电流。

3）在用支路电流法列方程的过程中，可能会出现关联方程问题。

对于具有 m 条支路、n 个节点的电路，可列出独立的电流方程的个数为（$n-1$）个；独立的电压方程的个数为（$m-n+1$）个。

★ **常见题型**

如图 1-43 所示，已知 $E_1 = 12V$，$E_2 = 8V$，$R_1 = 1\Omega$，$R_2 = 1\Omega$，$R_3 = 3\Omega$，试用支路电流法求各支路电流。

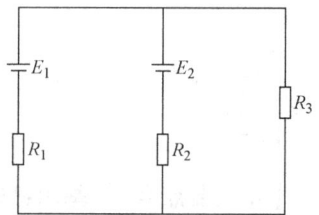

图 1-43　电路图

【知识要点八】　电压源与电流源及其等效变换

1）理想电压源：输出电压保持恒定而与外电路无关，但输出的电流却与外电路有关。

2）理想电流源：输出电流保持恒定而与外电路无关，但输出的电压却与外电路有关。

3）实际电压源可用一个理想电压源 U_S 和一个电阻 R_0 串联的电路模型来表示。

4）实际电流源可用一个理想电流源 I_S 和一个电阻 R_0 并联的电路模型来表示。

5）理想电压源的内阻为零，理想电流源的内阻为无穷大。

6）理想电压源与理想电流源是不能互相等效变换的；实际电压源与实际电流源可以互相等效变换，其变换方法如图 1-44 所示。

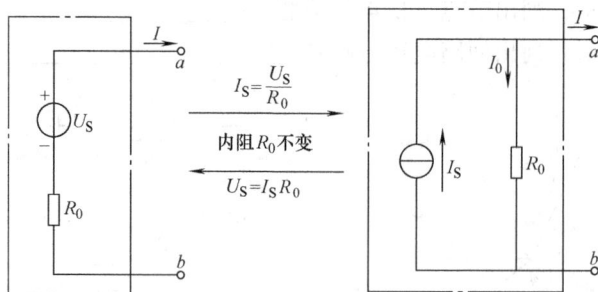

图 1-44　实际电压源与电流源的等效变换示意图

7）实际电压源与实际电流源之间等效变换只是对外电路等效，对电源内部并不等效。

★ **常见题型**

1）如图 1-45 所示，已知 $U_S = 12V$，$I_S = 5A$，$R_0 = 3\Omega$，计算并完成下列等效变换图。

$I_S = $ ＿＿＿＿A，$R_0 = $ ＿＿Ω；　　　　$U_S = $ ＿＿＿＿＿V，$R_0 = $ ＿＿Ω

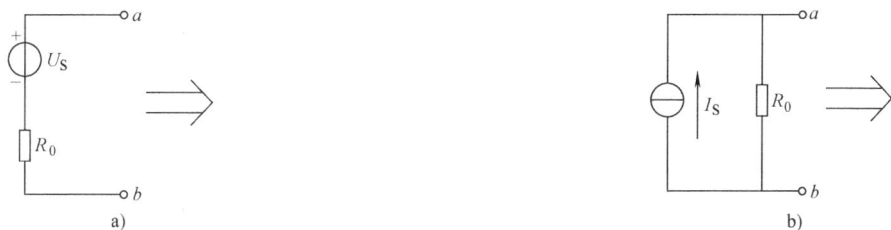

图 1-45 电源等效变换

2）如图 1-46 所示，已知 $E_1 = 24V$，$E_2 = 36V$，$R_1 = R_2 = 4\Omega$，$R_3 = 8\Omega$，用电源的等效变换法求：

① 各支路电流；

② 电阻 R_3 上的电压；

③ 电阻 R_3 所消耗的功率。

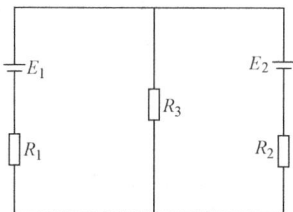

图 1-46 题 2）电路图

【知识要点九】 戴维南定理

1）二端网络：任何具有两个引出端的电路都称为二端网络。

2）有源二端网络：若二端网络内部含有电源，称为有源二端网络。

3）无源二端网络：若二端网络内部不含有电源，称为无源二端网络。

4）戴维南定理：任何线性有源二端网络，对外电路而言，总可以用一个等效电源来代替。等效电源的电动势 U_S 等于有源二端网络两端点间的开路电压 U_{ab}；等效电源的内阻 R_0 等于该有源二端网络中的电源置零后所得的无源二端网络两端点间的等效电阻 R_{ab}，用图 1-47 来示意。

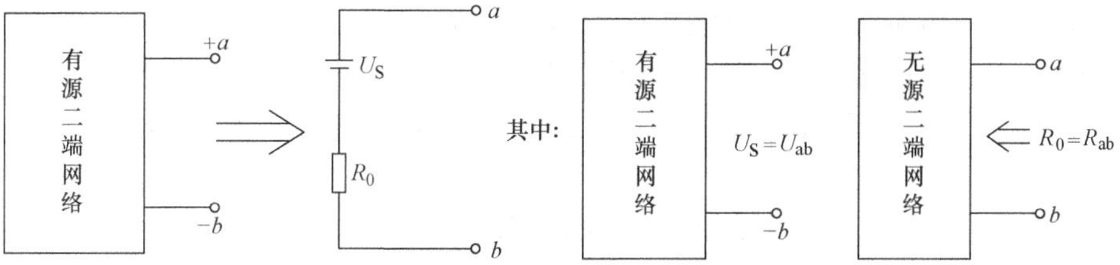

图 1-47 戴维南定理示意图

5）电源置零的意思是：电压源短路、电流源开路。

★ **常见题型**

1）如图 1-48a 所示的电路为一有源二端网络，图 1-48b 是图 1-48a 的戴维南等效电路图。试求：图中的 U_S 和 R_0 的值。

$U_S = $ _____V，$R_0 = $ _____Ω。

2）如图 1-49 所示，已知：$E_1 = 5V$，$E_2 = 25V$，$R_1 = 8\Omega$，$R_2 = 12\Omega$，$R_3 = 2.2\Omega$，试用戴维南定理求通过 R_3 的电流、R_3 两端的电压及 R_3 所消耗的功率。

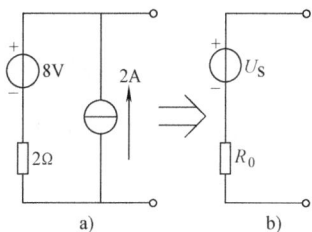

图 1-48 题 1）图

图 1-49 题 2）图

【知识要点十】 叠加定理

1）叠加定理：当线性电路中有几个电源共同作用时，各支路的电流等于各个电源分别单独作用时在该支路产生的电流的代数和。

2）应用叠加定理时要注意以下几点：

① 只适用于线性电路，只能用于计算电流或电压，不能计算功率；

② 叠加的各支路中，不作用的电源置零，电压源不作用时短路，电流源不作用时断路；

③ 叠加时要注意电流或电压的参考方向，正确选取各分量的正负号。

★ 常见题型

如图 1-50 所示，已知 $E_1 = 12V$，$E_2 = 3V$，$R_1 = R_2 = R_3 = 4\Omega$，试用叠加定理求各支路电流。

图 1-50 电路图

★ 【例 2-1】 用四种不同的方法求各支路的电流。

如图 1-51 所示的电路中，已知 $E_1 = 5V$，$E_2 = 12V$，$R_1 = 3\Omega$，$R_2 = 2\Omega$，$R_3 = 4\Omega$，分别用支路电流法、戴维南定理法、电源的等效变换法和叠加定理法求各支路电流。

解：

规范电路图，确定电流及路径方向，如图 1-52 所示。

图 1-51 例题图

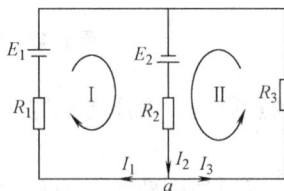

图 1-52 规范电路图

1）用支路电流法解题：

$$\begin{cases} I_1 - I_2 + I_3 = 0 \\ I_1 R_1 + I_2 R_2 - E_1 - E_2 = 0 \\ I_2 R_2 + I_3 R_3 - E_2 = 0 \end{cases} \text{代入数据，得} \begin{cases} I_1 - I_2 + I_3 = 0 & \cdots① \\ 3I_1 + 2I_2 - 17 = 0 & \cdots② \\ 2I_2 + 4I_3 - 12 = 0 & \cdots③ \end{cases}$$

由①×3－②得：$-5I_2+3I_3+17=0\cdots$④

④×2＋③×5得：$26I_3-26=0$，$I_3=1\text{A}$；代入③得：$I_2=4\text{A}$；代入②得：$I_1=3\text{A}$。

所以：$I_1=3\text{A}$；$I_2=4\text{A}$；$I_3=1\text{A}$。

2）用戴维南定理解题，其电路等效变换如图1-53所示。

图1-53　电路等效变换示意图

① 求 U_{ab}：
$$I=\frac{E_1+E_2}{R_1+R_2}=\frac{5+12}{3+2}\text{A}=\frac{17}{5}\text{A}$$
$$U_S=U_{ab}=IR_2-E_2=\left(\frac{17}{5}\times2-12\right)\text{V}=-\frac{26}{5}\text{V}=U_s\ (b\text{ 为正极})$$

② 求 R_{ab}：
$$R_0=R_{ab}=\frac{R_1\times R_2}{R_1+R_2}=\frac{3\times2}{3+2}\Omega=\frac{6}{5}\Omega=R_0$$

③ 求 I_3：
$$I_3=\frac{U_S}{R_0+R_3}=\frac{\frac{6}{5}}{\frac{6}{5}+4}\text{A}=1\text{A}$$

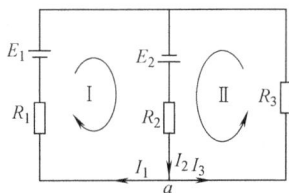

图1-54　求 I_1、I_2 电路图

④ 求 I_1、I_2（图1-54）：

由 $I_2R_2+I_3R_3-E_2=0$，得：$I_2=4\text{A}$；

$I_2=I_1+I_3$，得：$I_1=3\text{A}$。

3）用电源的等效变换法解题，其电路等效变换如图1-55所示。

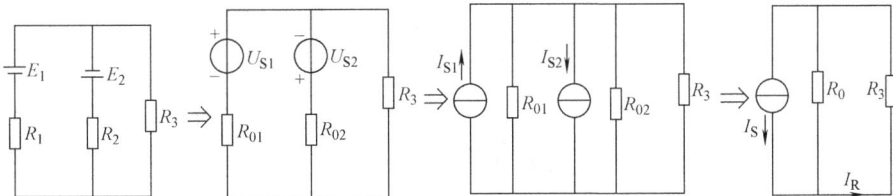

图1-55　电源的等效变换示意图

① 求 I_S 和 R_0：
$$\begin{cases}I_{S1}=\dfrac{U_{S1}}{R_{01}}=\dfrac{5}{3}\text{A}\\[2mm]R_{01}=3\Omega\ (\text{不变})\end{cases}$$

$$\begin{cases} I_{S2} = \dfrac{U_{S2}}{R_{02}} = \dfrac{12}{2}\text{A} = 6\text{A} \\ R_{02} = 2\Omega \ (\text{不变}) \end{cases}$$

$$\begin{cases} I_S = I_{S2} - I_{S1} = \left(6 - \dfrac{5}{3}\right)\text{A} = \dfrac{13}{3}\text{A} \ (\text{方向与} I_{S2} \text{的相同}) \\ R_0 = \dfrac{R_{01} \times R_{02}}{R_{01} + R_{02}} = \dfrac{2 \times 3}{2 + 3}\Omega = \dfrac{6}{5}\Omega \end{cases}$$

② 求 I_3：　　$I_3 = \dfrac{R_0}{R_0 + R_3}I = \dfrac{\dfrac{6}{5}}{\dfrac{6}{5} + 4} \times \dfrac{13}{3}\text{A} = 1\text{A}$

③ 求 I_1、I_2（图 1-56）：

由 $I_2R_2 + I_3R_3 - E_2 = 0$

得：$I_2 = 4\text{A}$；

由 $I_2 = I_1 + I_3$。

得：$I_1 = 3\text{A}$。

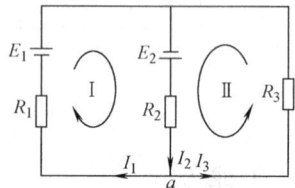

图 1-56　求 I_1、I_2 的电路图

4）用电流的叠加定理解题，其电路等效变换如图 1-57 所示。

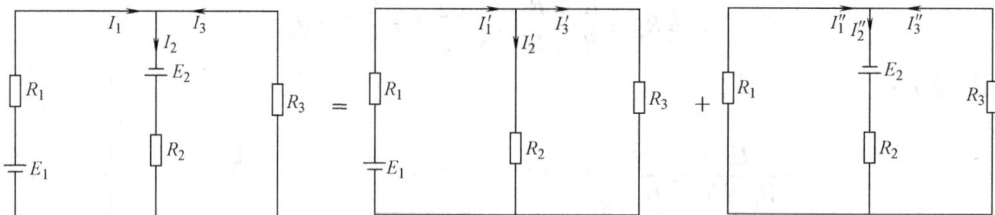

图 1-57　电流叠加原理等效变换

① E_1 起作用，E_2 不起作用（E_2 短接）时：

$$R_{23} = \frac{R_2 \times R_3}{R_2 + R_3} = \frac{2 \times 4}{2 + 4}\Omega = \frac{4}{3}\Omega$$

$$I_1' = \frac{E_1}{R_1 + R_{23}} = \frac{5}{3 + \dfrac{4}{3}}\text{A} = \frac{15}{13}\text{A}$$

$$I_2' = \frac{R_3}{R_2 + R_3}I_1' = \frac{4}{2 + 4} \times \frac{15}{13}\text{A} = \frac{10}{13}\text{A}$$

$$I_3' = I_1' - I_2' = \left(\frac{15}{13} - \frac{10}{13}\right)\text{A} = \frac{5}{13}\text{A}$$

② E_1 不起作用（E_1 短接），E_2 起作用：

$$R_{13} = \frac{R_1 \times R_3}{R_1 + R_3} = \frac{3 \times 4}{3 + 4}\Omega = \frac{12}{7}\Omega$$

$$I_2'' = \frac{E_2}{R_2 + R_{13}} = \frac{12}{2 + \dfrac{12}{7}}\text{A} = \frac{42}{13}\text{A}$$

$$I_1'' = \frac{R_3}{R_1 + R_3} = \frac{4}{3+4} \times \frac{42}{13}\text{A} = \frac{24}{13}\text{A}$$

$$I_3'' = I_2'' - I_1'' = \left(\frac{42}{13} - \frac{24}{13}\right)\text{A} = \frac{18}{13}\text{A}$$

③ 把两次电流相叠加：

$$I_1 = I_1' + I_1'' = 3\,\text{A}$$

$$I_2 = I_2' + I_2'' = 4\,\text{A}$$

$$I_3 = I_3'' - I_3' = 1\,\text{A}$$

以上的各种方法中，哪一种简单呢？没有定论，需要因题而异、因人而异。

直流电路（基本概念）——练习卷 1

班级_____ 学号_____ 姓名_____ 成绩_____

一、电阻串联电路

1. 电阻串联电路中，电流处处_____；串联电阻越多，总电阻值越_____；电路两端的电压等于各电阻上的电压_____；各个电阻两端的电压与各个电阻的阻值成_____；各电阻所消耗的功率与各个电阻的阻值成_____。

2. 若将一定量程的电压表_____联一个电阻 R，则能扩大其量程。现已知电压表的内阻为 R_g，欲使量程扩大到原来的 100 倍，这个串联电阻的阻值应该为 $R =$ _____。

3. 应用：

1) 如图 1-58 所示，已知 $R_1 = R_2 = R_3 = R_4 = 10\Omega$。

求：总电阻 R_{AB}。

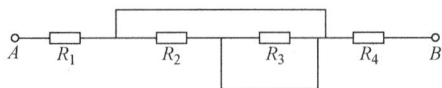

图 1-58　题 1）图

2) 如图 1-59 所示电路，已知 $R_1 = 12\Omega$，$R_2 = 36\Omega$，连接到 $U_i = 20V$ 的电源上。求：输出电压 U_o 是多少？

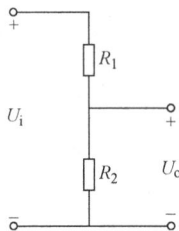

图 1-59　题 2）图

二、电阻并联电路

1. 电阻并联电路中，各个电阻两端的电压_____；电路的总电流等于_____之和；电路的总电阻的_____等于各个并联电阻的_____之和；各支路电流和该支路的电阻成_____；各支路电阻所消耗的功率和该支路的电阻成_____。

2. 若将一定量程的电流表_____联一个电阻 R，就能扩大其量程，若已知电流表的内阻为 R_g，欲使量程扩大到原来的 100 倍，这个并联电阻的阻值应该为 $R =$ _____。

3. 应用：如图 1-60 所示，已知 $R = R_1 = R_2 = R_3 = R_4 = 24\Omega$，求等效电阻 R_{AB}。

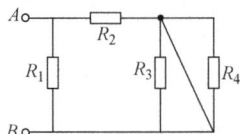

图 1-60　求等效电阻

三、电阻混联电路

1. 在电阻混联电路中，电路消耗的总功率等于＿＿＿＿＿＿＿＿＿＿＿＿＿＿＿。若已知电路的总电压 U 和总电流 I 及等效电阻 R，则功率的计算公式为 $P = $ ＿＿＿＿ = ＿＿＿＿ = ＿＿＿＿。

2. 求等效电阻常用等＿＿＿＿＿＿法。

3. 应用：

＊1）如图 1-61 所示，已知 $R = 12\Omega$，$E = 20V$，$r_1 = 5\Omega$，$r_2 = 0.8\Omega$，请分别计算各等效电阻 R_{AB} 和电路总电流 I 的值。

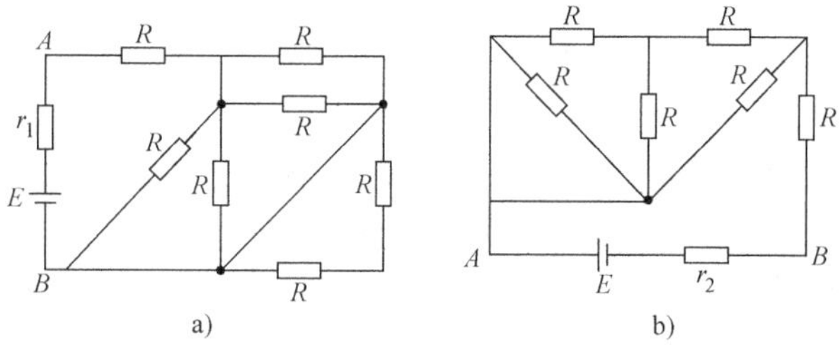

图 1-61 题 1）图

① 图 1-61a 中，等效电阻 $R_{AB} = $ ＿＿＿＿；　　②图 1-61b 中，等效电阻 $R_{AB} = $ ＿＿＿＿；
总电流 $I = $ ＿＿＿＿＿；　　　　　　　　　　总电流 $I = $ ＿＿＿＿＿。

2）把 n 个（n 为偶数）相同的电阻并联成 n 条支路，测得总电阻为 R，若将它一半改成串联后与另一半（仍并联）串联，求改变后的总电阻值。

四、电池的连接

1. 如图 1-62 所示的电池串联组，求：

$E_{串} = $ ＿＿＿＿，$r_{串} = $ ＿＿＿＿。
若原单个电池的额定电流为 I，则该串联电池组的额定电流为＿＿＿＿。

2. 如图 1-63 所示的电池并联组，求：

$E_{并} = $ ＿＿＿＿，$r_{并} = $ ＿＿＿＿。

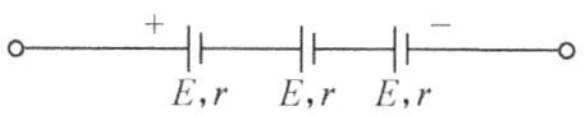

图 1-62 题 1 图 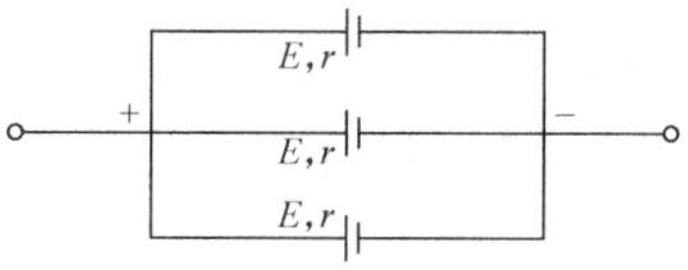　　　　图 1-63 题 2 图

若原单个电池的额定电流为 I，则该并联电池组的额定电流为＿＿＿＿。

五、电路中各点电位的计算

1. A、B 两点间的电压等于 A、B 两点的＿＿＿＿＿，公式为 $U_{AB} = $ ＿＿＿＿。

2. 电路中两点间的电压是＿＿＿＿的，即电压值与电位参考点的选择＿＿＿＿；而电路中某一点的电位则是＿＿＿＿的，即电位随参考点的选择不同而＿＿＿＿。

3. 应用：如图 1-64 所示电路，已知 $E_1 = 45V$，$E_2 = 12V$，电源内阻忽略不计；$R_1 = 5\Omega$，$R_2 = 4\Omega$，$R_3 = 2\Omega$。

求：A、B、C 三点的电位 V_A、V_B、V_C。

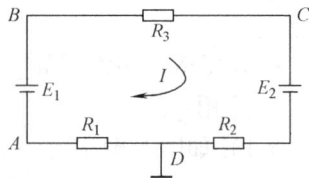

图 1-64　题 3 图

六、基尔霍夫定律

1. 基尔霍夫第一定律（_____定律）：在任一时刻，电路中任一节点上的各支路_____。其数学表达式为_____。

2. 基尔霍夫第二定律（_____定律）：在任一时刻，对任一闭合回路，沿回绕方向上的各段_____。其数学表达式为_____。

3. 应用：如图 1-65 所示，请列出两个节点电流方程和 3 个回路电压方程。

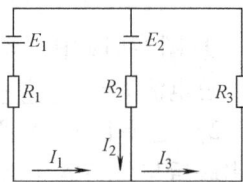

图 1-65　题 3 图

七、支路电流法

1. 支路电流法是以_____为未知量，应用_____列出独立的节点电流方程和_____，组成方程组，解出各支路电流的方法。

2. 对于具有 m 条支路、n 个节点的电路，可列出独立的电流方程的个数为_____个；独立的电压方程的个数为_____个。

3. 应用：如图 1-66 所示，已知 $E_1 = 40V$，$E_2 = 25V$，$E_3 = 5V$，$R_1 = 5\Omega$，$R_2 = R_3 = 10\Omega$。试求：

① 各支路电流（用支路电流法）；

② 负载电阻 R_3 所消耗的功率。

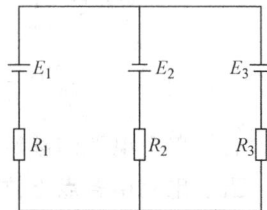

图 1-66　题 3 图

八、电压源与电流源及其等效变换

1. 理想电压源的输出电压_____，与外电路_____，但输出_____随外电路而变。

2. 理想电流源的输出电流_____，与外电路_____，但输出_____随外电路而变。

3. 实际电压源可用一个理想电压源和一个内阻_____的电路模型来表示；实际电流源可用一个理想电流源和一个内阻_____的电路模型来表示。

4. 对外电路来说，实际电压源（U_S，R_0）和实际电流源（I_S，R_0）可以相互_____，等效变换条件是 $U_S =$ ____，R_0 _____。但这种等效变换对电源内部而言是_____。

5. 理想电压源的内阻为_____，理想电流源内阻为_____。

6. 理想电压源与理想电流源是_____等效变换的。

7. 应用：

1）如图 1-67 所示，已知 $U_S = 6V$，$R_0 = 0.2\Omega$，当接上 $R = 5.8\Omega$ 的负载时，试分别用电压源和电流源的模型计算负载上的电压、电流、消耗功率以及电源内阻上消耗的功率，并分析结果。

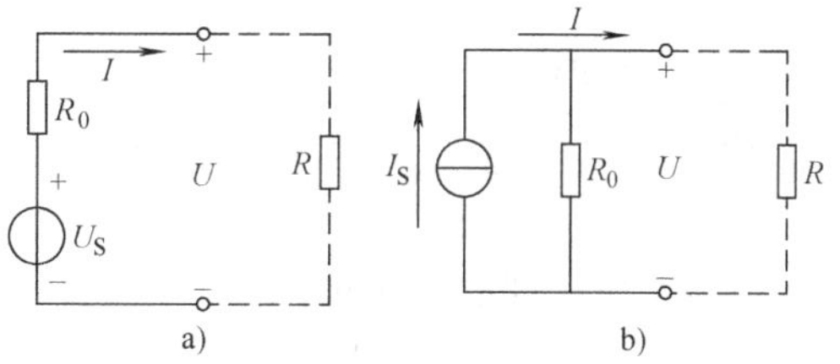

图 1-67 题 1）图

图 1-67a 中，$I =$ _____；图 1-67b 中，$I_S =$ _____；$I =$ _____；

$U =$ _____；$\qquad$ $U =$ _____；

$P_R =$ _____；$\qquad$ $P_R =$ _____；

$P_r =$ _____。$\qquad$ $P_r =$ _____。

2）如图 1-68 所示的电路，已知 $E_1 = 12V$，$E_2 = 6V$，$R_1 = 3\Omega$，$R_2 = 6\Omega$，$R_3 = 10\Omega$，试应用电源等效变换法求电阻 R_3 中的电流。

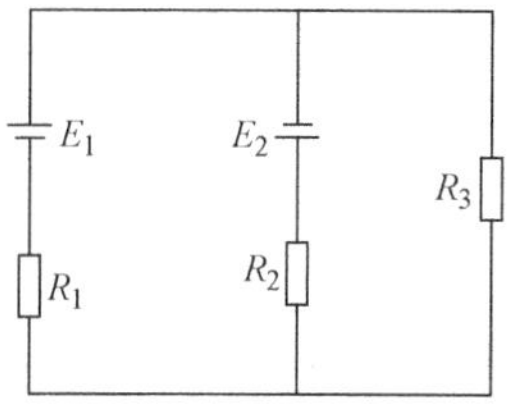

图 1-68 题 2）图

九、戴维南定理

1. 二端网络：任何具有_____端的电路都称为二端网络。

2. 无源二端网络：若二端网络内部_____，称为无源二端网络。

3. 有源二端网络：若二端网络内部_____，称为有源二端网络。

4. 戴维南定理：任何线性有源二端网络，对外电路而言，总可以用一个_____来代替。等效电源的电动势 U_S 等于_____两端点间的_____电压 U_{ab}；等效电源的内阻 R_0 等于该有源二端网络中的电源_____后所得的无源二端网络两端点间的_____电阻 R_{ab}。

5. 电源置零的意思是指：电压源作_____处理、电流源作_____处理。

6. 应用：如图 1-69 所示电路，已知 $E_1 = 7V$，$E_2 = 6.2V$，$R_1 = R_2 = 0.2\Omega$，$R = 6.5\Omega$，试应用戴维南定理求电阻 R 中的电流 I_R。

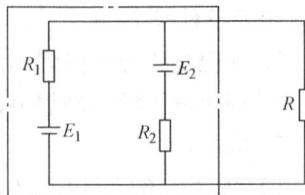

图 1-69　题 6 图

十、叠加定理

1. 叠加定理只适用于_____电路。

2. 叠加的支路中，不作用的电源_____。电压源不作用时_____，电流源不作用时_____。

3. 各支路的功率_____用叠加定理的方法来计算。

4. 应用：如图 1-70 所示电路，已知 $U_S = 12V$，$I_S = 4A$，$R_{01} = 2\Omega$，$R_{02} = R = 4\Omega$，试应用叠加定理求电阻 R 中的电流 I_R。

图 1-70　题 4 图

直流电路（电阻串并联电路）——练习卷 2

班级_____ 学号_____ 姓名_____ 成绩_____

一、判断题

1. 几个不同阻值的电阻串联以后，其等效电阻等于各电阻之和。 （ ）

2. 几个不同阻值的电阻并联以后，其等效电阻等于各电阻的倒数之和。 （ ）

3. 在电阻串联电路中，阻值大的电阻两端电压高。 （ ）

4. 在电阻并联电路中，阻值大的电阻中通过的电流大。 （ ）

5. $R_1 = 200\Omega$，$R_2 = 1\Omega$，串联后等效电阻 $R > 200\Omega$，并联后等效电阻 $R < 1\Omega$。 （ ）

二、选择题

1. 两电阻 $R_1 = 2\Omega$，$R_2 = 3\Omega$，并联后，这两个电阻上的功率之比 $P_1 : P_2$ 是（ ）。

   A. 3:2   B. 2:3   C. 2:1;   D. 1:2

2. 如图 1-71 所示电路中，若保持 AB 间的电压不变，当开关突然断开时，各表读数变化是（ ）。

   A. 安培表Ⓐ₁变大，伏特表变小，安培表Ⓐ₂变小

   B. 安培表Ⓐ₁变小，伏特表变小，安培表Ⓐ₂变小

   C. 安培表Ⓐ₁变小，伏特表变大，安培表Ⓐ₂变大

   D. 安培表Ⓐ₁变大，伏特表变小，安培表Ⓐ₂变大

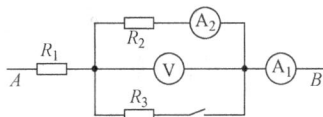

图 1-71　题 2 图

3. 一个内电阻为 $3k\Omega$、量程为 $3V$ 的伏特表，串联上一个阻值为 R 的电阻，将它改装成量程为 $15V$ 的伏特表，则电阻 R 应为（ ）。

   A. $1k\Omega$ B. $3k\Omega$ C. $12k\Omega$ D. $9k\Omega$

4. 一个内阻为 0.15Ω，量程为 $1A$ 的安培表，并联上一个阻值为 0.05Ω 的电阻，改装以后的安培表量程将扩大为（ ）。

   A. $3A$ B. $4A$ C. $6A$ D. $2A$

5. 与图 1-72 所示原图等效的电路图是（设每个电阻值均为 R）（ ）。

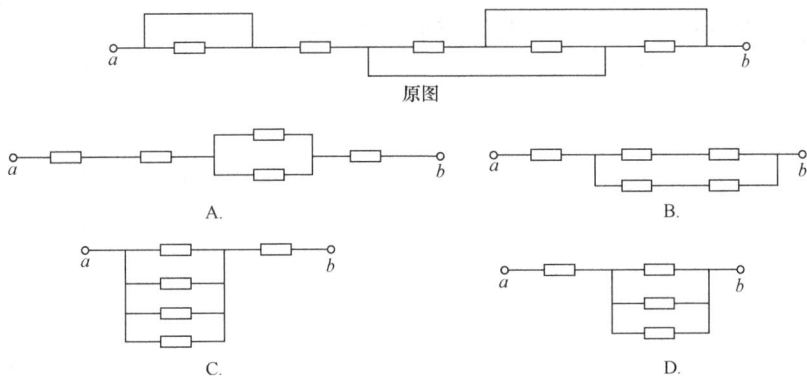

图 1-72　题 5 图

三、填空题

1. 有一只内阻为 r_g 的安培表，若要把它的量程扩大到原来的 n 倍，应该_____联一只阻值为_____的电阻。

2. 有一只内阻为 r_g 的伏特表，若要把它的量程扩大到原来的 n 倍，应该_____联一只阻值为_____的电阻。

3. 如图 1-73 所示电路中，若 $R_1 = 2\Omega$，$R_2 = 3\Omega$，则 $I_1 : I_2 =$ _____；$I_2 : I =$ _____。

4. 如图 1-74 所示电路，$R_1 = R_2 = R_3 = 5\Omega$，$U = 12V$；当 S 断开时，$U_{AB} =$ _____ V，R_3 上消耗的功率 $P_3 =$ _____ W；当 S 闭合时，$U_{AB} =$ _____ V，R_2 上消耗的功率 $P_2 =$ _____ W。

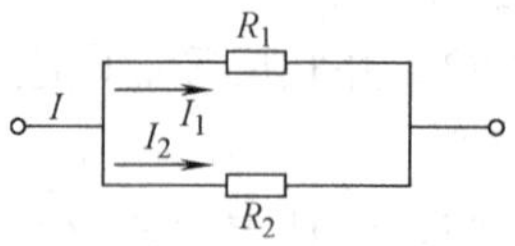

图 1-73 题 3 图 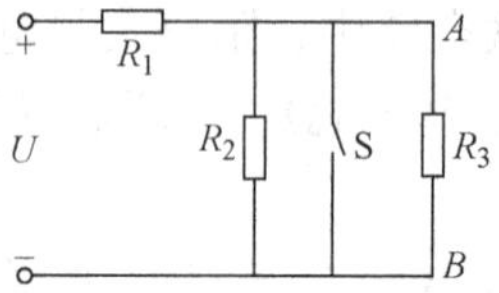　　　　　图 1-74 题 4 图

四、计算题

*1. 如图 1-75 所示，已知所有的电阻阻值均为 12Ω，求等效电阻 R_{AB}、R_{AC}、R_{AD}、R_{BC}、R_{BD}、R_{CD} 的值。

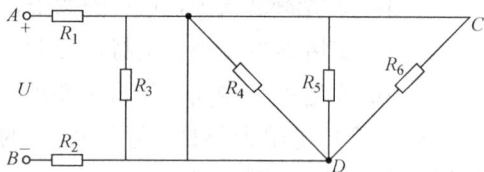

图 1-75 题 1 图

2. 有甲、乙两个用电器的额定电压都是 6V，额定电流分别为 0.1A 和 0.3A。

1）如图 1-76a 所示，若把甲、乙串联后接在 $U = 12V$ 的电路上，为了使它们能正常工作，应接入一个阻值是多少的电阻 R_1？

2）如图 1-76b 所示，若把甲、乙并联后接在 $U = 12V$ 的电路上，为了使它们能正常工作，应接入两个阻值是多少的电阻 R_2 和 R_3？

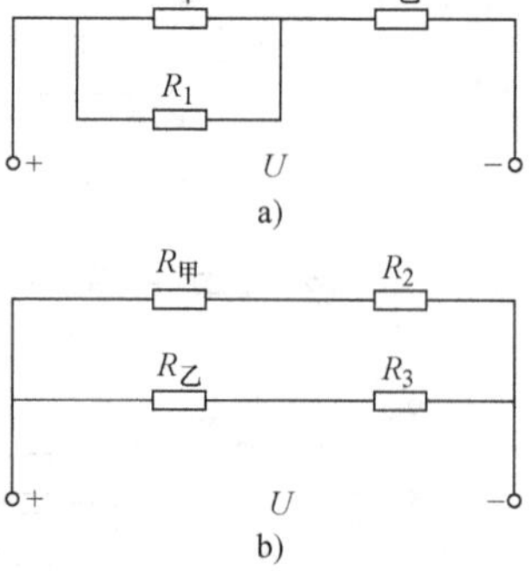

图 1-76 题 2 图

3. 如图 1-77 所示是一个简单的调压器。若已知 $R_1 = 4\Omega$，$R_2 = 8\Omega$，R_P 是一个范围在 $0 \sim 36\Omega$ 之间的滑动变阻器，AB 两端的输入电压为 60V，问当滑动触点上下移动时，输出电压 U_{CD} 的范围是多少?

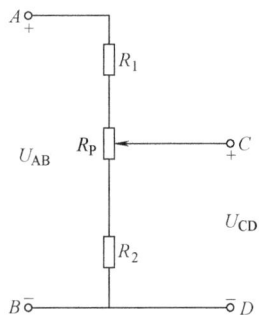

图 1-77　题 3 图

4. 有两个白炽灯泡，分别标着"220V，40W"和"220V，100W"的字样，如果将它们串联起来后接到 220V 的电源上，问：

1）两个灯泡的实际电压、实际电流和实际功率分别是多少?

2）电路的总电流和总消耗功率是多少?

直流电路（电路中各点电位的计算）——练习卷3

班级_____ 学号_____ 姓名_____ 成绩_____

1. 试求如图 1-78 所示电路中 A 点的电位。

图 1-78 题 1 图

2. 在如图 1-79 所示的电路中，已知 $I = 2A$，$E_1 = 5V$，$E_2 = 8V$，$R_1 = 3\Omega$，$R_2 = 4\Omega$，$R_3 = 5\Omega$。求：A 点和 B 点的电位。

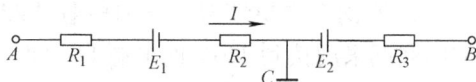

图 1-79 题 2 图

3. 求如图 1-80 所示电路中 A、B 两点间的电压 U_{AB}。

图 1-80 题 3 图

4. 如图 1-81 所示电路中，已知 $V_C = 0$。求：V_A、V_B。

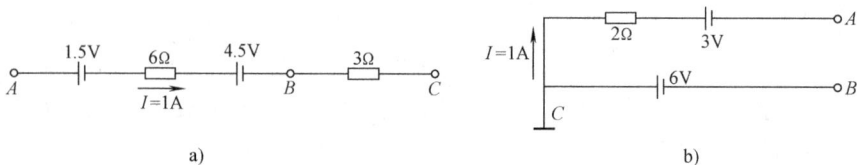

a)

b)

图 1-81 题 4 图

5. 在如图 1-82 所示的电路中，已知 $E = 50V$，$I = 2A$，$V_A = -10V$。求：U_{CB} 及电阻 R 的值。

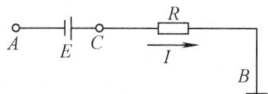

图 1-82 题 5 图

6. 如图 1-83 所示，已知 $E_1 = 20V$，$E_2 = 16V$，$R_1 = 24\Omega$，$R_2 = 8\Omega$，$R_3 = 16\Omega$。求：

1）电流 I；

2）A 点、B 点、C 点的电位 V_A、V_B、V_C。

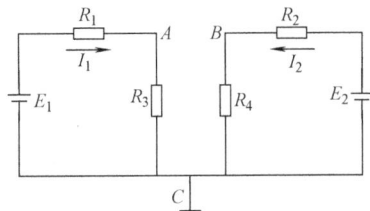

图 1-83 题 6 图

7. 如图 1-84 所示，已知 $E_1 = 20V$，$E_2 = 16V$，$R_1 = 24\Omega$，$R_2 = 8\Omega$，$R_3 = 16\Omega$，$R_4 = 8\Omega$。求：

1）电流 I_1，I_2；

2）A 点和 B 点的电位 V_A、V_B。

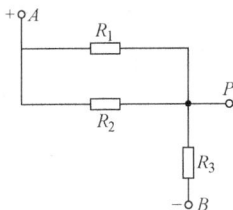

图 1-84 题 7 图

8. 如图 1-85 所示，已知 A 点电位 $V_A = 65V$，$V_B = 0V$，$R_1 = R_2 = 50\Omega$，$R_3 = 40\Omega$。求：

1）U_{AB}；

2）通过 R_3 的电流 I；

3）P 点的电位。

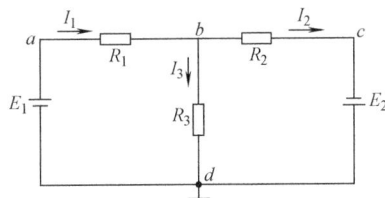

图 1-85 题 8 图

9. 如图 1-86 所示，已知 $E_1 = 30V$，$E_2 = 10V$，$I_3 = 4A$、$R_3 = 5\Omega$。

求：a、b、c 三点的电位。

图 1-86 题 9 图

直流电路（基尔霍夫定律）——练习卷 4

班级_____ 学号_____ 姓名_____ 成绩_____

1. 基尔霍夫第一定律又称_____定律，公式为_____；基尔霍夫第二定律又称_____定律，公式为_____。

2. 应用支路电流法解题的步骤是：

① _____；

② _____；

③ _____。

3. 列出下列各图（图 1-87）节点电流方程。

图 1-87 题 3 图

_____ _____ _____

4. 列出如图 1-88 所示电路中各支路电流的节点电流和回路电压方程：

a 节点的电流方程_____。

回路 I 的电压方程_____。

回路 II 的电压方程_____。

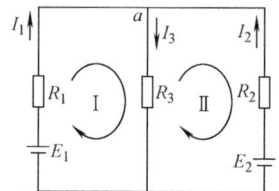

图 1-88 题 4 图

5. 如图 1-89 所示，已知 $E_1 = 4V$，$E_2 = 20V$，$E_3 = 20V$，$R_1 = 8\Omega$，$R_2 = 20\Omega$，$R_3 = 40\Omega$。求 I_1、I_2、I_3 的值。

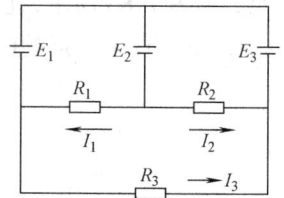

图 1-89 题 5 图

6. 如图 1-90 所示，已知 $E_1 = 32V$，$E_2 = 24V$，$I_2 = 3A$，$R_2 = 6\Omega$。

求：a、b、c 三点的电位。

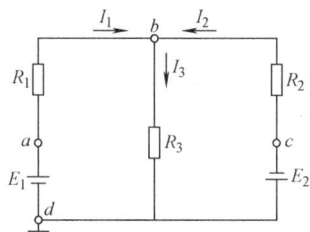

图 1-90　题 6 图

7. 如图 1-91 所示，已知 $I_1 = -3A$，$I_2 = 2A$，$I_B = -6A$，$I_C = 1A$，$E_1 = 6V$，$E_2 = 10V$，$R_1 = 5\Omega$，$R_2 = R_4 = 1\Omega$。

求：I_3，I_4，U_{AB}，U_{CD}，U_{DA}，U_{BC}，R_3。

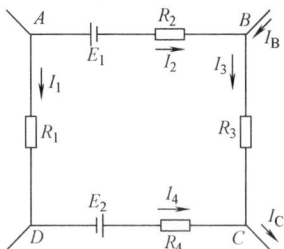

图 1-91　题 7 图

8. 如图 1-92 所示，已知 $E_1 = 18V$，$E_2 = 9V$，$R_1 = R_2 = 1\Omega$，$R_3 = 4\Omega$，请选择合适的方法计算各支路电流。

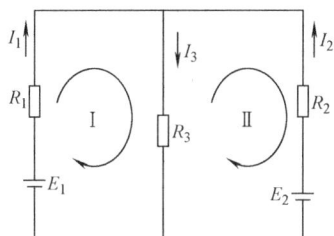

图 1-92　题 8 图

9. 如图 1-93 所示，已知 $E_1 = 130V$，$E_2 = 117V$，$R_1 = 1\Omega$，$R_2 = 0.6\Omega$，$R_3 = 24\Omega$，请选择合适的方法计算各支路电流。

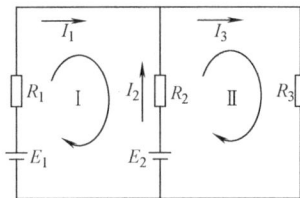

图 1-93　题 9 图

10. 如图 1-94 所示，已知 $E_1 = 6V$，$E_2 = 1V$，电源的内阻不计，$R_1 = 1\Omega$，$R_2 = 2\Omega$，$R_3 = 3\Omega$，请选择一种合适的方法计算各支路电流。

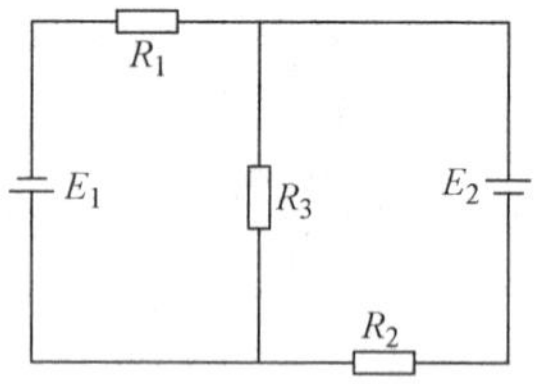

图 1-94　题 10 图

11. 如图 1-95 所示，已知 $E_1 = 120V$，$E_2 = 130V$，$R_1 = 10\Omega$，$R_2 = 2\Omega$，$R_3 = 10\Omega$，请选择一种合适的方法。求：

1）各支路的电流；

2）负载电阻 R_3 所消耗的功率。

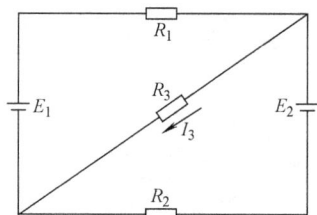

图 1-95　题 11 图

12. 如图 1-96 所示，已知 $E_1 = 140V$，$E_2 = 90V$，$R_1 = 20\Omega$，$R_2 = 5\Omega$，$R_3 = 6\Omega$，请选择一种合适的方法计算各支路电流。

图 1-96　题 12 图

*13. 如图 1-97 所示，已知 $E_1 = E_2 = E_3 = 5V$，$R_1 = 8.7\Omega$，$R_2 = 16.5\Omega$，$R_3 = 5.8\Omega$，$R_4 = 5\Omega$。请选择一种合适的方法求：R_4 上的电流和消耗功率。

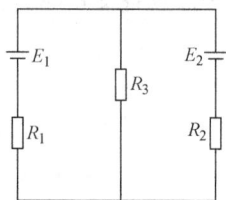

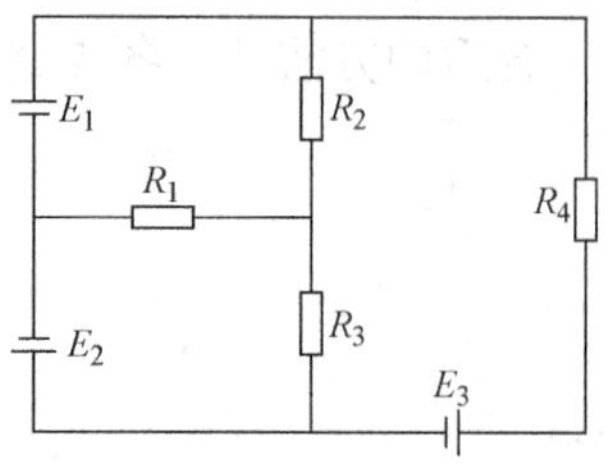

图 1-97　题 13 图

直流电路（电压源与电流源及其等效变换）——练习卷5

班级＿＿＿＿＿＿ 学号＿＿＿＿＿＿ 姓名＿＿＿＿＿＿ 成绩＿＿＿＿＿＿

一、填空题

1. 理想电压源又称恒压源，它的端电压是＿＿＿＿＿＿，流过它的电流由＿＿＿＿＿＿来决定。

2. 实际的电压源总有内阻，因此实际的电压源可以用＿＿＿＿＿＿与＿＿＿＿＿＿串联的组合模型来表示。

3. 能为电路提供一定＿＿＿＿＿＿＿＿＿＿＿＿的电源称为电压源，如果电压源内阻为＿＿＿＿＿＿，则该电源将提供＿＿＿＿＿＿，即称为恒压源。能为电路提供一定＿＿＿＿＿＿的电源称为电流源，如果电流源内阻为＿＿＿＿＿＿，则该电源将提供＿＿＿＿＿＿，即称为恒流源。

4. 实际的电流源可以用＿＿＿＿＿＿与＿＿＿＿＿＿并联的组合模型来表示。

5. 如图 1-98 所示电路中，I_1 为＿＿＿＿＿＿A，I_2 为＿＿＿＿＿＿A。

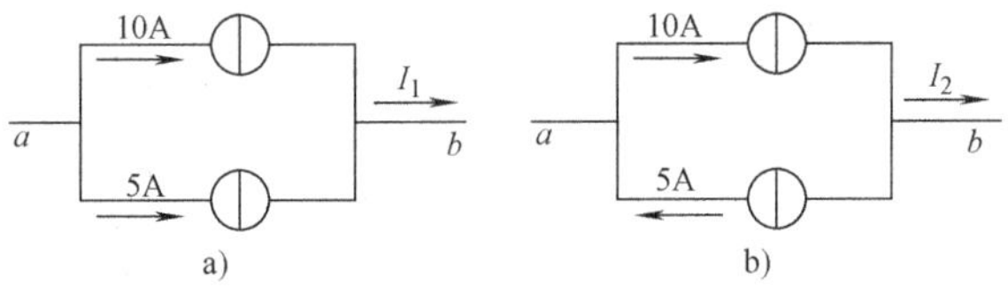

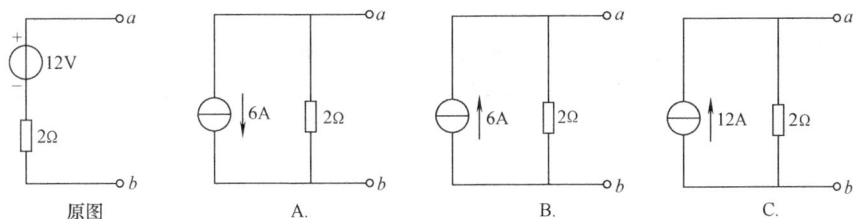

图 1-98　题 5 图

二、选择题

1. 下列叙述正确的是（　　　）。

　　A. 电压源和电流源不能等效变换

　　B. 电压源和电流源变换前后内部不等效

　　C. 电压源和电流源变换前后外部不等效

　　D. 以上三种说法都不正确

2. 如图 1-99 所示电路，与原图等效的电路是（　　　）。

图 1-99　题 2 图

3. 如图 1-100 所示电路，与原图等效的电路是 （　　　　）。

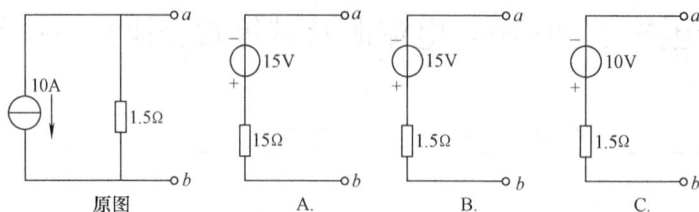

图 1-100　题 3 图

4. 如图 1-101 所示电路，与原图等效的电路是 （　　　　）。

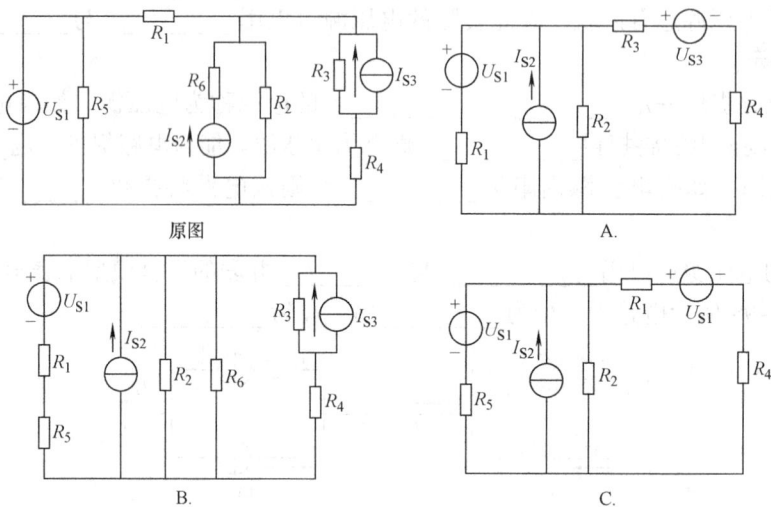

图 1-101　题 4 图

5. 下面叙述正确的是 （　　　　）。

　　A. 电压源和电流源在电路中都是供能的

　　B. 电压源是提供能量的，电流源是吸取能量的

　　C. 电压源和电流源有时候是耗能 （或吸能、储能） 元件，有时候是供能元件

　　D. 以上三种说法都不正确

6. 实际电压源在供电时，它的端电压 （　　　　）。

　　A. 高于电动势　　　　　　　　　　　B. 低于电动势

　　C. 等于电动势　　　　　　　　　　　D. 以上三种说法都不对

三、计算题

1. 如图 1-102 所示电路，将它们分别转化为单一电源支路。

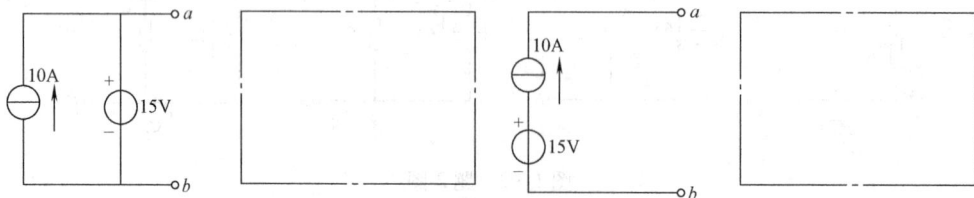

图 1-102　题 1 图

2. 如图 1-103 所示电路，将它们分别转化成一个等效电源。

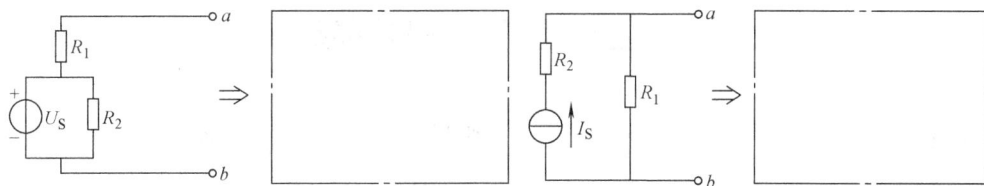

图 1-103　题 2 图

3. 用电源的等效变换法求图 1-104 所示电路中 R 上的电流 I_R 和电压 U_R。

图 1-104　题 3 图

4. 用电源的等效变换法求图 1-105 所示电路中 R_3 上的电流 I_3 和电压 U_3。

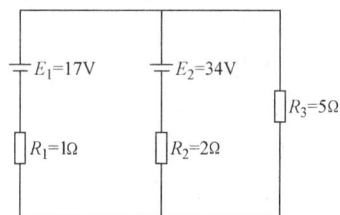

图 1-105　题 4 图

5. 如图 1-106 所示，已知 $R_1 = R_2 = 4\Omega$，$R_3 = 3\Omega$，$R_4 = 5\Omega$，$I_{S2} = 4A$，$I_{S3} = 3A$，$U_{S1} = 8V$，试用电源的等效变换法求电阻 R_4 的电流。

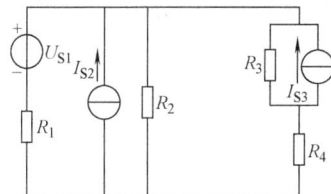

图 1-106　题 5 图

直流电路——复习卷

班级_____ 学号_____ 姓名_____ 成绩_____

一、电阻串联电路

电阻串联电路的特点有

① 电流关系：_____。

② 电压关系：_____。

③ 电阻关系：_____。

④ 电压与电阻的关系：_____。

⑤ 功率与电阻的关系：_____。

⑥（两个电阻）分压公式：_____。

二、电阻并联电路

1. 电阻并联电路的特点有

① 电流关系：_____。

② 电压关系：_____。

③ 电阻关系：_____。

④ 电流与电阻的关系：_____。

⑤ 功率与电阻的关系：_____。

⑥（两个电阻）分流公式：_____。

2. 等效电阻：在电路中，几个电阻的作用与_____电阻的作用效果相同，那么这个电阻就称为_____的等效电阻。

3. 利用_____原理，在小量程的电压表上_____联一个电阻可以扩大其量程。在图 1-107 中完成连线。

图 1-107　题 3 图

4. 利用_____原理，在小量程的电流表上_____联一个电阻可以扩大其量程。在图 1-108 中完成连线。

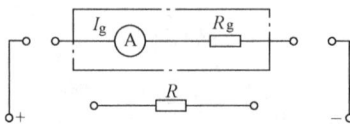

图 1-108　题 4 图

5. 有一盏额定电压为 $U_1 = 40V$、额定电流为 $I = 5A$ 的灯泡，应该怎样把它接入电压 $U = 220V$ 的照明电路中。

6. 两只电阻，串联后等效电阻为 9Ω，并联后等效电阻为 2Ω，两电阻的阻值分别是多少？

7. 如图 1-109 所示，用伏安法测电阻，已读得电流表的读数是 0.5A，电压表的读数是 12V，若电流表的内阻是 0.2Ω，求被测电阻 R 的测量值和实际值各是多少？

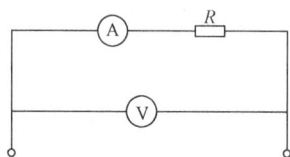

图 1-109　伏安法测电阻

*8. 如图 1-110 所示，电源电压 $U = 220V$，每根输电导线的电阻均为 $R_1 = 1\Omega$，线路中一共并联了 100 盏额定电压为 220V、额定功率为 40W 的白炽灯。试求：

1）当只有 10 盏灯工作时，每盏灯的电压 U_L 和功率 P_L；

2）当 100 盏灯全部工作时，每盏灯的电压 U_L 和功率 P_L。

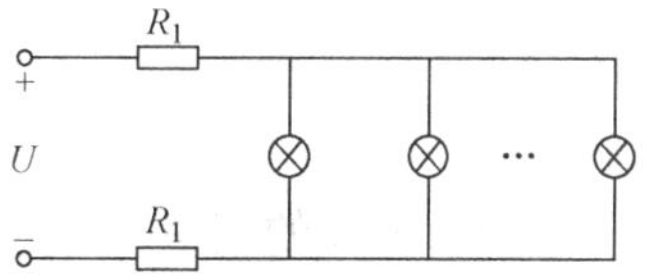

图 1-110　题 8 图

9. 有一个电表，内阻是 200Ω，满偏电流是 4mA，

1）要把它改装为 8V 的电压表，需如何接上一个电阻？阻值是多大？

2）要把它改装为 12mA 的电流表，需如何接上一个电阻？阻值是多大？

三、电阻混联电路

1. 电阻混联：既有电阻的_____关系又有电阻的_____关系的电路，称为电阻混联电路。

*2. 如图 1-111 所示，已知 $R_1 = R_2 = 8\Omega$，$R_3 = R_4 = 6\Omega$，$R_5 = R_6 = 4\Omega$，$R_7 = R_8 = 24\Omega$，$R_9 = 16\Omega$；$U = 224V$。试求：

1）电路的等效电阻 R_{AB} 与总电流 I；

2）求 C、D 和 E、F 两点间的电压 U_{CD}、U_{EF}；

3）电阻 R_9 两端的电压 U_9 与通过它的电流 I_9。

图 1-111　题 2 图

3. 如图 1-112 所示电路中，R_1、R_2、R_3 的额定功率均为 1W，额定电压均为 40V，若在 A、B 两端之间加上电压 $U=60V$，问 R_1、R_2、R_3 上的实际电压和实际功率各是多少？

图 1-112　题 3 图

4. 如图 1-113 所示，已知 $R=20\Omega$，试求等效电阻：

1）$R_{AB}=$

2）$R_{AD}=$

3）$R_{AC}=$

图 1-113　题 4 图

四、电池的连接

1. 相同的 n 个电池（E，r）串联，则 $E_串=$ ＿＿＿＿＿＿＿，$r_串=$ ＿＿＿＿＿＿；负载电阻为 R 时，电路的总电流 $I=$ ＿＿＿＿＿＿。

2. 相同的 n 个电池（E，r）并联，则 $E_并=$ ＿＿＿＿＿＿＿，$r_并=$ ＿＿＿＿＿＿；负载电阻为 R 时，电路的总电流 $I=$ ＿＿＿＿＿＿。

3. 如图 1-114 所示，已知 $R_1=9\Omega$，$R_2=15\Omega$，电源是由 4 个 $E=3V$，$r=0.25\Omega$ 的电池串联的，安培表的读数为 0.4A，求电阻 R_3 的阻值和它所消耗的功率。

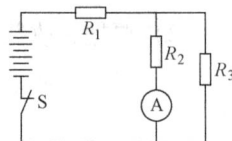

图 1-114　题 3 图

五、电路中各点电位的计算

1. 电路中各点电位计算的解题步骤是：

①＿＿＿＿＿＿＿＿＿＿＿＿＿＿＿＿＿＿＿＿＿＿＿＿＿＿＿＿＿＿＿；

②＿＿＿＿＿＿＿＿＿＿＿＿＿＿＿＿＿＿＿＿＿＿＿＿＿＿＿＿＿＿＿；

③ _____。

2. 在如图 1-115 所示的电路中，求 B 点的电位 V_B。

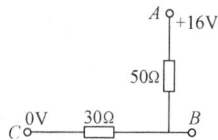

图 1-115 题 2 图

六、基尔霍夫定律

1. 基尔霍夫第一定律也称为 _____ ，表达式为 _____。

2. 基尔霍夫第二定律也称为 _____ ，表达式为 _____。

3. 列出如图 1-116 所示电路中 3 个网孔的回路电压方程。

图 1-116 题 3 图

七、支路电流法

1. 支路电流法是 _____。

2. 用支路电流法解题的步骤是：

1）_____ ；

2）_____ ；

3）_____ ；

3. 如图 1-117 所示，已知 $E_1 = 17V$，$E_2 = 34V$，$R_1 = 1\Omega$，$R_2 = 2\Omega$，$R_3 = 5\Omega$。求各支路电流。

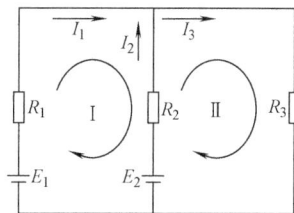

图 1-117 题 3 图

八、电压源与电流源及其等效变换

1. 理想电压源内阻为 _____ ；图示符号：

2. 理想电流源内阻为 _____ ；图示符号：

3. 实际电压源的图示符号：

4. 实际电流源的图示符号：

5. 实际电压源和实际电流源的等效变换公式 $I_S =$ _____；变换前后内阻_____。

九、戴维南定理

1. 叙述戴维南定理：_____。
其中 U_S _____；R_0 _____；

2. 在如图 1-118 所示的电路中，请利用戴维南定理求 a、b 两端的开路电压和等效电阻，并画出等效变换图。

$U_{ab} =$ _____；
$R_{ab} =$ _____。

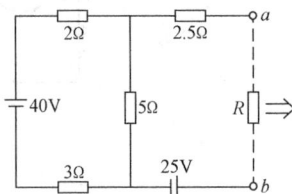

图 1-118 题 2 图

3. 如图 1-119 所示，用戴维南定理求 a、b 两端的电压开路和等效电路，若接上负载电阻 $R = 5\Omega$，求负载电阻 R 上的电流和消耗的功率，并画出等效变换图。

$U_{ab} =$ _____；
$R_{ab} =$ _____；
$I_R =$ _____；
$P_R =$ _____。

图 1-119 题 3 图

十、叠加定理

1. 叠加定理：当线性电路中有几个电源共同作用时，各支路的电流（或电压）等于各个电源分别_____时在该支路产生的电流的_____。

2. 使用叠加定理时要注意：叠加定理只适用于_____电路；不作用的电源_____。电压源不作用时_____，电流源不作用时_____。_____是不能用叠加定理计算的。

直流电路——测验卷 1

班级_____　学号_____　姓名_____　成绩_____

一、判断题（每小题 2 分，共 10 分）

1. 如图 1-120 所示，单个电池的电动势为 E，内阻为 r，则 $E_{ab} = 4E$，$r_{ab} = 12r$。（　　）

2. 如图 1-121 所示，A、B 两端的电压 $U_{AB} = IR_1 + IR_2 + IR_3 + E$。（　　）

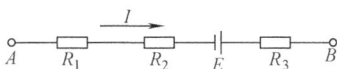

图 1-120　题 1 图　　　　　　　　　　图 1-121　题 2 图

3. 理想电压源和电流源之间是可以等效变换的。（　　）

4. 三个电阻串联在电压为 U 的电路上，R_1 上的电压为 $U_1 = \dfrac{R_1}{R_1 + R_2 + R_3} U$。（　　）

5. 三个电阻并联在电压为 U 的电路上，总电流为 I，则 R_1 上的电流为 $I_1 = \dfrac{R_3}{R_1 + R_2 + R_3} I$。

（　　）

二、选择题（每小题 2 分，共 20 分）

1. 设某一复杂电路的网孔数为 A，回路数为 B，则 A 与 B 的数量关系是（　　）。
   A. $A > B$　　　　B. $A < B$　　　　C. $A = B$　　　　D. 不能确定

2. 一个伏特表的量程是 3V，当给它串联上一个 6kΩ 的电阻后，去测一个电动势为 3V 的电源时，示数为 1V，那么这个伏特表的内阻为（　　）。
   A. 2kΩ　　　　B. 6kΩ　　　　C. 3kΩ　　　　D. 1kΩ

3. 如图 1-122 所示，A、B 两端的等效电阻 R_{AB} 为（　　）。
   A. $R_{AB} = 2R$　　　　B. $R_{AB} = (4/3) R$
   C. $R_{AB} = 4R$　　　　D. $R_{AB} = (1/2) R$

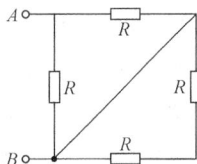

图 1-122　题 3 图

4. 两电阻，并联后总电阻为 2.1Ω，串联后总电阻为 10Ω，两电阻的阻值分别为（　　）。
   A. 4Ω 和 5Ω　　　　B. 3Ω 和 6Ω
   C. 2Ω 和 7Ω　　　　D. 3Ω 和 7Ω

5. 如图 1-123 所示电路中，电阻元件所消耗的功率等于（　　）。
   A. 8W　　　　B. 2W
   C. 6W　　　　D. 4W

图 1-123　题 5 电路图

6. 将 "110V，40W" 和 "110V，100W" 两盏白炽灯串接在 220V

电路上使用，则（　　）。

    A. 两盏灯都能安全、正常工作

    B. 两盏灯不能工作，灯丝都烧断

    C. 40W 灯泡因电压高于 110V 而灯丝烧断，造成 100W 灯灭

    D. 100W 灯泡因高于 110V 而灯丝烧断，造成 40W 灯灭

7. 已知电源电压为 12V，4 只相同灯泡的正常工作电压都是 6V，要使灯泡都能正常工作，则灯泡应（　　）。

    A. 全部串联　　　　　　　　　　　B. 两两串联后再并联

    C. 两只并联与另两只串联　　　　　　D. 全部并联

8. 一个电源分别接上 $R_1 = 8\Omega$ 和 $R_2 = 2\Omega$ 电阻时，两个电阻消耗的功率相同，则电源的内阻为（　　）。

    A. 1Ω　　　　　　B. 2Ω　　　　　　C. 4Ω　　　　　　D. 8Ω

9. 如图 1-124 所示的两个完全相同的电池给电阻 R 供电，则电阻 R 上的电流为（　　）。

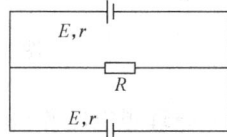

    A. $E/(R+r)$

    B. $2E/(R+r)$

    C. $2E/(R+2r)$

    D. $2E/(2R+r)$

图 1-124　题 9 图

10. 如图 1-125 所示，三个完全相同的电灯 A、B、C，当开关 S 闭合时，电灯的亮度变化是（　　）。

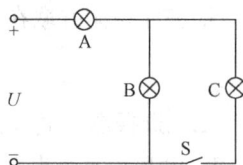

    A. A 变亮、B 变暗

    B. A、B 都变暗

    C. A 变暗、B 变亮

    D. A、B 都变亮

图 1-125　题 10 图

三、填空题（每空 2 分，共 30 分）

1. 有甲乙两个白炽灯分别标有 "220V，40W" 和 "110V，60W"，则甲乙两灯额定电流之比为＿＿＿＿；灯丝电阻之比为＿＿＿＿；分别接在 110V 电路中的功率之比为＿＿＿＿。

2. 如图 1-126 所示，$R_1 = R_2 = R_3 = 3\Omega$，$R_4 = 2\Omega$，

    当 S_1 断开、S_2 闭合时，$R_{AB} = $ ＿＿＿＿＿＿；

    当 S_1 闭合、S_2 断开时，$R_{AB} = $ ＿＿＿＿＿＿；

    当把 S_1、S_2 都闭合时，$R_{AB} = $ ＿＿＿＿＿＿。

3. 如图 1-127 所示电路，$V_B = $ ＿＿＿＿＿＿；$I_1 = $ ＿＿＿＿＿＿；$I_2 = $ ＿＿＿＿＿＿。

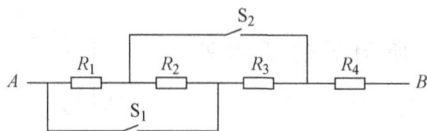

图 1-126　题 2 图

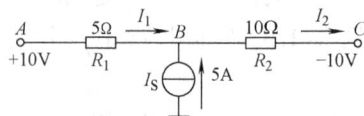

图 1-127　题 3 图

4. 如图 1-128 所示的电路中，

① 当 S 断开时，c、d 两点间电压为_____V；

② 当 S 合上时，c、d 两点间电压为_____V，在 R_3 上消耗的功率为_____W。

5. 一个内阻为 38Ω 的电流表，其满偏量程为 1A 电流。

① 若需要将量程扩大到 20A 时，应在电流表上_____联一只_____Ω 的电阻；

② 若需要将量程扩大到 100V 时，应在电流表上串联一只_____Ω 的电阻。

图 1-128 题 4 图

四、计算题（每小题 10 分，共 40 分）

1. 如图 1-129 所示电路中，$R_1 = 6Ω$，其余各电阻均为 12Ω，试画出等效电路图，并求 A、B 两端的等效电阻值 R_{AB}。

图 1-129 题 1 图

2. 如图 1-130 所示的电路中，电源是由 4 个相同的电池串联组成的，电压表的电阻非常大，而电流表和导线的电阻都非常小。

在开关 S 断开时，电压表的读数是 6.0V，电流表的读数是 0.9A；

在开关 S 闭合时，电压表的读数是 4.8V，电流表的读数是 1.2A。

求：每个电池的电动势和内电阻。

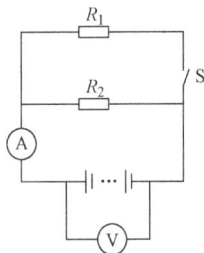

图 1-130 题 2 图

3. 按如图 1-131 所示的参数计算 R_L 所在支路的电流 I，若要求 R_L 上获得最大功率，则 R_L 的阻值应为多大？此时最大功率 P_m 又为多少？

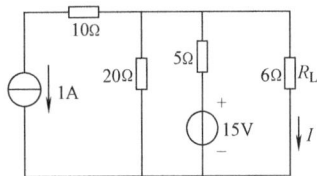

图 1-131 题 3 图

4. 如图 1-132 所示，已知 $E_1 = 12V$，$E_2 = 6V$，电源内阻不计，电阻 $R_1 = 2\Omega$，$R_2 = 6\Omega$，$R_3 = 2\Omega$。用支路电流法求：

1）各支路电流；

2）负载电阻 R_3 所消耗的功率。

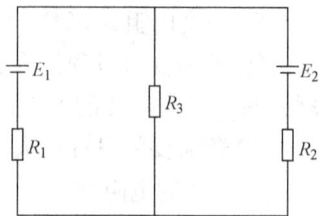

图 1-132　题 4 图

直流电路——测验卷 2

班级_____ 学号_____ 姓名_____ 成绩_____

一、判断题（每小 2 题分，共 20 分）

1. 电源电动势的大小不受电路中电流、电压变化的影响。 （ ）
2. 在闭合的全电路中，外电路的电阻越小，路端电压越小。 （ ）
3. 在闭合的全电路中，电源的输出功率随外电路电阻的变化而变化。 （ ）
4. 在电路中，电位是相对的，随参考点的改变而改变。 （ ）
5. 当用电器所需的电流大于单个电源的额定电流时，往往采用电源的并联组合，当用电器所需的电压大于单个电源的额定电压时，往往采用电源的串联组合。 （ ）
6. 线性电路中的电流、电压、功率都可以用叠加定理来计算。 （ ）
7. 对外电路来说，一个有源二端网络总可以用一个电压源来替代。 （ ）
8. 任意封闭的电路都是回路。 （ ）
9. 在电路中，理想电压源是不可以开路的，理想电流源是不可以短路的。 （ ）
10. 要扩大电流表量程是串联一个电阻，要扩大电压表量程是并联一个电阻。 （ ）

二、选择题（每小题 2 分，共 20 分）

1. 有完全相同的 4 节电池串联，每节 $E_0 = 1.5V$，$r_0 = 1\Omega$，用此电源给 4 个完全相同的电阻供电，每个电阻的阻值为 16Ω，那么电阻采用哪种方式连接时电源的输出功率最大（ ）。

    A. 全部串联   B. 两只串联后再并联起来

    C. 全部并联   D. 两只串联，另两只并联后，再将两组电池串联

2. 如图 1-133 所示，电源电动势为 E，内阻为 r，R_1 是定值电阻，R_2 是可变电阻，下面说法正确的是（ ）。

    A. 当 R_1 越大时，R_2 上消耗的电功率越大

    B. 当 R_2 越大时，R_2 上消耗的电功率越大

    C. 当 $R_1 = R_2 + r$，R_2 上消耗的电功率最大

    D. 当 $R_2 = R_1 + r$ 时，R_2 上消耗的电功率最大

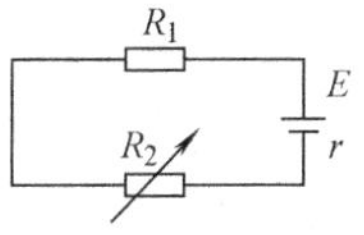

图 1-133 题 2 图

3. 如图 1-134 所示是由相同的均匀金属材料弯成的正方形框架 $abcd$，若把 da 的两端连接在电路上，那么 da 导线与 $dcba$ 导线上消耗的电功之比为（ ）。

    A. 1∶1

    B. 2∶1

    C. 3∶1

    D. 9∶1

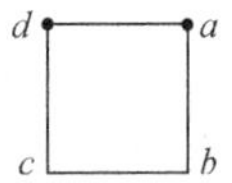

图 1-134 题 3 图

4. 如图 1-135 所示的电路中，下列答案正确的是（ ）。

    A. $V_A - IR_1 - E_1 + IR_2 = 0$

    B. $V_{AB} = IR_1 - E_1 + IR_2 - E_2 + IR_3$

    C. $V_A + IR_1 + E_1 + IR_2 = 0$

    D. $V_B + IR_3 - E_2 = 0$

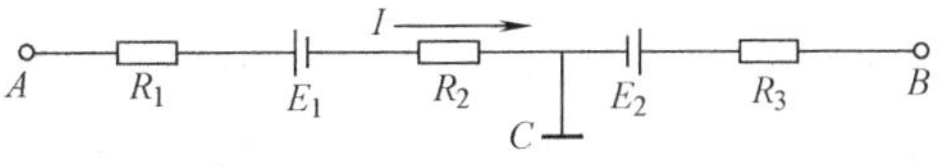

图 1-135 题 4 图

5. 已知 $R_1 = 4R_2$，且 R_1 和 R_2 为串联，若 R_1 上消耗的功率为 1W，则 R_2 上消耗的功率为（　　）。

    A. 0.25W   B. 20W   C. 5W   D. 400W

6. 在如图 1-136 所示的电路中，U_{AB} 和电路的功率分别为（　　）。

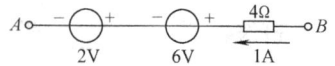

图 1-136　题 6 图

    A. −8V，4W   B. −12V，12W

    C. −12V，−12W   D. 8V，−4W

7. 用电压表测得某有源电路的端电压为零，这说明（　　）。

    A. 外电路断路   B. 外电路短路

    C. 电源的内阻为零   D. 外电路的电流很小，测不出来

8. 如图 1-137 所示电路的 I 和 U 分别是（　　）。

    A. 2A，30V

    B. 6A，10V

    C. 4A，10V

    D. 8A，10V

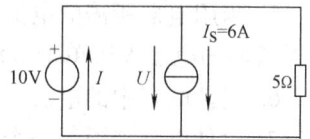

图 1-137　题 8 图

9. 某有源二端网络的开路电压为 10V，若在该网络两端接一个 10Ω 的电阻，测得二端网络的端电压为 8V，则此网络的戴维南等效电路的 U_S 和内阻 r 分别为（　　）。

    A. 8V，5Ω   B. 8V，1Ω   C. 10V，2.5Ω   D. 10V，10Ω

10. 如图 1-138 所示电路，能列出独立的节点电流方程和回路电压方程的个数是（　　）。

    A. 1 个，3 个

    B. 3 个，4 个

    C. 2 个，4 个

    D. 2 个，2 个

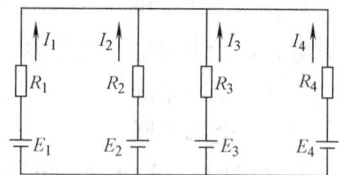

图 1-138　题 10 图

三、填空题（每空 1 分，共 20 分）

1. 电池 A 的电动势为 2V，内阻为 1Ω；电池 B 的电动势为 2.5V，内阻为 2.5Ω。先后用 A、B 作电源向同一电阻 R 供电，使两次的电流相等，则电阻 $R =$ _____ Ω。

2. 有 4 个完全相同的电池，每个电池的电动势为 1.5V，内阻为 0.2Ω，
   若把它们串联成电池组，则此电池组的电动势和内阻分别为 $E =$ _____，$r =$ _____；
   若把它们并联成电池组，则此电池组的电动势和内阻分别为 $E =$ _____，$r =$ _____。

3. 如图 1-139 所示的电路，当开关 S 断开时，伏特表的读数为 2V；当开关 S 闭合时，伏特表的读数为 1.98V，安培表的读数为 0.2A，则

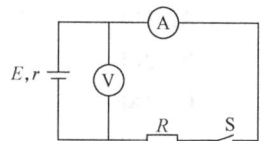

图 1-139　题 3 图

    $E =$ _____；

    $R =$ _____；

    $r =$ _____。

4. 有 A、B 两个电阻，A 的额定功率大，B 的额定功率小，但它们的额定电压相同，若将它们串联使用，则_____的发热量大；若将它们并联使用，则_____的发热量大。

5. 5 个相同的电池，每个电动势均为 2V，内阻均为 0.1Ω，串联后与 $R = 4.5$Ω 的负载

电阻相连，则电阻 R 上的电流为_____，R 两端的电压为_____，消耗的功率为_____。

6. 今有两个电阻 R_1 和 R_2，已知 $R_1 = 2R_2$，若将它们并联起来测得其等效电阻是 4Ω，则 $R_1 =$ _____，$R_2 =$ _____。

7. 额定值为 "220V，40W" 白炽灯工作 8h 所消耗的电能是_____度。

*8. 如图 1-140 所示的电路中，分别求出 ab 两端的等效电阻 R_{ab} 和电阻 R 上消耗的功率 P_R。

图 1-140a 中，$R_{ab} =$ _____；$P_R =$ _____。

图 1-140b 中，$R_{ab} =$ _____；$P_R =$ _____。

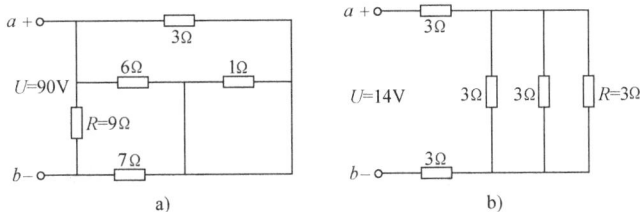

图 1-140 题 8 图

四、计算题（第 1~2 题每题 4 分，第 3~6 题每题 8 分，共 40 分）

1. 如图 1-141 所示，电源共由 3 个电池组成，每个电池的 $E_0 = 2V$，$r_0 = 0.5\Omega$，电阻 $R_1 = 6\Omega$，$R_2 = 2.5\Omega$，$R_3 = 3\Omega$。若不考虑电表内阻的影响，求：

1）当 S 断开时，V 表和 A 表的读数；

2）当 S 闭合时，V 表和 A 表的读数。

图 1-141 题 1 图

2. 在如图 1-142 所示的电路中，已知 AB 间的电压为 12V，流过电阻 R_1 的电流为 1.5A，$R_1 = 6\Omega$，$R_2 = 3\Omega$。求 R_3 的电阻值。

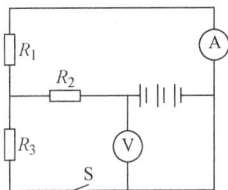

图 1-142 题 2 图

3. 一个标有"220V，100W"的白炽灯经一段导线接在220V的电源上，结果测得它的实际功率为81W。求：导线上的功率损耗为多少？

4. 两电阻分别标明"100Ω，4W"和"90Ω，10W"的额定值。求：
1）当它们串联时，允许加的最大电压是多少？
2）当它们并联时，允许电源供给的最大电流是多少？

5. 如图1-143所示的电路中，已知$E = 12V$，$R_1 = R_2 = R_3 = 36\Omega$，$R_4 = 5\Omega$，$r = 1\Omega$，$B$点接地。求：$A$点的电位$V_A$。

图1-143　题5图

*6. 如图1-144所示，已知$U_1 = 12V$，$U_2 = 18V$，$R_1 = 1\Omega$，$R_2 = 2\Omega$，$R_3 = 3\Omega$。求：
1）当$E = 19V$时，求R_3上的电流；
2）欲使R_3上的电流为零，E应为何值？

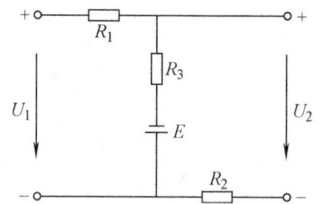

图1-144　题6图

单元一、二（综合）——测验卷

班级_____　学号_____　姓名_____　成绩_____

一、填空题（每空 1 分，共 40 分）

1. 真空中有 A、B 两个静点电荷，若保持 A、B 所带的电荷量不变，将它们之间的距离增大为原来的 2 倍，则它们之间的作用力变为原来的_____倍。

2. 在正电荷 Q 产生的电场中的 P 点，放一检验电荷 $q = 4 \times 10^{-8}C$，它受到的电场力为 $8 \times 10^{-8}N$，则 P 点场强的大小为_____N/C，方向与检验电荷受力方向_____（相同、相反）；将检验电荷从 P 点取走，P 点场强的大小为_____N/C。

3. 在电路中，电阻_____联时，电流处处相等，电阻_____联时，各电阻两端的电压相等。

4. 当用电器的额定电压高于单个电池的电动势时，可以采用_____联电池组供电；当用电器的额定电流比单个电池允许通过的最大电流大时，可以采用_____联电池组供电。

5. 把量程小的电压表，改装成量程大的电压表，应_____联一定阻值的分_____电阻。

6. 闭合电路中的电流与电源_____成正比，与电路的_____成反比，这一规律称为全电路欧姆定律。

7. 导体中电流的大小与外加电压_____；与导体自身电阻_____；而导体的电阻大小与电压、电流_____。

8. 有两根电阻丝 A、B，它们的截面积和材料都相同，A 的长度为 B 的长度的 2 倍。若把它们串联在电路中，_____电阻丝放出的热量多，其热量之比（Q_A/Q_B）为_____；若把它们并联在电路中，_____电阻丝放出的热量多，其热量之比（Q_A/Q_B）为_____。

9. 理想电压源的内阻 $r =$ _____，理想电流源的内阻 $r =$ _____，它们之间_____等效变换。

10. 一个 8A 的电流从电路的端钮 A 流入，并从电路的端钮 B 流出，已知 A 点的电位相对于 B 点的电位高出 30V，则该电路的功率是 $P =$ _____。

11. 电路中有一个三支路的节点，三条支路电流的参考方向均为流入该节点的，且 $I_1 = 10A$，$I_2 = 6A$，则 $I_3 =$ _____。

12. 有两个电阻，它们串联时的总电阻总是等于它们并联时的总电阻的 4 倍，那么这两个电阻值的关系是_____，当一个电阻值为 6Ω 时，另一个电阻值应为_____。

13. 在图 1-145 所示的电路中，电源电动势 $E = 12V$，内阻 $r = 1\Omega$，$R_1 = 3\Omega$，R 为可变电阻，

当 $R =$ _____Ω 时，R_1 上可获得最大消耗功率，最大消耗功率

$P_m =$ _____W。

当 $R =$ _____Ω 时，R 上可获得最大消耗功率，最大消耗功率

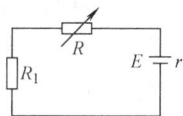

图 1-145　题 13 图

$P_m =$ _____W。

14. 某一直流电路中，已知 $R_1 = 5\Omega$，$R_2 = 15\Omega$，若把 R_1、R_2 串联起来，并在其两端加 20V 电压，此时电路中的电流是_____A，R_1 所消耗的功率是_____W。

15. 如图 1-146 所示是运用叠加定理作图，解得 $I'_1 = 4A$，$I'_2 = 2A$，$I'_3 = 2A$，$I''_1 = 1A$，$I''_2 = 2A$，$I''_3 = 1A$。那么各支路电流 $I_1 =$ _____A，$I_2 =$ _____A，$I_3 =$ _____A。

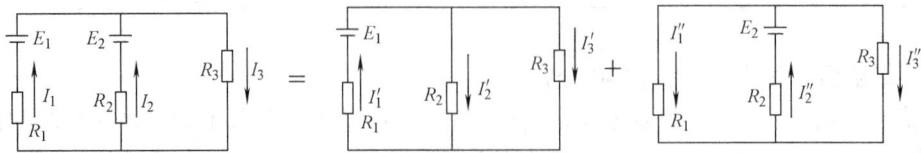

图 1-146　题 15 图

16. 根据图 1-147 所示电路列出求解各支路电流的独立节点电流方程和回路电压方程。

节点电流方程：_____。

回路电压方程：

（网孔①）_____；

（网孔②）_____。

17. 如图 1-148 所示为有源二端网络 A，在 a、b 间接入电压表时，其读数为 100V；在 a、b 间接入 10Ω 电阻时，测得电流为 5A；则 a、b 两点间的开路电压为_____，两点间的等效电阻为_____。

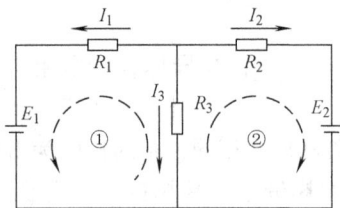

图 1-147　题 16 图　　　　　图 1-148　题 17 图

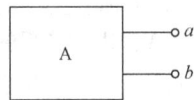

二、判断题（每小题 1 分，共 10 分）

1. 两个点电荷的电荷量都是 +5C，则这两个点电荷将互相吸引。（　　）

2. 串联电阻的等效电阻大于其中任一电阻值；并联电阻的等效电阻不一定小于其中任一电阻。（　　）

3. 在含源闭合电路中，当负载电阻减小时，电路总电流变小，输出端电压也下降。（　　）

4. 正电荷定向运动的方向就是电流的方向。（　　）

5. 电源电动势的大小与外电路无关，它是由电源本身的性质所决定的。（　　）

6. 在含源闭合电路中，电源外部电流从高电位流向低电位，而在电源内部，电流是从负极流向正极。（　　）

7. 在电阻串联电路中，每只电阻两端电压的大小跟电阻成正比；在电阻并联电路中，流经每只电阻的电流大小跟电阻成反比。（　　）

8. 电子在电场力作用下的运动方向是由高电位流向低电位。（　　）

9. 根据欧姆定律 $I = U/R$ 可知，电阻可以表示为 $R = U/I$，因此可以说电阻跟电压成正比，跟电流成反比。 （ ）

10. 公式 $P = I^2R$ 只适用计算串联电路中的电功率，而公式 $P = U^2/R$ 只适用并联电路中。 （ ）

三、选择题（每小题 1 分，共 10 分）

1. 如图 1-149 所示电路中，三个用电器串联在内阻较大的电源上，用电压表测量出的数据如下：$U_{ab} = 0$，$U_{bc} > 0$，$U_{bc} = U_{ac}$，$U_{cd} = 0$，由此可判定电路出现的故障可能是 （ ）。

　　A. R_1 断开，R_2 短路

　　B. R_2 断开、R_3 短路

　　C. R_1 短路，R_2、R_3 断开

　　D. R_1、R_3 均短路

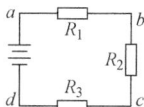

图 1-149 题 1 图

2. 有人将"110V，15W"的电烙铁与"110V，40W"的白炽灯串联后接在 220V 的电源上，判断结论 （ ）。

　　A. 烙铁工作温度正常　　　　　　　　B. 烙铁将被烧毁

　　C. 无法判断　　　　　　　　　　　　D. 烙铁工作温度不够

3. 全电路中，当内外电阻相等时，负载获得最大消耗功率，此时下列错误的是 （ ）。

　　A. 电源的效率只有 50%　　　　　　B. 内外电阻上消耗的功率相等

　　C. 电源输出功率最大　　　　　　　D. 电源电动势达到最大值

4. 在电源电动势 E 与内阻 r 一定的闭合电路中，下列说法中正确的是 （ ）。

　　A. 端电压随外电阻的增大而减小

　　B. 外电路短路时，电路总电流等于 E/r

　　C. 端电压与外电阻成正比

　　D. 外电路短路时，路端电压等于电源电动势

5. 实际电压源供电时，它的端电压 （ ）。

　　A. 高于电源电动势　　　　　　　　　B. 等于电源电动势

　　C. 低于电源电动势　　　　　　　　　D. 是电源电动势的两倍

6. 如图 1-150 所示的电路等效变换中，U_S 和 R_0 的值分别等于 （ ）。

　　A. 10V，10Ω

　　B. 10V，15Ω

　　C. 2V，5Ω

　　D. 1V，5Ω

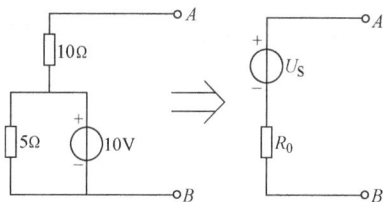

图 1-150 题 6 图

7. 如图 1-151 所示的电路等效变换中，I_S 和 R_0 的值分别等于 （ ）。

　　A. 10V，5Ω

　　B. 20V，10Ω

　　C. 10V，15Ω

　　D. 20V，5Ω

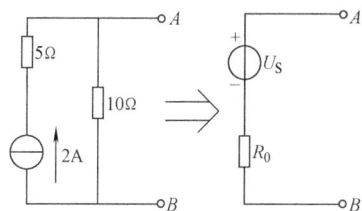

图 1-151 题 7 图

*8. 如图 1-152 所示，A、B 两端的等效电阻是（　　）。

 A. $3R$

 B. $10R$

 C. $4R$

 D. $2R$

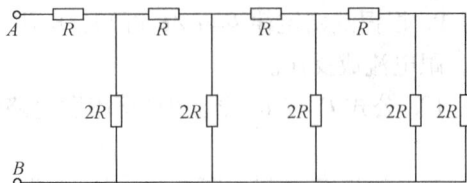

图 1-152　题 8 图

9. 如图 1-153 所示的电路中，下列答案正确的是（　　）。

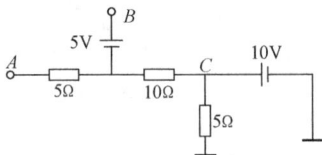

图 1-153　题 9 图

 A. $V_A = 10V$，$V_B = -15V$，$V_C = 10V$，$U_{AB} = -5V$，$U_{BC} = 5V$

 B. $V_A = -10V$，$V_B = 15V$，$V_C = 10V$，$U_{AB} = -5V$，$U_{BC} = -5V$

 C. $V_A = 15V$，$V_B = 15V$，$V_C = -10V$，$U_{AB} = 5V$，$U_{BC} = 5V$

 D. $V_A = 10V$，$V_B = 15V$，$V_C = 10V$，$U_{AB} = -5V$，$U_{BC} = 5V$

10. 有一个伏特表其内阻 $r_g = 1.8 k\Omega$，现在要扩大它的量程为原来的 10 倍，则应（　　）。

 A. 用 $18 k\Omega$ 的电阻与伏特表串联　　　　B. 用 180Ω 的电阻与伏特表并联

 C. 用 $16.2 k\Omega$ 的电阻与伏特表串联　　　D. 用 180Ω 的电阻与伏特表串联

四、计算题（共 35 分）

1.（本题 6 分）有一个闭合电路，电源电动势 $E = 12V$，内阻 $r = 1\Omega$，负载电阻 $R = 5\Omega$。试求：

1）电路中的电流；

2）负载两端的电压；

3）电源内阻上的电压。

2.（本题 4 分）如图 1-154 所示电路中，$E = 15V$，电压表示数 $U_1 = 9V$，当滑动变阻器 R_P 的阻值变为原来的 3 倍时，电压表示数 $U_2 = 6V$。求：电源内阻 r 与电阻 R 的比值。

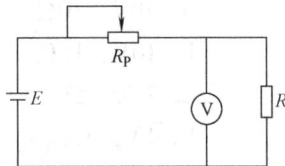

图 1-154　题 2 图

＊3.（本题4分）如图1-155所示，为使输出电压 $U_{CD}=1V$，则输入电压 U_{AB} 的值应为多少？

图 1-155　题 3 图

4.（本题3分）如图1-156所示的电路。求：a、b、c 三点的电位。

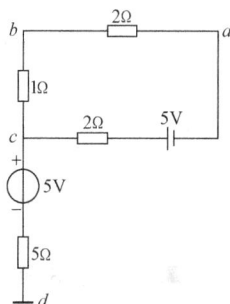

图 1-156　题 4 图

5.（本题8分）在如图1-157所示的电路中，已知 $E_1=24V$，$E_2=20V$，$R_1=8\Omega$，$R_2=6\Omega$，$R_3=4\Omega$，$R=7.6\Omega$，根据戴维南定理，求通过电阻 R 的电流，并在原电路图中标出电流方向。

图 1-157　题 5 图

解：（1）画出 a、b 间的有源二端网络；　　　（2）求出开路电压 U_{ab}；

（3）画出电源置零后的二端网络；　　　（4）求出等效电阻 R_{ab}；

（5）画出等效电路；

其中 $U_S = $＿＿＿＿＿，$R_0 = $＿＿＿＿＿。

（6）求出通过电阻 R 的电流，并在原电路图中标出电流方向。

6.（本题 2 分）将图 1-158 所示的电压源等效变换为电流源。

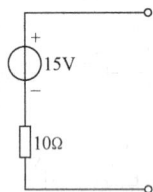

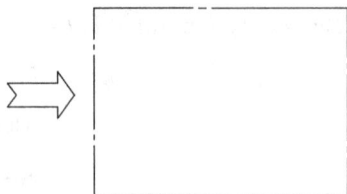

其中：$I_S = $＿＿＿＿＿，

$R_0 = $＿＿＿＿＿。

图 1-158　题 6 图

7.（本题 8 分）将图 1-159 所示的电流源等效变换为一个电压源。

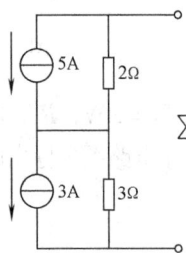

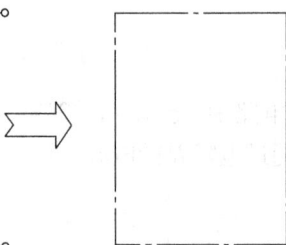

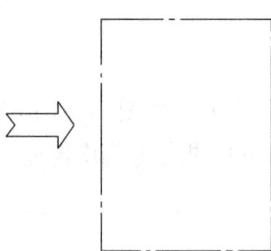

图 1-159　题 7 图

其中：$U_{S1} = $＿＿＿＿，$R_{01} = $＿＿＿＿＿。$U_{S2} = $＿＿＿＿＿，$R_{02} = $＿＿＿＿＿，$U_S = $＿＿＿＿＿，$R_0 = $＿＿＿＿。

五、实验题（每小题 5 分，任选 1 题，共 5 分）

1. 如图 1-160 所示，盒子内装有 3 个完全相同的电阻 R 组成的电路，盒外有三个接线柱，实验测得：

1-2 接线柱之间的电阻值 $R_{12} = 0.5R$；

2-3 接线柱之间的电阻值 $R_{23} = R$；

1-3 接线柱之间的电阻值 $R_{13} = 1.5R$。

试画出盒内的电路图，并验算结果。

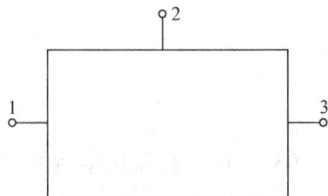

图 1-160　题 1 图

2. 设计用伏安法测量电阻值的实验方法（画出实验电路图，列出相关的计算式），并讨论不同的方案和误差情况。

3. 如图 1-161 所示，现有定值电阻、直流电流表Ⓐ，单刀双掷开关 S 以及待测电源 E，试画出测定该电源电动势 E 及内阻 r 的实验电路，并列出计算公式及结果表达式。

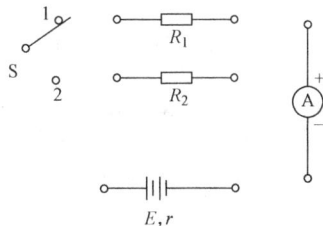

图 1-161　题 3 图

六、附加题（共 20 分）

﹡1.（本题 5 分）如图 1-162 所示，电源电动势 $E = 12V$，电源内阻不计，电阻 $R_1 = 9\Omega$，$R_2 = 6\Omega$，$R_3 = 18\Omega$。求：电阻 R_4 为何值时可获得最大功率？最大功率为多少？

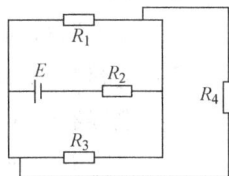

图 1-162　题 1 图

2.（本题 5 分）两个并联的电阻 R_1 和 R_2，其中 $R_1 = 60\Omega$，且流过 R_1 的电流是总电流的 1/16。求：电阻 R_2 的阻值是多少？电路的总电阻是多少？

﹡3.（本题 10 分）如图 1-163 所示的电路中，直流发电机 G 的电动势 $E = 250V$，内阻 $r = 3\Omega$，外电阻 $R_1 = R_2 = 1\Omega$，电热器组中装有 50 只完全相同的电热器，每只电热器的额定电压为 200V，额定功率为 1kW。试求：

1）接通几只电热器时，实际使用的电热器均能正常工作？

2）接通几只电热器时，发电机的输出功率最大？

3）接通几只电热器时，电热器组加热物体最快？

4）接通几只电热器时，电阻 R_1 和 R_2 上消耗的功率最多？

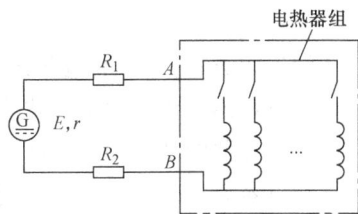

图 1-163　题 3 图

电 容 器

知识范围和学习目标

1. 知识范围

1）电容器与电容。

2）电容器的参数和种类。

3）电容器的连接。

4）电容器中的电场能。

2. 学习目标

1）理解电容器和电容的基本概念，掌握电容的计算公式 $C = Q/U$ 及含义。

2）掌握平行板电容器电容的计算公式 $C = \varepsilon S/d$ 及影响因素。

3）理解电容器的参数和意义。

4）了解电容器的种类和应用。

5）掌握电容器串、并联的特点及等效电容的计算。

6）会应用电容器串、并联的特性计算电容器在电路中的耐压值及安全性判断。

7）了解电容器中的电场能及电场能的计算。

知识要点和分析

【知识要点一】 电容器与电容

1）电容器：任何两个彼此绝缘且相隔很近的导体之间都可以构成一个电容器。

2）电容器的基本功能：储存和释放电荷，是一种容纳电荷的器件。

3）电容量：表征电容器容纳电荷本领的物理量，简称电容。其代号为 C，单位是法拉，符号为 F，常用单位有微法、皮法，符号分别为 μF、pF，$1F = 10^{6} \mu F = 10^{12} pF$。

4）电容 C 的定义：电容器任一极板所带的电荷量 Q 与电容器两极板之间电压 U 的比值，叫做电容器的电容，其定义式为 $C = \dfrac{Q}{U}$，适合于任何电容器。

5）不同的电容器具有不同的电容量 C，它决定于电容本身的性质，与电路其他情况无关。

★常见题型

1）有一电容量为 $50\mu F$ 的电容器，接到直流电源上对它充电，这时它的电容为 $50\mu F$；当它不带电时，它的电容是（　　）。

　　A. 0　　　　　　　B. $25\mu F$　　　　　　C. $50\mu F$　　　　　　D. $100\mu F$

2）判断：根据公式 $C = Q/U$ 推论，电容量 C 的大小与电容器两极板的电压成反比。因此，一个电容器接到一个高电压电路中使用，比接到一个低电压电路中使用时的电容量小。（　　）

【知识要点二】　电容器的参数和种类

1）电容器的主要特性参数：

① 额定工作电压；

② 标称容量和允许误差。

电容器的参数一般都标在电容器的外壳上。

2）电容器的额定工作电压是指电容器能长时间地稳定工作，并能保证电介质性能良好的直流电压的上限数值，俗称耐压。

3）电容器的工作电压应该低于额定电压。也就是说：电容器在低于额定电压下工作是正常工作，这与白炽灯、电烙铁等电阻类器件的额定电压有所不同。

4）电容器的击穿电压是指电容器超过该电压，电容器内的绝缘介质将被破坏。

5）电容器的分类有不同的方法：

按电容量的可调性可分为固定电容器、可变电容器和半可变电容器等；

按中间绝缘介质的性质可分为空气、云母、纸介、瓷片和电解电容器等。

6）平行板电容器的电容量 C 的计算公式（决定式）为

$$C = \frac{\varepsilon S}{d}$$

其中电介质的介电常数 $\varepsilon = \varepsilon_0 \varepsilon_r$，$\varepsilon_0$ 为真空中的介电常数，其值为 $\varepsilon_0 = 8.85 \times 10^{-12} F/m$。

7）决定平行板电容器的电容量 C 大小的因素有：

① 两极板正对的面积 S；

② 两极板之间的垂直距离 d；

③ 两极板之间电介质的介电常数 ε。

8）常用的电解电容器是有正负极之分的，是有极性的电容器，使用时切记不可以将其极性接反，不可以接在交流电路中使用，否则会将电容器击穿。

9）电容器被广泛应用于电路中的隔直通交、耦合、旁路、滤波、调谐回路、能量转换和控制等方面。

★常见题型

1）平行板电容器的极板面积为 $100cm^2$，两极间的介质为空气，两极板之间的垂直距离为 $5mm$，现将电压为 $120V$ 的直流电源接在电容器的两端。求：

① 该平行板电容器的电容及所带的电荷量；

② 将该电容器的两极板浸入相对介电常数 ε_r 为 2.2 的油中，此时电容器的电容又是多大？

2）有一平行板电容器 C 与电源相连，开关闭合后，电容器两极板间的电压为 U，极板上的电荷量为 Q，若断开电源，把两极板间的距离拉大一倍，则（　　）。

A. U 不变，Q 和 C 都减小一半　　　　B. U 不变，C 减小一半，Q 增大一倍

C. Q 不变，C 减小一半，U 增大一倍　　D. Q 和 U 都不变，C 减小一半

【知识要点三】　电容器的连接

1）电容器的连接方式有串联、并联和混联三种。

2）电容器串、并联电路的特点：

① 电容器串联电路：

A. 电荷量关系：

$$Q_1 = Q_2 = \cdots\cdots$$

B. 电压关系：

$$U = U_1 + U_2 + \cdots\cdots$$

C. 总电容关系：

$$\frac{1}{C} = \frac{1}{C_1} + \frac{1}{C_2} + \cdots\cdots$$

D. 电压分配关系：

$$\text{由 } U_1 C_1 = U_2 C_2 \qquad \text{得} \qquad \frac{U_1}{U_2} = \frac{C_2}{C_1}$$

即：在电容器串联电路中

各电容器两端的电压与其本身的电容成反比。

E. 分压公式（对于两个电容器串联）：

$$U_1 = \frac{C_2}{C_1 + C_2} U$$

② 电容器并联电路：

A. 电荷量关系：

$$Q = Q_1 + Q_2 + \cdots\cdots$$

B. 电压关系：

$$U = U_1 = U_2 = \cdots\cdots$$

C. 总电容关系：

$$C = C_1 + C_2 + \cdots\cdots$$

D. 电荷量分配关系：

$$\text{由} \frac{Q_1}{C_1} = \frac{Q_2}{C_2} \qquad \text{得} \qquad \frac{Q_1}{Q_2} = \frac{C_1}{C_2}$$

即：在电容器并联电路中，

各电容器的电荷量与其本身的电容成正比。

E. 分电荷量公式（对于两个电容器并联）：

$$Q_1 = \frac{C_1}{C_1 + C_2} Q$$

对于 n 个电容器并联，还有：

$$Q_1 = \frac{C_1}{C_1 + C_2 + \cdots + C_n} Q$$

★ **常见题型**

1）现有两只电容器，一只电容器的电容 $C_1 = 2\mu\text{F}$，额定工作电压为160V，另一只电容器的电容 $C_2 = 2\mu\text{F}$，额定工作电压为250V。问：

① 将这两个电容器并联起来，这组电容器的安全电压是多少？

② 将这两只电容器串联起来，这组电容器的安全电压又是多少？

*2）如图1-164所示的三只电容器分别为 C_1、C_2 和 C_3，其中 C_1 已充电到 U_0，当闭合开关 S 后。

求：该电路稳定以后各电容器上的电压。

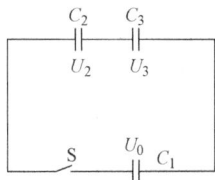

图1-164 题2）电路图

3）现有两只电容器，一只电容器的电容 $C_1 = 2\mu\text{F}$，额定工作电压为160V，另一只电容器的电容 $C_2 = 10\mu\text{F}$，额定工作电压为250V，若将这两个电容器串联起来，接在300V的直流电源上，问每只电容器上的实际电压为多大？这样使用是否安全？

【知识要点四】 **电容器中的电场能**

1）电容器在电路中的基本功能是能够充、放电。充电是电容器储存能量的过程，放电是电容器释放能量的过程，电容器是储能元件，是以电场能的形式储存电能的。

2）在电容器的充、放电过程中，当电容器极板上所储存的电荷量发生变化时，电路中就有电流流过，若电容器极板上所储存的电荷量恒定不变，则电路中就没有电流流过，所以电容器充、放电电路中的电流为

$$i = \frac{\Delta q}{\Delta t} = C \frac{\Delta u}{\Delta t}$$

因此：在电容器两端加直流电压的瞬间才有电流流过；当电路稳定以后，电流就等于零，电容器相当于开路（隔直流）；

在电容器两端加交变电压时，电路中有交变的充、放电电流流过（通交流）。

3）电容器中的电场能公式为

$$W_C = \frac{1}{2} CU^2$$

★ **常见题型**

某一只空气平行板电容器的一个极板的面积是 0.03m^2，两极板间垂直的距离是 0.5cm，电容器内储存的电荷量为 10^{-8}C，极板间的电压是多少？电容器内的电场能是多少？

电容器（基本概念）——练习卷 1

班级_____ 学号_____ 姓名_____ 成绩_____

一、电容器与电容

1. 电容 C 是表征电容器能容纳_____本领的物理量。电容器所带的电荷量 Q 与电容器两极板之间的电压 U 的_____值，称为电容器的电容量，简称_____。代号为_____。

2. 组成电容器的两个导体称为_____，中间的绝缘物质称为电容器的_____。

3. 在国际单位制，电容的单位是_____，简称_____，符号为_____，常用单位有_____和_____等，换算关系是：$1pF =$ _____$\mu F =$ _____F。

4. 平行板电容器是电容器中具有代表性的一种，其电容的计算公式（决定式）是 $C =$ _____。

5. 电容量 C 是由电容器本身的_____决定的，与电容器是不是带电_____。

6. 影响平行板电容器的电容量大小的因素是_____、_____和_____。

7. 两只电容器，一只电容较大，另一只较小，如果它们带的电荷量一样，那么电容量_____的那只电容器上的电压高；如果它们充的电压一样高，那么电容量_____的那只电容器带电荷量多。

8. 应用

1）将一只电容为 $6.8\mu F$ 的电容器接到 $100V$ 的直流电源上，充电结束后，求该电容器所带的电荷量。

2）有一只真空电容器，其电容是 $4\mu F$，现将该电容器的两极板间距离增大一倍后，又将其中间充满云母介质，求该云母电容器的电容 C 的大小。

二、电容器的参数和种类

1. 电容器的额定工作电压是指_____电压。俗称_____。

2. 电容器的主要参数是_____和_____。

3. 电容器的击穿电压是电容器所能允许的_____电压；额定工作电压应_____于击穿电压。

4. 电容器的主要参数，一般标在产品的_____上。

5. 固定电容器的电容量是_____的，一般常用的介质有_____、_____、_____、金属氧化膜、铝电解质等。电容量在一定范围内可_____的电容器称为可变电容器。半可变电容器又称为_____调电容。电解电容器的两极板是有_____之分的，即是有极性的电容器，使用时切记不可以将_____接反，或接在_____电路中，否则会将电容器击穿。

6. 由两块相互_____、靠得很近、彼此绝缘的金属板所组成的电容器，称为平行板电容器。

7. 在电容器使用时，电容器的实际工作电压应该_____它的额定工作电压。

8. 应用：

1）在交流电路中使用电容器，电容器的额定工作电压应该_____交流电压的_____值。

2）最常用的电容器有哪些？

3）怎样按照电容器的参数合理选择电容器？

三、电容器的连接

1. 电容器串联电路

1）我们把几个电容器的极板首尾相接，连成一个中间无分支的电路的连接方式称为电容器的_____联。

2）在电容器串联电路中，设各电容器的电容分别为 C_1、C_2、C_3，加的总电压为 U，则：串联电容器等效电容 C 的_____数等于各电容器电容的_____之和，公式是 $C =$ _____；串联电容器总带电荷量 $Q =$ _____ = _____ = _____；分配在每个电容器上的电压是 $U_1 =$ _____，$U_2 =$ _____，$U_3 =$ _____。

3）当单独一只电容器的_____不能满足电路的要求，而它的_____又是足够大时，一般采用电容器串联电路。

4）串联电容器的等效电容比其中任一只电容器的电容都要_____，常说越串越_____。每个电容器两端的电压与自身的电容成_____比。

5）应用：

① 三只电容器 $C_1 = C_2 = C_3 = 300\mu F$，耐压均为 50V，串联到电源电压 $U = 120V$ 的两端，求等效电容是多大？每只电容器两端的电压是多大？在此电压下电容器工作是否安全？

② 有两只电容器 $C_1 = 30\mu F$，耐压是 25V，$C_2 = 60\mu F$，耐压是 40V，现将它们串联到 50V 的直流电源上。试求：电路的等效电容、每只电容器上的实际电压；这样连接是否安全？会发生什么情况？那么串联后的电容器组的最大安全电压是多少？

2. 电容器并联电路

1）我们把几个电容器的正极板连在一起，负极板也连在一起接到电路某两个节点之间的连接方式称为电容器的_____联。

2）在电容器并联电路中，设各电容器的电容分别为 C_1、C_2、C_3，加的总电压为 U，则：并联电容器等效电容 C 等于各电容器的电容_____，公式是 $C = $ _____；加在各个电容器上的_____都相等。分配在每只电容器上的电荷量是 $Q_1 = $ _____，$Q_2 = $ _____，$Q_3 = $ _____。

3）当单独一个电容器的_____不能满足电路的要求，而其_____均满足电路要求时，一般采用电容器并联电路。

4）并联电容器的等效电容比其中任一个电容器的电容量都要_____，常说越并越_____。每个电容器所带的电荷量与自身的电容成_____比。

5）应用：

① 三只电容器 $C_1 = C_2 = C_3 = 400\mu F$，耐压均为 60V，并联到电源电压 $U = 50V$ 的两端，求等效电容是多大？每只电容器两端的实际电压是多大？每只电容器的带电荷量是多少？在此电压下工作是否安全？

② 有两只外壳上标着"25V，20μF"、"40V，30μF"字样的电容器，并联到 20V 的电源上使用，问这两只电容器都能正常工作吗？它们的实际带电荷量各是多少？

*③ 如图 1-165a 所示，电容为 $C_1 = 10\mu F$，充电后电压为 30V，电容 $C_2 = 20\mu F$，充电后电压为 15V，然后如图 1-165b 所示，断开电源，把两电容连在一起。求电路稳定以后各电容上的电压变为多少？

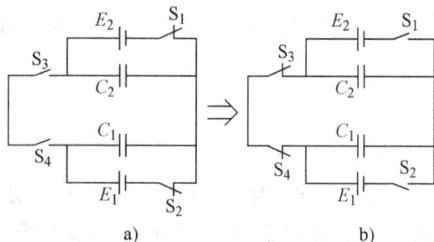

图 1-165　题③图

3. 电容器混联电路

1）电容器混联电路是指_____。

2）应用：如图 1-166 所示，三只电容器连接成混联电路，已知 $C_1 = 80\mu F$，$C_2 = C_3 = $

$40\mu F$，三只电容器的耐压都是150V。试求：等效电容及最大安全工作电压。

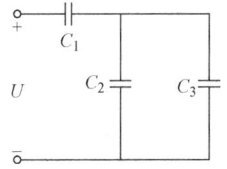

图 1-166　题 2）图

四、电容器中的电场能

1. 电容器的基本功能是_____，充电是电容器_____的过程，放电是电容器_____的过程。

2. 电容器充电后，极板之间就有_____和_____场。

3. 电容器中电场能的计算公式是 $W_C =$ _____。

4. 应用：已知某电容器的电容为 $20\mu F$，所加的电压为40V，求该电容器中的电场能为多少？

电容器——练习卷 2

班级_____ 学号_____ 姓名_____ 成绩_____

一、判断题

1. 电容器的电容量会随着它所带电荷量的多少而发生变化。 （   ）

2. 平行板电容器的电容量只跟两极板正对面积和极板之间的垂直距离有关，而与其他因素均无关。 （   ）

3. 几个电容器串联后接在直流电源上，则各个电容器所带的电荷量均相等。 （   ）

4. 将"$10\mu F$，$50V$"和"$5\mu F$，$50V$"的两个电容器串联，该等效电容组的额定工作电压应为 100V。 （   ）

5. 在上题中，将这两个电容器并联，该等效电容的额定工作电压仍为 50V。 （   ）

6. 在电路中电容器本身只进行能量的交换，而不消耗能量，所以说电容器是一个储能元件。 （   ）

7. 在电路中，如果电容器的电容量大，则它储存的电场能量也一定大。 （   ）

8. 两个电容器，一个电容较大，另一个电容较小，如果它们所带的电荷量一样，那么电容较大的电容器两端的电压一定比电容较小的电容器两端的电压高。 （   ）

9. 在上题中，如果这两个电容器两端的电压相等，那么电容较大的电容器所带的电荷量一定比电容较小的电容器所带的电荷量大。 （   ）

二、填空题

1. 任何两个彼此_____又相隔很近的_____都可以看成一个电容器。普通无极性的平行板电容器的图形符号是_____，有极性的图形符号是_____。

2. 电容量的代号是_____，国际单位是_____，符号为_____，常用单位有_____、_____，符号分别为_____、_____，换算关系为 $1F =$_____$\mu F =$_____pF。

3. 当电容器接到交流电路中使用时，其额定工作电压应_____交流电压的_____值。

4. 串联电容器的总电容比其中每个电容器的电容_____，每个电容器两端的电压和自身容量成_____。

5. 平行板电容器的电容量 C 的计算公式为_____。用电源对其充电后电容量将_____（填变大、变小、不变），充电稳定以后：

1）若将电源断开，增大电容器极板正对面积 S，则 C 将_____，Q_____，U_____；

2）若电源不断开，减小两极板之间的距离 d，则 C 将_____，Q_____，U_____；

6. 以空气为介质的平行板电容器，若增大电容器极板的正对面积，则电容量将_____；若插入某种电介质，则电容量将_____；若缩小两极板之间的距离，则电容量将_____。

7. 平行板电容器带电荷量 $2\times10^{-8}C$，两极板间的电压为2V，则该电容器的电容等于

_____；若两极板电荷量减为原来的一半，则电容器的电容为_____，此时两极板间的电压为_____。

8. 两个电容器 C_1 和 C_2 的电容量和额定工作电压分别为"10μF，25V"，"20μF，15V"：

1）若将它们并联后接在10V的直流电源上，等效电容是_____，储存的电荷量分别是 $Q_1 =$ _____C 和 $Q_2 =$ _____C，允许加的最大电压是_____；

2）若将它们串接在30V的直流电源上，等效电容为_____，各电容器两端的电压分别为 $U_1 =$ _____，$U_2 =$ _____，这样连接它们_____（是、否）都安全？

3）若将这两个电容串联起来使用，允许加的最大电压是_____。

9. 有5个"10V、30μF"的电容器，若串联起来，等效电容是_____，耐压是_____；若并联起来，等效电容是_____，耐压是_____。

10. 有一电容为50μF的电容器，接到直流电源上对它充电，这时它的电容是_____；当它充电结束后，对它进行放电，这时它的电容是_____；当它不带电时，它的电容是_____。

11. 将40μF的电容器充电到100V，这时电容器储存的电场能是_____。若将该电容器继续充电到200V，电容器内又增加了_____电场能。

12. 从能量的角度上来看，电容器是一种_____元件，而电阻器则是_____元件。

13. 在某一电容器充电电路中，已知电容 $C = 1$μF，在时间间隔为0.01s内，电容器上的电压从2V升高到12V，在这段时间内电容器的充电电流为_____；如果在时间间隔0.1s内，电容器上电压升高10V，则充电电流为_____。

14. 在某一电容器充电电路中，已知 $C = 2$μF，电容器上的电压从2V升高到12V，电容器储存的电场能将从_____J增加到_____J，共增加了_____J。

15. 利用电容器的充放电作用，可用万用表的_____挡来判别较大容量电容器的质量。将万用表的表棒分别与电容器的两端接触，若指针偏转后又很快回到接近于起始位置的地方，则说明电容器的质量_____，漏电_____；若指针回不到起始位置，停在标度盘某处，说明电容器_____电严重，这时指针所指处的电阻数值即表示该电容的漏电_____；若指针偏转到零位置后不再回去，说明电容器内部_____路；若指针根本不偏转，则说明电容器内部可能_____路。

三、选择题

1. 两个相同的电容器并联之后的等效电容跟它们串联之后的等效电容之比为（　　）。

A. 1:4　　　　　B. 2:1　　　　　C. 1:2　　　　　D. 4:1

2. 一个电容为 CμF 的电容器，和一个电容为2μF的电容器串联，总电容为 CμF 的电容器的1/3，那么电容 C 是（　　）。

A. 2μF　　　　　B. 4μF　　　　　C. 6μF　　　　　D. 8μF

3. 电容器 C_1 和 C_2 串联后接在直流电路中，若 $C_1 = 3C_2$，则 C_1 两端的电压是 C_2 的（　　）。

A. 3倍　　　　　B. 9倍　　　　　C. 1/3　　　　　D. 1/9

4. 如图1-167所示，已知 $U = 10$V，$R_1 = 2$Ω，$R_2 = 8$Ω，$C = 100$μF，则电容两端的电压 U_C 为（　　）。

A. 10V

B. 8V

C. 2V

D. 0V

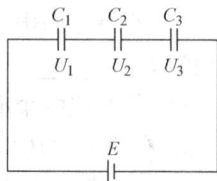

图 1-167   题 4 图

5. 电容器并联使用时将使总电容量（   ）。

    A. 增大   B. 减小   C. 不变   D. 无法判断

6. 电路如图 1-168 所示，当 $C_1 < C_2 < C_3$ 时，它们两端的电压关系是（   ）。

    A. $U_1 = U_2 = U_3$

    B. $U_1 < U_2 < U_3$

    C. $U_1 > U_2 > U_3$

    D. 不能确定

图 1-168   题 6 图

7. 如果把某一电容器的极板面积加倍，再将其两极板之间的距离减半，则（   ）。

    A. 电容增大到原来的 4 倍   B. 电容减半

    C. 电容加倍   D. 电容保持不变

8. 在某一电路中，测得一只 $16\mu F$ 的电容器两端的电压为 50V，当电路的电压增加时，电容器上的电压也增大，那么下列答案正确的是（   ）。

    A. 电容器的电容量也随之增大   B. 电容器的带电荷量也随之增大

    C. 电容器的带电荷量不变   D. 无法判断

9. 将电容器 C_1 "200V, $20\mu F$" 和电容器 C_2 "160V, $20\mu F$" 串联接到 350V 的电压上，则（   ）。

    A. C_1、C_2 均正常工作   B. C_1 击穿，C_2 正常工作

    C. C_2 击穿，C_1 正常工作   D. C_1、C_2 均被击穿

四、计算题

1. 在某电路中需用一只耐压为 1000V，电容为 $4\mu F$ 的电容器，但现只有耐压为 500V，电容为 $4\mu F$ 的电容器若干，问采用怎样的连接方法才能满足要求？画出电路图。

2. 某一个平行板电容器两极板间的电压为 20V，若继续给这个电容器充电，当电荷量又增加了 $\Delta Q = 5.0 \times 10^{-5} C$ 后，测得两极板间的电压增加到了 25V，问此电容器的电容量 C 是多少？

3. 某一种空气介质的可变电容器，由 12 片动片和 11 片定片组成，每片截面积 $7cm^2$，相邻动片与定片的距离为 0.885mm，求此电容器的最大电容量（提示：$\varepsilon_0 = 8.85 \times 10^{-12}$F/m）。

4. 有一个电容器在带了电荷量 Q 后，两极板间的电压为 U，现在再使它的电荷量增加 4×10^{-4}C，两极板间的电压就增加 20V，求这个电容器的电容是多少？

5. 某一电容器带电 10^{-5}C，两极板间的电压为 200V，如果其他条件不变，只将电荷量增加 10^{-5}C，两极板间的电压变为多少？在这个过程中，电容器的电容有没有变化？等于多少？

*6. 如图 1-169 所示，将两个带有相等电荷量且电容分别是 $4\mu F$ 和 $2\mu F$ 的电容器并联起来，测得其电压 U 为 100V。求：
1）并联以前每个电容器的电荷量和电压；
2）并联以后每个电容器的电荷量。

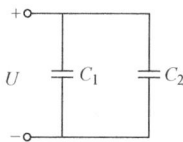

图 1-169　题 6 图

7. 如图 1-170 所示，已知电容 $C_1 = C_2 = 20\mu F$，$C_3 = 10\mu F$，耐压均为 50V。求：
1）电路两端的等效电容 C；
2）如图所示将电容器接在直流电压 $U = 100$V 的电路中使用时，各电容器是否安全；
3）等效电容 C 的安全电压是多少？

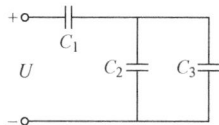

图 1-170　题 7 图

五、实验题

某人做实验时，第一次需要耐压 50V、电容是 $10\mu F$ 的电容器，第二次需要耐压 10V、电容是 $20\mu F$ 的电容器，第三次需要耐压 20V、电容是 $50\mu F$ 的电容器。如果当时他手中只有耐压 10V、电容是 $50\mu F$ 的电容器若干个，那么他怎样做才能满足实验要求（画出电路图）。

电容器——复习卷

班级_____ 学号_____ 姓名_____ 成绩_____

一、电容器与电容

1. 电容的定义式：$C = $_____。

2. 平行板电容器电容的决定式：$C = $_____。

3. 现有一只电容器，它的电容为 $30\mu F$，加在电容器两端的电压为 $500V$，求该电容器所带的电荷量为多少？

4. 一只电容器，接到 $220V$ 直流电源上，测得每个极板上所带电荷量为 $4.4 \times 10^{-5}C$，求电容器的电容是多少？

5. 某只电容器的电容是 $0.75\mu F$，耐压是 $200V$，在多少工作电压下，每个极板上所带电荷量可以达到 $1.5 \times 10^{-5}C$？

6. 一只平行板空气电容器，其电容量是 $0.5\mu F$，当它中间的电介质换成云母时，电容量变为多少？假如把这平行板云母电容器的两极板距离增加一倍，同时两极板的面积增加到原来的 4 倍，那么，电容量又变为多少？

二、电容器的参数和种类

1. 电容器的主要参数是_____和_____。

2. 你熟悉的三种电容器的名称是：_____、_____、_____。

3. 一只电容器，电容是 $0.25\mu F$，耐压是 $300V$，在额定工作电压的条件下工作时，每个极板上所带的电荷量为多少？

三、电容器的连接

1. 电容器串联电路的特点：

1）电荷量关系：_____。

2）电压关系：_____。

3）总电容关系：_____。

4）两个电容器串联时的分压公式：_____。

5）电压与电容的关系：_____。

2. 电容器并联电路的特点：

1）电荷量关系：_____。

2）电压关系：_____。

3）总电容关系：_____。

4）两个电容器并联时的电荷量分配公式：_____。

5）电荷量与电容的关系：_____。

3. 把电容为 $C_1 = C_2 = 0.5\mu F$、耐压均为 300V 的两只电容器串联起来，其总电容是多少？如果把这两只电容器串联到 500V 的电源上使用，每只电容器所带的电荷量是多少？

4. 把电容为 $0.25\mu F$ 和 $0.75\mu F$ 的两只电容器并联起来，总电容是多少？如果把这两只电容器并联到 220V 的电源上使用（此时电路安全），每只电容器所带的电荷量是多少？

5. 有两只电容器串联后两端接 360V 电压，其中 $C_1 = 0.5\mu F$，耐压是 200V；$C_2 = 0.5\mu F$，耐压是 300V。问电路能否正常工作？

6. 把电容是 $0.25\mu F$，耐压是 300V 和电容是 $0.5\mu F$，耐压是 250V 的两只电容器并联起来，其总耐压是多少？总电容是多少？若把这两只电容器串联起来，其总耐压是多少？总电容又是多少？

7. 两只电容器分别标明"$10\mu F$、600V"和"$50\mu F$、300V"，串联后接到电压为 900V 的电源上，这样使用可以吗？若不安全，则外加电压的最大值又是多少？

四、电容器中的电场能

1. 电容器是一种_____元件，它储存的是_____能。

2. 电容器中电场能的计算公式是 $W_C = $_____。

3. 一只电容器，当它接到 220V 直流电源上时，每个极板上所带电荷量为 2.2×10^{-5}C。求：

1）电容器的电容是多少？电容器中的电场能是多少？

2）如果把它接到 110V 的直流电源上，每个极板上所带电荷量是多少？电容器的电容是多少？电容器中的电场能又是多少？

电容器——测验卷

班级_____ 学号_____ 姓名_____ 成绩_____

一、判断题（每题2分，共20分）

1. 电容器中的电介质的介电常数越大，其储存电荷的性能就越好。　　　（　　）

2. 云母电容器在其他条件不变的情况下，电介质变成空气后电容器的电容量减小。
　　　　　　　　　　　　　　　　　　　　　　　　　　　　　　　　　　（　　）

3. 影响平行板电容器储存电荷能力的主要因素是它在电路中所加的电压。（　　）

4. 决定平行板电容器电容量大小的因素包括它所带的电荷量多少。　　　（　　）

5. 在电容器串联电路中，每只电容所分配到的电压与它自身的电容量成正比。（　　）

6. 电解电容器是有极性的，它在交流电路中使用时，要注意它的耐压问题。（　　）

7. 在电路中，电容器的等效电容量是越串越大、越并越小。　　　　　　（　　）

8. 电容器两极板总的带电荷量总是等于零。　　　　　　　　　　　　　（　　）

9. 在电路中，几只电容器串联时，电荷量 Q 处处相等，每个电容器的电压与自身的电容成正比；几只电容器并联时，每个电容两端的电压都一样。　　　　（　　）

10. 在检测较大容量的电容器的质量时，当我们将万用表的表笔分别与电容器的两端接触时，发现指针根本不偏转，说明电容器内部已短路。　　　　　　　　（　　）

二、选择题（每题2分，共20分）

1. 一平行板电容器 C 与电源相连后，电容器两极板间的电压为 U，极板上的电荷量为 Q。在不断开电源的条件下，把两极板间的距离拉大一倍，则（　　）。

　　A. 电压 U 不变，Q 和 C 都减小一半

　　B. 电压 U 不变，C 减小一半，Q 增大一倍

　　C. 电荷量 Q 不变，C 减小一半，U 增大一倍

　　D. 电荷量 Q、U 都不变，C 减小一半

2. 两只电容量为 $10\mu F$ 的电容器，并联在电压为 $10V$ 的电路上。现将电路的电压提高到 $20V$，则此时电容器的电容量将（　　）。

　　A. 增大一倍　　　　　　　　　　　　B. 减少一倍

　　C. 不变　　　　　　　　　　　　　　D. 无法判断电容

3. 某电容器的电容为 C，如不带电时它的电容是（　　）。

　　A. 0　　　　　　B. C　　　　　　C. 小于 C　　　　　　D. 大于 C

4. 如图 1-171 所示，已知 $E = 8V$，$R_1 = 10\Omega$，$R_2 = R_3 = 12\Omega$，$C = 0.5\mu F$，则电容器所带的电荷量为（　　）。

　　A. $1.5 \times 10^{-6}C$

　　B. $5 \times 10^{-6}C$

　　C. $2.5 \times 10^{-6}C$

　　D. $0.5 \times 10^{-6}C$

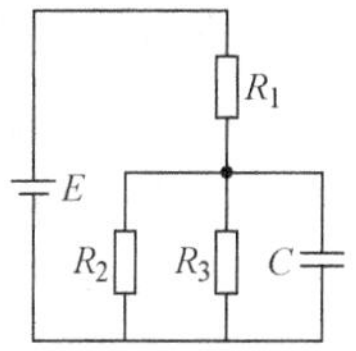

图 1-171　题 4 图

5. 有两只电容器，A 的电容为 $250\mu F$，耐压为 30V，B 的电容量大于 A，耐压也大于 30V，那么电容器 A 和电容器 B 串联以后的总耐压应该是（　　）。

  A. 大于 60V   B. 小于 60V   C. 等于 60V   D. 无法判断

6. 有一只平行板电容器，当内部的电介质是空气时，电容量为 $25\mu F$；当电介质换为某一种材料时，电容量为 $80\mu F$，那么这种电介质的相对介电常数是（　　）。

  A. 2.0   B. 7   C. 0.31   D. 3.2

*7. 电路如图 1-172 所示，已知电容器 C_1 的电容量是 C_2 的两倍，C_1 充过电，电压为 U，C_2 未充电。如果将开关合上，那么电容器 C_1 两端的电压将为（　　）。

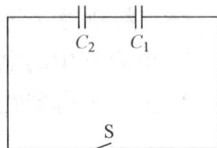

图 1-172　题 7 图

  A. $(1/2)\,U$ B. $(1/3)\,U$

  C. $(2/3)\,U$ D. U

8. 在某一电路中，需要接入一只电容为 $16\mu F$、耐压为 800V 的电容器。但手中只有电容为 $16\mu F$、耐压为 450V 的电容器若干，为要达到上述要求，需将（　　）。

  A. 两只 $16\mu F$ 电容器串联后接入电路

  B. 两只 $16\mu F$ 电容器并联后接入电路

  C. 四只 $16\mu F$ 电容器先两两并联，再串联接入电路

  D. 无法达到上述要求，不能使用 $16\mu F$、耐压 450V 的电容器

9. 电路如图 1-173 所示，电容器两端的电压 U_C 为（　　）。

  A. 9V

  B. 0

  C. 5V

  D. 10V

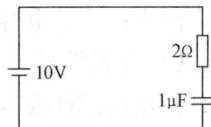

图 1-173　题 9 图

*10. 如图 1-174 所示，已知 $R_1 = 200\Omega$，$R_2 = 500\Omega$，电容 $C_1 = 1\mu F$，若 a、b 两点的电位相等，则 C_2 等于（　　）。

  A. $2\mu F$

  B. $5\mu F$

  C. $2/5\mu F$

  D. $5/2\mu F$

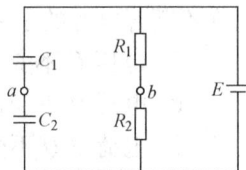

图 1-174　题 10 图

三、填空题（每空 2 分，共 30 分）

1. 有两只电容器的电容分别为 C_1 和 C_2，其中 $C_1 > C_2$，如果加在两只电容器上的电压相等，则电容量_____的电容器所带的电荷量多；如果两只电容器所带的电荷量相等，则电容量_____的电容器电压高。

2. 如图 1-175 所示的电路中，两个平行板电容器 C_1 和 C_2 串联后接在直流电源上。若将电容器 C_2 的两极板间距离增大，则：

C_1、C_2 的带电荷量将_____，C_1 两端的电压将_____，C_2 两端的电压将_____。

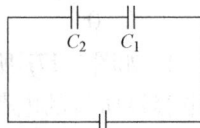

图 1-175　题 2 图

3. 如图 1-176 所示的电路中：

1）当 S 断开时，A、B 两端的等效电容是_____；

2）当 S 闭合时，A、B 两端的等效电容是_____。

4. 如图 1-177 所示的每只电容器的电容都是 $3\mu F$，额定工作电压都是 100V，则该电路的等效电容是_____，额定工作电压是_____。

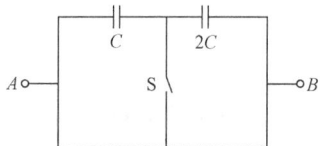

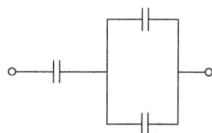

图 1-176 题 3 图　　　　　图 1-177 题 4 图

5. 平行板电容器的电容为 C，充电到电压为 U 后断开电源，然后把两板间的距离由 d 增大到 $2d$，则电容器的电容为_____，所带的电荷量为_____，两板间的电压为_____。

6. 只要电容器中有_____存在，电容器中就一定有电场能。

7. 有三只均是 $C = 30\mu F$ 的电容器，如果先两只串联再并联，等效电容是_____，如果先两只并联再串联，等效电容是_____。

四、计算题（每题 10 分，共 30 分）

1. 两只电容器分别标明"$40\mu F$，150V"和"$60\mu F$，200V"，串联后接到电压为 300V 的电源上，这样使用可以吗？若不安全，则外加电压的最大值是多少？

2. 如图 1-178 所示电路，已知电源电动势 $E = 4V$，内阻不计，外电路电阻 $R_1 = 3\Omega$，$R_2 = 1\Omega$，电容 $C_1 = 2\mu F$，$C_2 = 1\mu F$。求

1）R_1 两端的电压。

2）电容 C_1、C_2 所带的电荷量。

3）电容 C_1、C_2 上的电压。

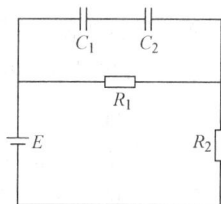

图 1-178 题 2 图

＊3. 如图 1-179 所示，有两只电容器，$C_1 = 20\mu F$，$C_2 = 10\mu F$，C_1、C_2 的充电电压均为 $U = 30V$。试分别求：

1）图 1-179a 中，当开关 S 与 C_2 接通后，C_1 的电荷量变化及 C_2 的电荷量。

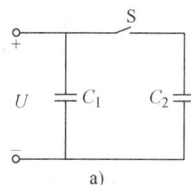

a)

2）图 1-179b 中，当开关 S 断开电源并与 C_2 接通后，C_1 的电荷量变化及 C_2 的电荷量。

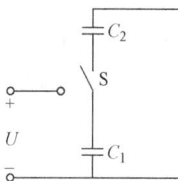

b)

图 1-179 题 3 图

磁与电磁感应

知识范围和学习目标

1. 知识范围

1）磁感应强度和磁通。

2）磁场强度。

3）铁磁性物质的磁化。

4）磁场对电流的作用。

5）电磁感应现象。

6）电磁感应定律。

7）电感器。

8）自感与互感。

9）互感线圈的同名端。

10）线圈中的磁场能。

2. 学习目标

1）了解通电直导线周围、通电螺线管内部的磁场，会用安培定则判断磁场方向。

2）理解磁感应强度、磁感线、磁通、匀强磁场、磁导率、磁场强度的基本概念及有关计算。

3）了解铁磁性物质磁化的概念，知道铁磁性物质的分类与应用。

4）理解电磁感应现象、电磁和电磁力，掌握电磁感应定律和楞次定律。

5）掌握左手定则。

6）掌握右手定则。

7）了解自感、互感现象及自感系数、互感系数的概念，了解自感和互感在实际中的应用。

8）理解互感线圈同名端的概念，并能进行正确的判断。

9）了解电感器的储能特点和其内部磁场能的计算方法。

知识要点和分析

【知识要点一】 磁感应强度和磁通

1) 磁场是一种特殊的物质，它是客观存在的。

2) 磁体、通电导体周围存在着磁场；磁场是由运动电荷或电场的变化而产生的。

3) 磁体的两端磁性最强，磁性最强的地方叫磁极，磁极之间存在着相互作用力，同名磁极相斥，异名磁极相吸，磁极之间的互相作用是通过周围的磁场来传递的。

4) 通电导体的周围存在着磁场，这种现象叫做电流的磁效应，它揭示了磁现象的电本质。

5) 通电导体周围的磁场方向可用右手螺旋法则（也称安培定则）来判定：

① 通电直导线周围的磁场方向：

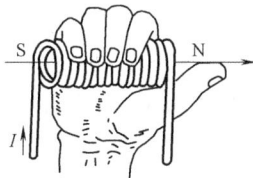

用右手握住通电直导线，让大拇指指向电流的方向，那么四指的指向就是磁感线的环绕方向，如图 1-180 所示。

② 通电螺线管内部的磁场方向：

用右手握住通电螺线管，使四指弯曲与电流方向一致，那么大拇指所指的那一端是通电螺线管内部磁场的 N 极，如图 1-181 所示。

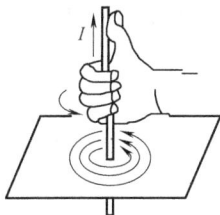

图 1-180　通电直导线周围的磁场方向　　　　图 1-181　通电螺线管内部的磁场方向

6) 磁感线也称磁力线，能形象地描述磁场。磁感线的特点如下：

① 磁感线上每一点的切线方向与该点的磁场方向相同；

② 磁感线在磁体的外部从 N 极指向 S 极，在磁体的内部从 S 极指向 N 极；

③ 磁感线是闭合的曲线，且任意两条磁感线都不会相交；

④ 磁感线的疏密表示磁场强弱的程度。

7) 磁感应强度：在磁场中某处垂直于磁场方向的通电直导线受到的磁场力 F，跟通电电流 I 和导线有效长度 L 乘积的比值，叫做该处的磁感应强度，代号为 B，定义式为 $B = F/IL$，单位是特斯拉，简称特，符号为 T。

磁感应强度是矢量，它描述了磁场中某一点的磁场强弱情况和该点的磁场方向。

8) 匀强磁场：对于某范围内的磁场，其磁感应强度的大小和方向均相同的磁场叫匀强磁场。

9) 磁通：匀强磁场中，磁感应强度 B 和与其垂直的某一截面积 S 的乘积，称该面积的磁通，代号为 Φ，公式为 $\Phi = BS$，单位是韦伯，符号为 Wb。

10）与磁场垂直的单位面积上的磁通，称为磁通密度，即磁感应强度。

11）小磁针是判别磁场存在与磁场方向的最简易的工具，在磁场中，小磁针 N 极所指的方向就是该点的磁场方向。

★ 常见题型

1）判断：将条形磁铁截取一半，它仍具有两个磁极，一端是 N 极，一端是 S 极。（　　）

2）判断：在如图 1-182 所示通电线圈内放一个可以自由转动的小磁针，它在磁场作用下，转动到如图所示位置将不再转动。（　　）

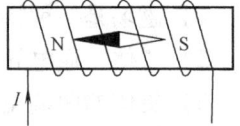

图 1-182　题 2）图

3）有一条长为 2cm 的通电直导线垂直于磁场方向放置，当通过导线的电流为 2A 时，它受到的磁场力大小为 4×10^{-2}N。问：

① 该处的磁感应强度 B 是多大？

② 若电流不变，导线长度减小到 1cm，则它所受磁场力 F 和该处的磁感应强度 B 各是多少？

③ 若导线长度不变，电流增大为 5A，则它所受磁场力 F 和该处的磁感应强度 B 各是多少？

【知识要点二】　磁场强度

1）磁导率：表征物质导磁性能强弱的物理量，代号为 μ，单位是亨/米，符号为 H/m。在相同的条件下，μ 值越大，磁感应强度 B 越大，磁场越强。

2）相对磁导率：某种物质的磁导率 μ 与真空磁导率 μ_0 的比值叫相对磁导率，代号为 μ_r，公式为 $\mu_r = \mu/\mu_0$，无单位（$\mu_0 = 4\pi \times 10^{-7}$H/m）。

3）根据相对磁导率 μ_r 的大小，可将物质分为三类：

① 顺磁性物质：μ_r 略大于 1，如空气等。磁场中放置顺磁性物质，磁感应强度 B 略有增加。

② 反磁性物质：μ_r 小于 1，如铜等。磁场中放置反磁性物质，磁感应强度 B 略有减小。

③ 铁磁性物质：$\mu_r \gg 1$，如铁、钢等。磁场中放入铁磁性物质，可使磁感应强度 B 增加。

4）磁场强度：某点的磁感应强度 B 与磁导率 μ 的比值称为该点的磁场强度，代号为 H，公式为 $H = B/\mu$，单位是安培/米，符号为 A/m。

磁场中各点的磁场强度 H 的大小决定于磁场本身的性质，与磁介质无关。

5）几种常见载流导体的磁场强度：

① 载流长直导线周围某一点的磁场强度（图 1-183）为

$$H = \frac{I}{2\pi r}$$

② 通电螺线管内部的磁场强度（可视为匀强磁场，见图 1-184）为

$$H = \frac{NI}{L}$$

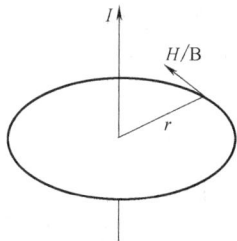

图 1-183 载流长直导线周围某一点的磁场强度

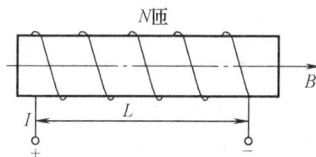

图 1-184 通电螺线管内部的磁场强度

★ 常见题型

1）已知某一匀强磁场的磁感应强度为 0.12T，介质的相对磁导率为 4000，求该磁场强度。

2）一根通有 2A 电流的长直导线，某点 P 离导线轴心 5cm，试求介质是空气的情况下，P 点的磁场强度和磁感应强度的大小。

3）通有 2A 电流的螺线管，长是 20cm，共有 500 匝，试求介质分别是空气和硅钢片的情况下，螺线管内部的磁场强度和磁感应强度（硅钢片的相对磁导率 $\mu_r = 7000$）。

【知识要点三】 铁磁性物质的磁化

1）变无磁性物体为有磁性物体的过程称为磁化；变有磁性物体为无磁性物体的过程称为退磁。

2）铁磁性物质都能够磁化。铁磁性物质在反复磁化过程中，有饱和、剩磁、磁滞现象，并且有磁滞损耗。

3）铁磁性物质的 B 随 H 而变化的曲线称为磁化曲线，它反映了铁磁性物质的磁化特性。

4）磁滞回线常用来研究铁磁性物质的磁特性，因此，按磁滞回线不同，铁磁材料又可分为：

① 硬磁材料：难磁化、难退磁，如钴钢和碳钢，用于永久磁铁。

② 软磁材料：易磁化、易退磁，如硅钢片和铸铁，用于电动机和变压器的铁心。

③ 矩磁材料：易磁化、难退磁，如锰-镁铁氧体，用于计算机中存储元件的环形磁心。

★ 常见题型

1）按相对磁导率的大小不同，物质可分为_____性物质、_____性物质和_____性物质三类。

2）铁磁材料按磁滞回线的不同又可分为_____材料、_____材料和_____材料三类。

【知识要点四】 磁场对电流的作用

1）磁场对载流直导体的作用力（也称安培力、电磁力）大小为 $F = BIL\sin\alpha$（α 为导体与磁感线的夹角，B 为匀强磁场的磁感应强度），方向用左手定则判断，即左手平展，使大拇指与其余四指垂直,并且都跟手掌在一个平面内。磁感线从手心穿入,四指与导线中的电流方向一致。那么大拇指所指的方向就是导线的受力方向,如图 1-185 所示。

2)磁场对运动电荷的作用力(也称洛伦兹力)大小为 $F = Bqv\sin\alpha$(α 为电荷运动方向与磁感线方向的夹角),方向仍可用左手定则判断:把左手放入磁场中,让磁感线垂直穿入手心,四指指向正电荷运动的方向,则拇指的方向就是电荷受力的方向。

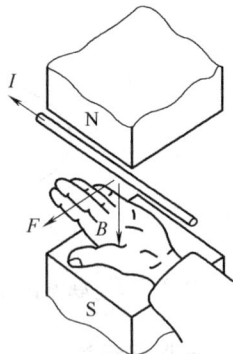

图 1-185 左手定则

★ 常见题型

1)在磁感应强度为 0.5T 的匀强磁场中,有一根长为 30cm 的载流直导线,当导线中的电流强度为 2.0A 时,求下列情况下载流直导线所受的作用力的大小。

① 导体中电流方向与 B 的方向相同。

② 导体中电流方向与 B 的方向垂直。

③ 导体中电流方向与 B 的方向成 30°角。

2)根据图 1-186 中载流导体在磁场中的受力方向,判断各图中导体的电流方向是否正确。

① 图 1-186a 中,由里向外;( )

② 图 1-186b 中,从 A 到 B;( )

③ 图 1-186c 中,从 B 到 A。( )

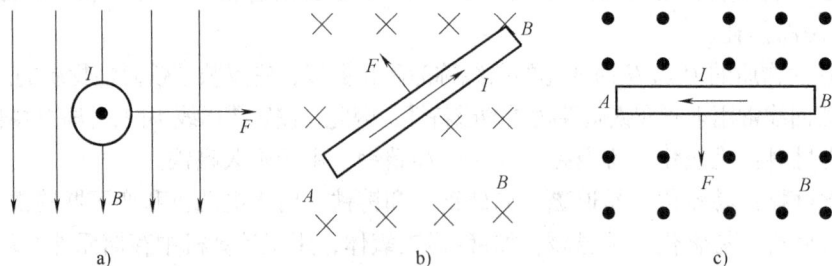

图 1-186 题 2)图

3)如图 1-187 所示,有一载流直导线平行于阴极射线管管轴放置,则射线偏转方向是( )。

A. 向上

B. 向下

C. 不偏

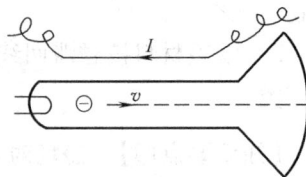

图 1-187 题 3)图

【知识要点五】 电磁感应现象

1）电磁感应现象：利用磁场产生电流的现象叫做电磁感应现象。

2）感应电流：利用电磁感应现象产生的电流叫做感应电流。

3）感应电流产生的条件：①电路必须是闭合的；②闭合回路中磁通量要发生变化。

4）感应电流的方向：

① 导体切割磁感线产生的感应电流的方向用右手定则判断（图 1-188）：右手平展，使大拇指与其余四指垂直，并且都跟手掌在一个平面内。磁感线从手心穿入，大拇指指向导线的切割方向。那么，四指所指方向就是导线中感应电流的方向。

② 螺线管中磁通的变化产生的感应电流方向用楞次定律判断：感应电流具有这样的方向，感应电流的磁场总要阻碍引起感应电流的磁通量的变化。

5）判定螺线管中感应电流方向的步骤：

① 根据楞次定律，判定感应电流的磁场方向（图 1-189）。

② 利用安培定则（右手螺旋法则），判定感应电流的方向。

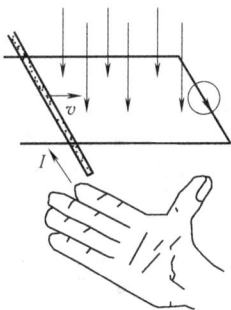

图 1-188 右手定则   图 1-189 楞次定律

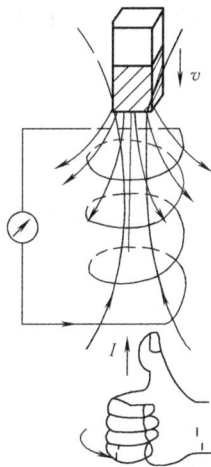

★常见题型

1）判别并标明图 1-190 中各螺线管中感应电流的方向。

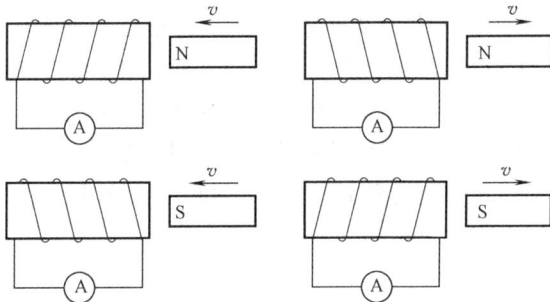

图 1-190 题 1）图

2）判别图 1-191 中各矩形线圈上感应电流的方向。

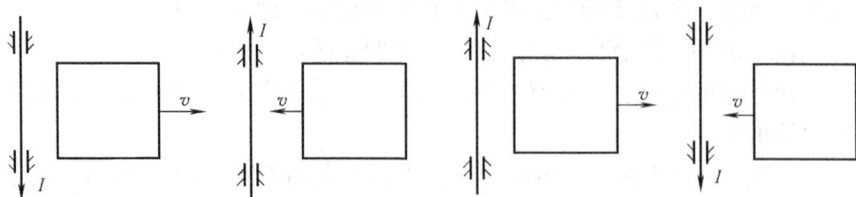

图 1-191　题 2）图

【知识要点六】　电磁感应定律

1）感应电动势：在电磁感应现象中产生的电动势叫感应电动势。产生感应电动势的那部分装置，就相当于电源。

2）导体切割磁感线时产生的感应电动势大小为 $e = BLv\sin\alpha$ （α 为导线运动方向与磁场方向的夹角），其方向可用右手定则来确定。

3）螺线管中磁通变化时产生的感应电动势大小与穿过该回路的磁通变化率成正比，公式为

$$e = -N\frac{\Delta\varPhi}{\Delta t}$$

其方向用楞次定律和右手螺旋法则判定。

★常见题型

如图 1-192 所示，已知匀强磁场的磁感应强度 $B = 0.1\text{T}$，切割磁感线导线的有效长度 $L = 40\text{cm}$，向右作匀速运动的速度 $v = 5\text{m/s}$，整个线框的电阻 $R = 0.5\Omega$。求：

① 感应电动势的大小。

② 感应电流的大小和方向。

③ 使导线向右匀速运动所需的外力 F。

④ 外力做功的功率 P'。

⑤ 感应电流的功率。

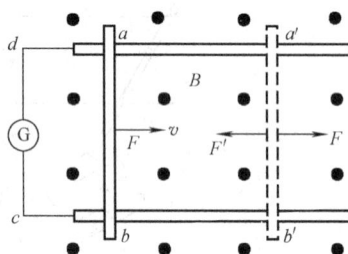

图 1-192　磁场对导线的作用

【知识要点七】　电感器

1）电感器就是指用导线绕制而成的线圈，分空心电感线圈和铁心电感线圈两种。

2）磁链：导电线圈或电流回路所链环的磁通量，等于线圈匝数 N 与穿过各匝的平均磁通量 $\varPhi$ 的乘积，代号为 $\varPsi$，定义式为 $\varPsi = N\varPhi$，单位是韦伯，符号为 Wb。

3）电感线圈的自感系数：线圈的磁链与电流的比值叫线圈的自感系数，简称自感或电感，代号为 L，定义式为 $L = \varPsi/I$，单位是亨利，简称亨，符号为 H。

① 空心电感线圈是指绕在非铁磁材料上的线圈，其电感是一个常数，与通电电流无关。

② 铁心电感线圈是指绕在铁磁材料上的线圈，其电感的大小随通电电流的变化而变化。

4）电感线圈的参数：

① 线圈的电感 L；

② 线圈的额定电流 I。

5）理想线圈：不考虑绕制线圈导线的电阻，即线圈本身的电阻视作零的线圈称为理想线圈；

实际线圈：需要考虑线圈本身的电阻，并把电阻与电感视作串联关系的线圈称为实际线圈。

★常见题型

空心电感线圈中的电流为 10A 时，磁链 0.001Wb。求：线圈的电感。若该线圈共有 1000 匝，当线圈中的电流为 20A 时，再求磁链和每匝线圈的磁通。

【知识要点八】 自感与互感

1）自感现象：由于线圈本身所通过的电流变化而产生电磁感应的现象，称为自感现象。由于自感现象所产生的感应电动势，称为自感电动势。

2）互感现象：当一个线圈中的电流变化引起磁通的变化而使邻近的线圈中产生电磁感应的现象，称为互感现象。

3）互感电动势：由互感现象产生的感应电动势，称为互感电动势。

4）自感和互感的电动势大小，都跟电流的变化率成正比。

自感电动势：$e_L = -L\dfrac{\Delta i}{\Delta t}$；互感电动势：$e_M = -M\dfrac{\Delta i}{\Delta t}$。

5）改变两个线圈之间的相对位置，可以改变它们的互感程度；当两个线圈互相垂直时，可以消除它们之间的互感现象。

★常见题型

在 0.02s 内，通过线圈 A 的电流由 0.5A 增加到 1A，两个线圈的互感系数 $M = 0.5H$。求：线圈 B 中产生的互感电动势是多少？

【知识要点九】 互感线圈的同名端

1）互感线圈同名端定义：两个互感线圈，在同一变化磁通的作用下，感应电动势极性相同的端点称为这两个线圈的同名端。它既反映了互感线圈的极性，又反映了互感线圈的绕向。

2）互感线圈同名端的判定方法：直接用定义判定；用线圈绕向判定和实验判定等方法。

3）互感线圈同名端的实验判定法如图 1-193 所示。

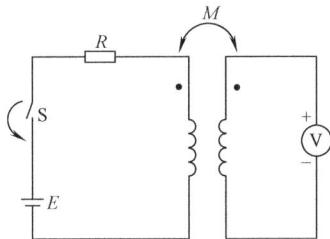

图 1-193 互感线圈同名端的实验判定

★常见题型

如图 1-194 所示的电路中，当 S 断开瞬间，A、B 两点的电位及流过 R 的电流方向为（　　）。

A. B 点电位高，电流从 A 到 B

B. A 点电位高，电流从 A 到 B

C. B 点电位高，电流从 B 到 A

D. A 点电位高，电流从 B 到 A

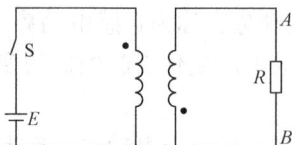

图 1-194　电路图

【知识要点十】　线圈中的磁场能

1）线圈是一个储能元件，它在电路中储存的是磁场能。

2）线圈中磁场能的计算公式为

$$W_\text{L} = \frac{1}{2}LI^2$$

★常见题型

有一个电感线圈，其电感为 6.0mH，当通过的电流从 100A 增加到 200A 时，线圈内的磁场能增加了多少？

磁与电磁感应——练习卷

班级_____ 学号_____ 姓名_____ 成绩_____

一、填空题

1. 物体有吸引铁一类物质的性质叫_____；具有磁性的物体叫_____；磁体上磁性最强的部分叫_____；两个磁极之间存在着相互_____；磁极之间的互相作用是通过磁极周围的_____传递的。同名磁极之间_____，异名磁极之间_____。

2. 在磁体外部磁感线的方向是从_____极到_____极，在磁体内部磁感线的方向是从_____极到_____极。任何两条磁感线都不会_____。

3. 无磁性物体变为有磁性物体的过程叫_____；有磁性物体变为无磁性物体的过程叫_____。

4. 磁场和电场一样，是一种_____的物质，是_____存在的。磁场的存在可以通过_____来检验；小磁针具有"指南"、"指北"的特性，表明了地球是一个_____体。

5. 如果在磁场中某点放一个可以自由转动的小磁针，待小磁针稳定以后，N极所指的方向就是该点的_____方向。

6. 在磁场中画一系列曲线，使曲线上每一点的切线方向都与该点的磁场方向相同，这些曲线称为_____。

7. 在磁场中的某一区域，若磁场的大小和方向都相同，这部分磁场称为_____。

8. 通电直导线所产生的磁场方向可用_____（也称安培定则）来判定，方法是：用右手握住导线，让拇指指向电流方向，那么_____环绕的方向就是磁场的方向。

9. 通电螺线管的磁场方向仍可用右手螺旋定则来判定：用右手握住螺线管，弯曲的四指指向电流的方向，_____所指的方向就是通电螺线管磁场_____极的方向。

10. 电流的周围存在着磁场的现象称为电流的_____；它揭示了磁现象的_____本质。

11. 磁场中某一点的_____的大小和方向表示了该点磁场的强弱和方向。

12. 磁场强度是一个与_____无关的物理量。

13. 左手定则用来判定磁场对通电直导线所产生的_____的方向，具体的方法是：左手平展，使大拇指与其余四指垂直，并且都跟手掌在一个平面内。磁感线从_____穿入，四指与导线中的电流方向一致。那么，_____所指的方向就是导线的受力方向。

14. 右手定则用来判定直导线切割磁场所产生的_____的方向，具体的方法是：右手平展，使大拇指与其余四指垂直，并且都跟手掌在一个平面内。磁感线从_____穿入，大拇指指向导线的_____方向，那么，四指所指方向就是导线中_____的方向。

15. 穿过闭合回路的磁通量发生变化时，或闭合回路的一部分导体在磁场中作切割磁感线运动时，回路中产生电流的现象叫做_____现象，产生的电流叫做_____电流，产生的电动势叫做_____。

16. 感应电动势和感应电流产生的条件是这样的：穿过电路的磁通发生变化时，电路中就有_____产生。如果电路是闭合的，则在电路中就形成_____。

17. 由楞次定律可知：感应电流的方向总是要使感应电流的磁场_____引起感应电流的磁通的变化。

18. 感应电动势和感应电流方向的判定：

1）闭合电路中的部分导体作切割磁感线运动而产生感应电流时，可用_____来判定。

2）穿过闭合电路的磁通发生变化而产生感应电流时，可用_____来判定。

19. 电感线圈和电容器一样，都是_____元件。电感线圈中储存的是_____能；公式为 $W_L =$ _____。

20. 空心线圈的电感是一个_____，而铁心线圈的电感_____是一个_____。

二、计算题

1. 有一长 10cm 的直导线，垂直放入匀强磁场中，如果导线中通过的电流是 3A，它受到的作用力是 1.5×10^{-2}N，则该磁场的磁感应强度应是多少？

2. 有一块电磁铁，截面积为 $6 \times 10^{-4} m^2$，已知垂直穿过此面积的磁通量为 3×10^{-4}Wb。试求：磁感应强度的大小。

3. 已知某一电工钢中磁感应强度为 14T，磁场强度为 5A/m，求磁导率。

4. 已知某一长直导线中的电流为 800mA。试求：在空气中距该通电直导线中心 4cm 处的磁感应强度的大小。

5. 在 $B = 0.5$T 的匀强磁场中，放入一根 $L = 0.8$m，$I = 12$A 的载流直导线，它与磁感应

强度方向成 $\alpha = 30°$ 角，求这根载流直导线所受的作用力 F 的大小。

6. 5000 匝的环形线圈上通过电流 0.8A，测出线圈中的磁感应强度为 0.6T，设铁心的截面积为 $2.5 \times 10^{-4} \mathrm{m}^2$，求线圈的电感。

三、作图题

1. 由如图 1-195 所示条件判断通电直导线的周围磁场或电流方向，并将其标在图中。

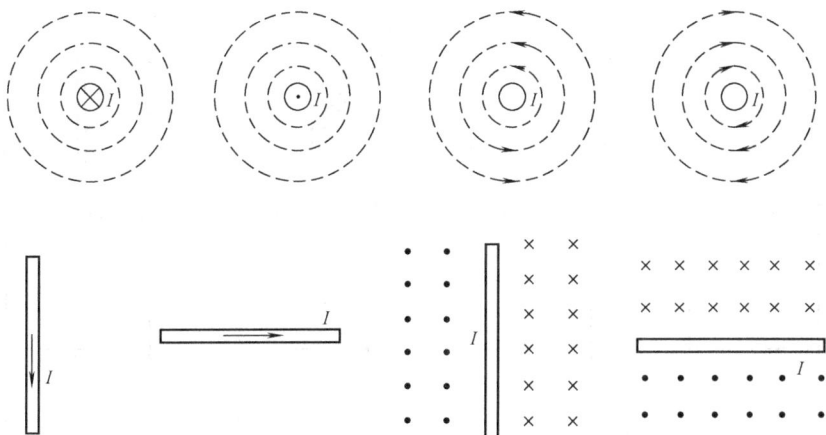

图 1-195　题 1 图

2. 判定并标明图 1-196 中各通电螺线管内的磁场方向和磁极。

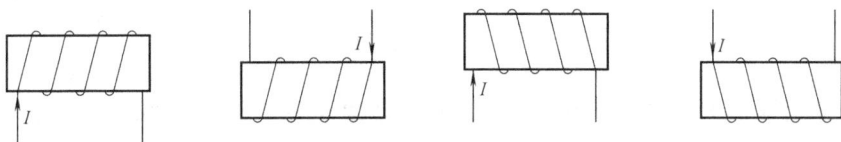

图 1-196　题 2 图

3. 标出图 1-197 中各运动电荷的运动轨迹圆心处的磁场方向。

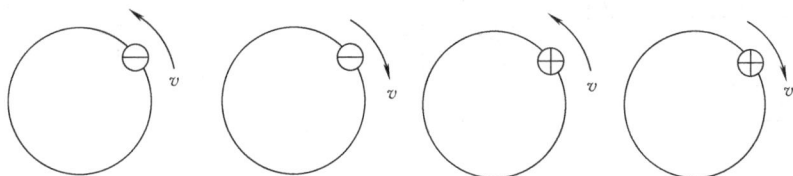

图 1-197　题 3 图

4. 由如图 1-198 所示条件判断通电螺线管的导线绕向或电流方向，并将其标在图中。

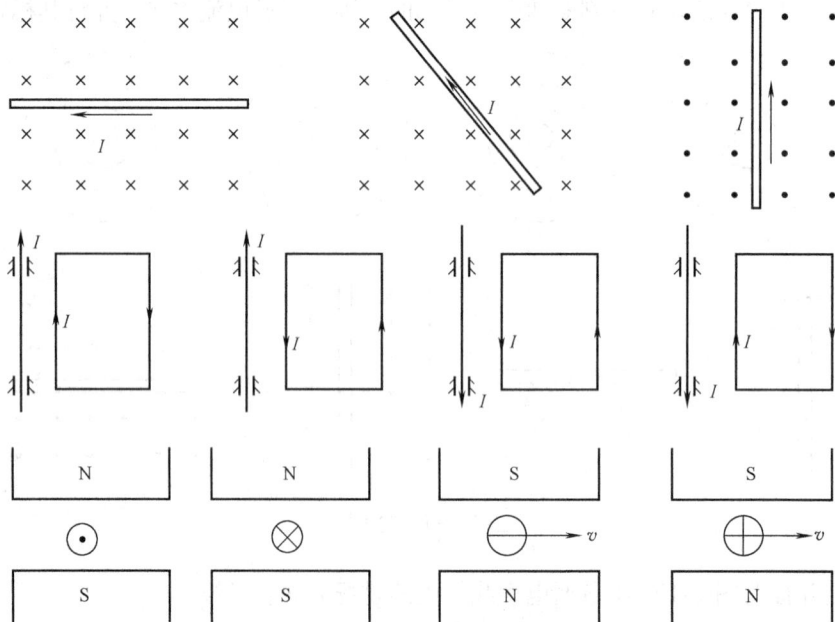

图 1-198　题 4 图

5. 标出图 1-199 中各载流导体的受力方向。

图 1-199　题 5 图

6. 从上往下看，标出图 1-200 中各小磁针旋转的方向（顺时、逆时针等）。

1）小磁针 A ＿＿＿＿＿转；2）小磁针 B ＿＿＿＿＿转；3）小磁针 C ＿＿＿＿＿转；

4）小磁针 D ＿＿＿＿＿转；5）小磁针 E ＿＿＿＿＿转。

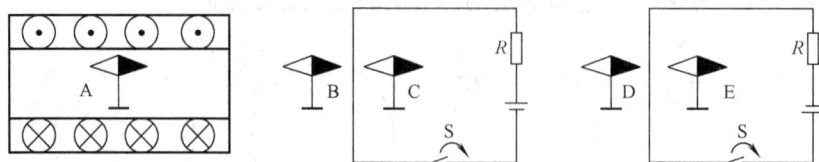

图 1-200　题 6 图

7. 连接图 1-201 中的线圈与电源，使处于两线圈中的通电导线向下运动。

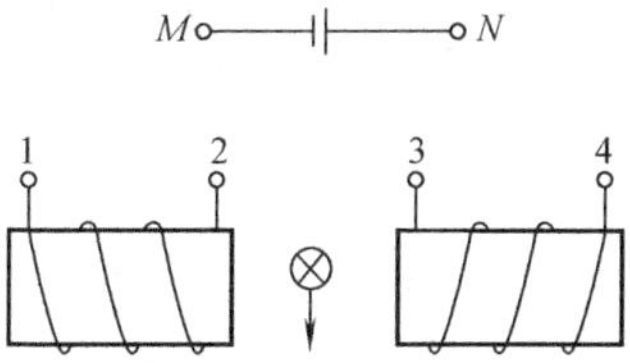

图 1-201 题 7 图

8. 判别图 1-202 中各感应电流的方向及金属棒 AB 的运动方向。

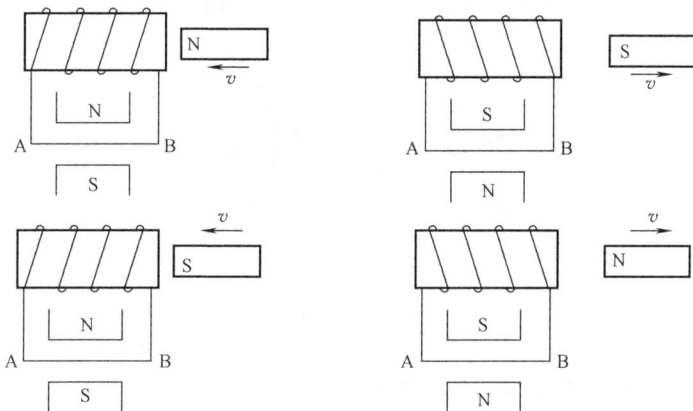

图 1-202 题 8 图

9. 图 1-203 中的金属环用丝线悬挂着，请判别并标明金属环的感应电流方向和运动方向。

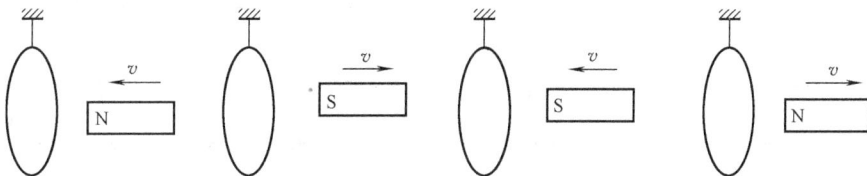

图 1-203 题 9 图

10. 判别图 1-204 中各线圈中自感电动势的方向。

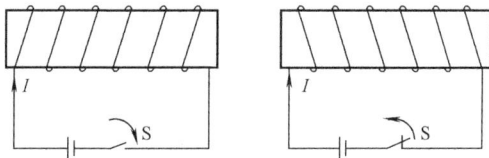

图 1-204 题 10 图

11. 判别图 1-205 中互感线圈的自感和互感电流及电动势的方向。

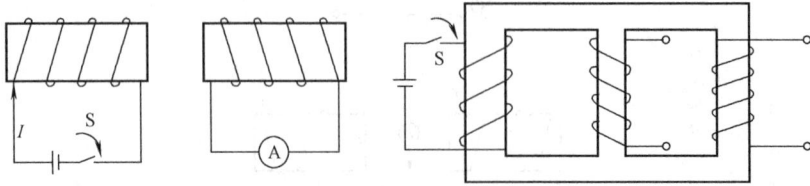

图 1-205　题 11 图

12. 判断：在图 1-206 中，"1" 是圆柱形空心线圈，"2" 是绕在 U 字形铁心上的一个线圈。当一条形磁铁的 N 极插入线圈时，图中小磁针将作顺时针转动。（　　　）

图 1-206　题 12 图

13. 判别图 1-207 中各互感线圈的同名端。

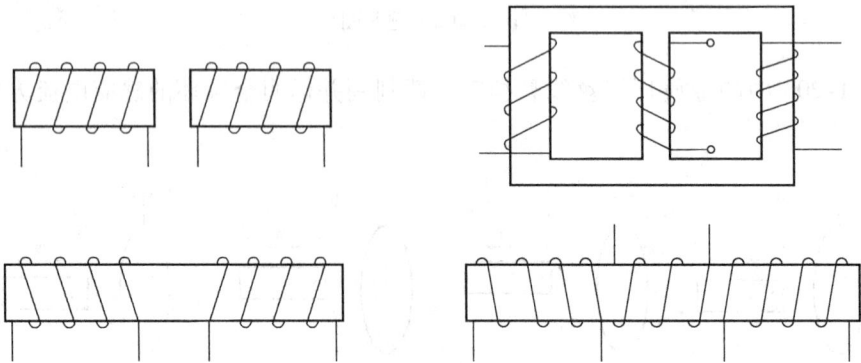

图 1-207　题 13 图

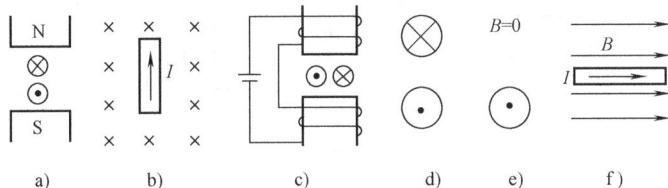

磁与电磁感应——测验卷

班级_____ 学号_____ 姓名_____ 成绩_____

一、判断题（每题 1 分，共 25 分）

1. 用右手定则可以判断通电螺线管的磁场方向。 （ ）

2. 磁场是用磁力线来描述的，磁铁中的磁力线方向始终是从 N 极到 S 极。 （ ）

3. 磁极之间的相互作用是同性相吸，异性相斥。 （ ）

4. 当线圈中的磁通发生变化时，一定会有感应电流流过线圈。 （ ）

5. 感应电流和感应电动势一定是同时存在的，没有感应电流就没有感应电动势。

　　　　　　　　　　　　　　　　　　　　　　　　　　　　　　（ ）

6. 如图 1-208 中的小磁针，在磁场的作用下，转动到图示位置将不再转动。 （ ）

7. 如图 1-209 所示是直流电动机原理图，由其电流方向可知，电动机是逆时针方向转动的。 　　　　　　　　　　　　　　　　　　　　　　　　　　　　（ ）

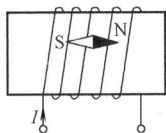

图 1-208　题 6 图

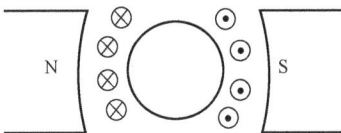

图 1-209　题 7 图

8. 在图 1-210 中，通电导线在磁场中受力的方向为：

1) 图 a 中，线圈将逆时针方向旋转； （ ）

2) 图 b 中，通电导线受力方向向左； （ ）

3) 图 c 中，左边导线受力方向向左，右边导线受力方向向右； （ ）

4) 图 d 中，两导线相吸； （ ）

5) 图 e 中，导线不受磁场力； （ ）

6) 图 f 中，导线不受磁场力。 （ ）

a)　　　　b)　　　　c)　　　　d)　　e)　　　f)

图 1-210　题 8 图

9. 为了保证图 1-211 所示磁铁的极性，铁心上两个线圈与导线的连接方法为：

1) 图 a 中，"5" 和 "6" 相连，"1" 和 "3" 相连，"2" 和 "4" 相连。 （ ）

2) 图 b 中，"5" 和 "6" 相连，"1" 和 "3" 相连，"2" 和 "4" 相连。 （ ）

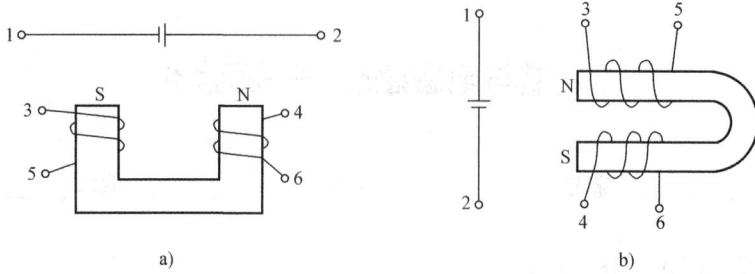

图 1-211　题 9 图

10. 如图 1-212 所示，当电磁铁电路中开关 S 断开的瞬间，轻质铝环 L 将向左运动。

（　　）

11. 如图 1-213 中要使处于线圈中的通电导线向下运动，则线圈与电源正确连接的方法是：

A. M 连接 1，　2 连接 4，　3 连接 N　　　　　　　　　　（　　）

B. M 连接 2，　1 连接 3，　4 连接 N　　　　　　　　　　（　　）

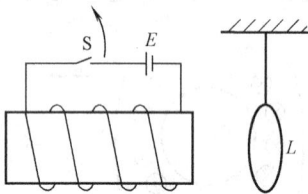

图 1-212　题 10 图　　　　　　　　图 1-213　题 11 图

12. 根据图 1-214 中各电路所给出的条件，判定通电线圈的极性或线圈中的电流方向。

1）图 a 中，线圈左端为 N 极，右端为 S 极；　　　　　　　　（　　）

2）图 b 中，从线圈右端往左看，电流为顺时针方向流动；　　　（　　）

3）图 c 中，U 形铁心右端为 N 极，左端为 S 极；　　　　　　（　　）

4）图 d 中，从线圈上面往下看，电流为顺时针方向流动；　　　（　　）

5）图 e 中，左铁心的右端是 N 极，右铁心的左端是 S 极。　　（　　）

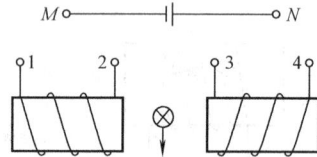

图 1-214　题 12 图

13. 图 1-215 中两根互成角度的绝缘通电直导线的运动状态是 L_2 顺时针旋转，同时互相靠拢（L_1 固定，L_2 不固定）。

（　　）

14. 图 1-216 中两根互成角度的绝缘通电直导线在该时刻最大磁通区域是 2 和 4。

（　　）

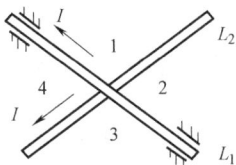

图 1-215 题 13 图

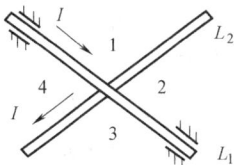

图 1-216 题 14 图

二、选择题（每题 1 分，共 20 分）

1. 下面的错误说法是（　　）。
   A. 电路中有感应电流必有感应电动势　　　B. 自感是电磁感应的一种
   C. 互感是电磁感应的一种　　　　　　　　D. 电路中产生电动势必有感应电流

2. 当空心线圈附近不存在磁性材料时，其电感是一个（　　）。
   A. 与电流成正比的数　　　　B. 与电流成反比的数　　　　C. 常数

3. 用左手定则判断通电导体在磁场中的（　　）。
   A. 运动方向　　　　　　　B. 受力方向　　　　　　　C. 受力大小

4. 如图 1-217 所示，给空心螺线管通以电流 I，则其中平行放置的两根铁条将（　　）。
   A. 相互吸引　　　B. 相互排斥　　　C. 互不作用　　　D. 不能确定

5. 如图 1-218 所示，两线圈相互垂直，在开关闭合瞬间，电阻 R 中（　　）。
   A. 将有感应电流产生，其方向由 c 指向 d　　　B. 将有感应电流产生，其方向由 d 指向 c
   C. 无感应电流　　　　　　　　　　　　　　　　D. 不能确定

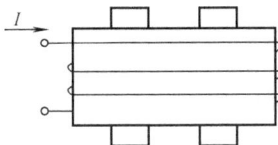

图 1-217　题 4 图

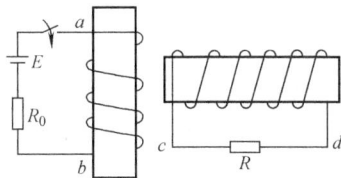

图 1-218　题 5 图

6. 把如图 1-219 所示的闭合铁心 M 取走的瞬间，图中 a、b 两点间的电位关系是（　　）。
   A. $V_a > V_b$　　　　B. $V_a < V_b$　　　　C. $V_a = V_b$　　　　D. 不能确定

7. 把图 1-220 所示的永久磁铁抽出的过程中，线圈中产生的感应电流将是（　　）。
   A. 如图所示方向，电位 $V_a > V_b$　　　　B. 如图所示方向，电位 $V_a < V_b$
   C. 如图所示相反方向，电位 $V_a > V_b$　　　D. 如图所示相反方向，电位 $V_a < V_b$

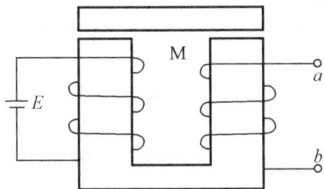

图 1-219　题 6 图

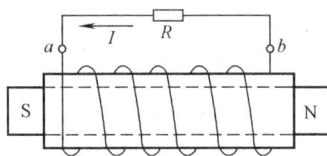

图 1-220　题 7 图

8. 在图 1-221 中，当开关 S 断开的瞬间，将使（   ）。

    A. C 灯先熄灭，A 灯和 B 灯再同时熄灭   B. B、C 灯先熄灭，A 灯后熄灭

    C. A 灯先熄灭，B、C 灯后熄灭

9. 在图 1-222 中，当开关 S 合上的瞬间，从上向下看，小磁针将会（   ）。

    A. 顺时针转动   B. 逆时针转动   C. 停止不动

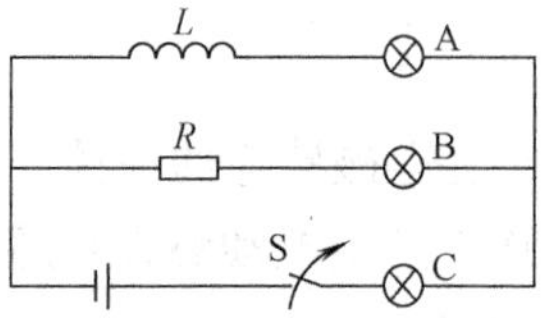

图 1-221　题 8 图 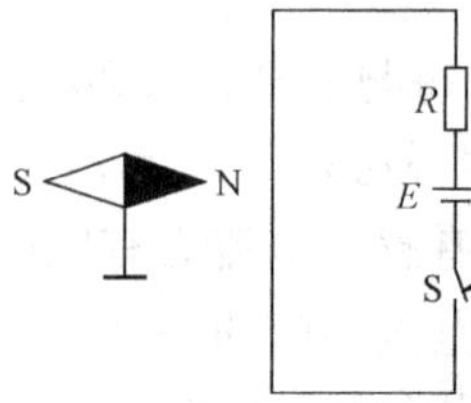   图 1-222　题 9 图

10. 如图 1-223 所示，当直导线 A 向右运动时，导线上的感应电动势的方向为（   ）。

    A. 电动势方向进入纸里   B. 电动势方向穿出纸外

    C. 无电动势   D. 不能确定

11. 如图 1-224 所示，两通电直导线的受力情况是（   ）。

    A. 互相排斥   B. 互相吸引   C. 无磁场力作用

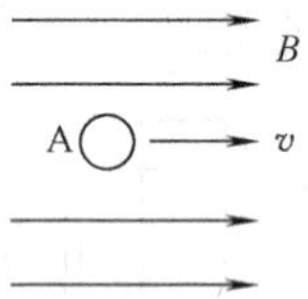

图 1-223　题 10 图 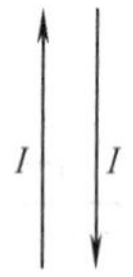   图 1-224　题 11 图

12. 已知图 1-225 中导线的电流方向，小磁针 N 极的偏转方向为（   ）。

    A. 垂直纸面向外   B. 垂直纸面向内   C. 竖直向上   D. 竖直向下

13. 如图 1-226 所示，导线 AB 与线圈的两个接头相连接，若导线受力后可以自由运动，那么在条形磁铁迅速插入线圈的瞬间，导线 AB（   ）。

    A. 向上运动   B. 向下运动

    C. 垂直纸面向里运动   D. 垂直纸面向外运动

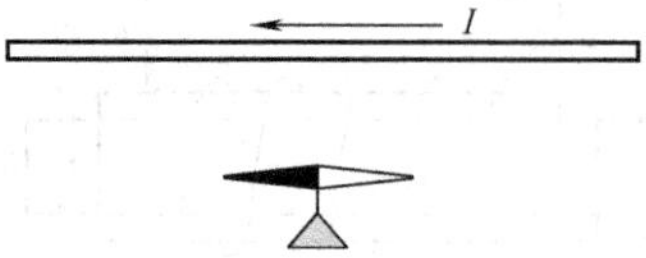

图 1-225　题 12 图 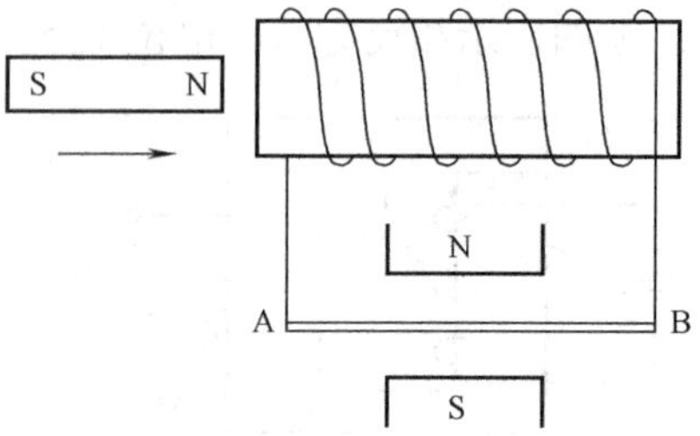   图 1-226　题 13 图

14. 如图 1-227 所示，当开关 S 断开的瞬间，R 上的电流方向是从 a 到 b，则两线圈的同名端是（ ）。

    A. A 和 D   B. A 和 C   C. A 和 B   D. 不能确定

15. 如图 1-228 所示，从上往下看，ab 线框逆时针旋转时，判定感应电动势的方向是（ ）。

    A. 无感应电动势   B. 由 b 指向 a

    C. 由 a 指向 b D. 不能确定

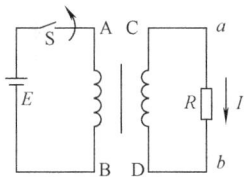

图 1-227　题 14 图   图 1-228　题 15 图

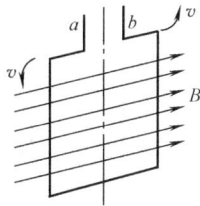

16. 如图 1-229 所示，当开关 S 闭合的瞬间，电阻 R 上的电流方向是（ ）。

    A. a 指向 b

    B. b 指向 a

    C. 无电流

    D. 不能确定

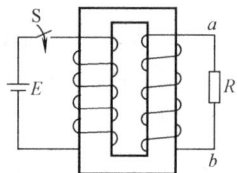

图 1-229　题 16 图

17. 如图 1-230 所示，闭合回路中的一部分导体在磁场中运动，正确标明感应电流方向的是（ ）。

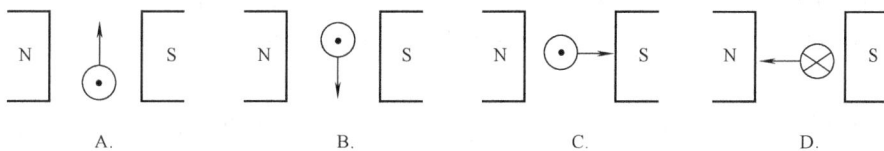

A.   B.   C.   D.

图 1-230　题 17 图

18. 在图 1-231 中，带电粒子的运动速度是 v，运动方向如图，则该粒子的受力方向是（ ）。

    A. 向左   B. 向下   C. 向上   D. 向右

19. 如图 1-232 所示的是在一个竖直放置的环形导线中间，用细线吊着一枚小磁针，当开关 S 闭合的瞬间，小磁针的 N 极（ ）。

    A. 由纸转向里   B. 由纸转向外

    C. 竖直平面内顺时针转动   D. 竖直平面内逆时针转动

20. 图 1-233 中互感线圈的同名端和电阻 R 上的感应电流方向有错误的是（ ）。

图 1-231　题 18 图

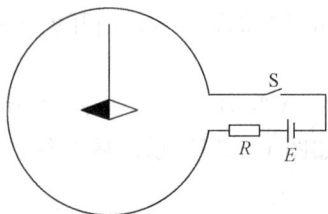

图 1-232　题 19 图

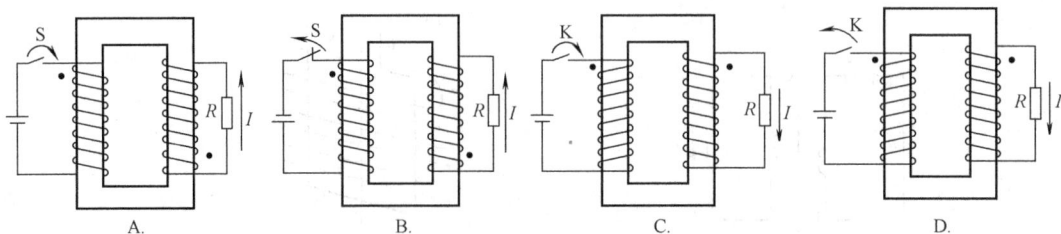

图 1-233　题 20 图

三、填空题（每空 1 分，共 30 分）

1. 磁感线上任意一点的_____方向或者说小磁针_____在该点所指的方向就是该点的磁场方向。

2. 通电导体的周围总是存在着_____；电流越大，磁场越_____；离通电导体越近，磁场越_____。

3. 磁感应强度是____量，它表示了磁场中某一个_____的磁场_____和_____的情况；磁感应强度还与周围的_____有关；磁通则表示了磁场中某一个_____上的磁场情况。

4. 通电线圈的磁场情况可由电流来控制，则：磁性有无可以由_____来控制，磁性强弱可以由_____来控制，两端极性可以由_____来控制。

5. 相邻近的两个同性质电荷会互相_____，相邻近的两个同名磁极会互相_____，相邻近的两根同电流方向的通电导线之间会互相_____。

6. 载流直导线周围的磁场方向，可用_____定则或称_____定则来判断；通电螺线管的磁场方向，可用_____定则来判断。

7. 由楞次定律可知：感应电流具有这样的方向，就是感应电流的磁场总要_____引起感应电流的磁通的变化。

8. 由电磁感应定律可知：感应电动势的大小跟穿过该回路的_____成正比。

9. 如图 1-234a 所示的电路中，当开关 S 闭合时，金属棒 AB 将向_____运动，这是按_____定则来判断的，在这个现象中，_____能转化成了_____能。

如图 1-234b 所示的电路中，当外力把金属棒 AB 向_____运动时，电流计指示将正偏，这是按_____定则来判断的，在这个现象中，_____能转化成了_____能。

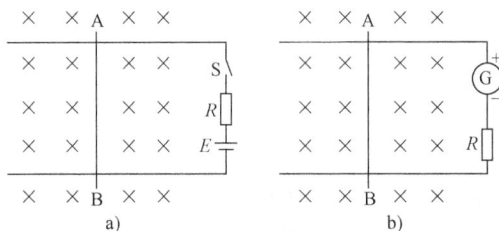

图 1-234

四、计算题 （1～3 题每题 5 分，第 4 题 10 分，共 25 分）

1. 有一长 0.2m、载流 10A 的直导线在匀强磁场中受的最大磁场力为 0.4N，求该磁场的磁感应强度是多少？若在空气中，磁场强度又是多大？

2. 有一个电子，运动速度为 $8 \times 10^7 \text{m/s}$，若分别与某磁场的磁感应强度成 0°、30°、90° 的方向射入，已知磁场的磁感应强度为 1.5T，求该电子所受到的洛伦兹力分别是多少？

3. 在 0.02s 时间内，通过空心线圈的电流由 0.5A 增加到 0.9A，线圈内产生的自感电动势为 8V。求：

1）线圈的自感系数 L 有多大？

2）如果通过该线圈的电流在 0.04s 内由 0.6A 增加到 1A，产生的自感电动势又是多少？

4. 如图 1-235 所示，匀强磁场的磁感应强度 B 为 0.6T，作切割磁感线运动的导线 AB 的有效长度为 0.5m，它以 20m/s 的速度做匀速直线运动，运动方向与磁感线方向的夹角为 30°，整个回路的电阻为 0.5Ω。求：

1）感应电动势的大小与方向。

2）感应电流的大小与方向。

3）导线 AB 所受的电磁力的大小和方向。

4）电阻 R 上所消耗的功率。

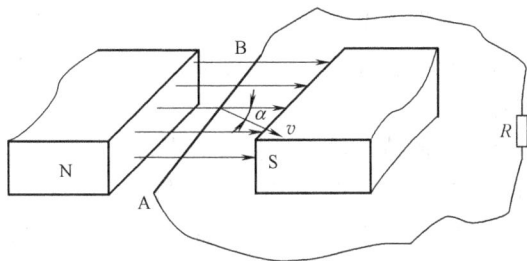

图 1-235 题 4 图

正弦交流电路

知识范围和学习目标

1. 知识范围

1）正弦交流电的基础知识。

2）旋转矢量。

3）纯电阻电路。

4）纯电感电路。

5）纯电容电路。

6）RL 串联电路。

7）RC 串联电路。

8）RLC 串联电路。

9）RLC 串联谐振电路。

10）RLC 并联电路。

11）实际线圈和电容并联电路。

12）提高功率因数的意义和方法。

2. 学习目标

1）理解正弦交流电的三要素、有效值、相位、相位差的概念。

2）掌握旋转矢量法在正弦交流电中路的一般应用。

3）掌握正弦交流电的表示方法：解析式、波形图、相量图，并能进行比较和互相转换。

4）掌握电阻、电感、电容元件的交直流特性。

5）理解感抗、容抗、电抗、阻抗、阻抗角、功率因数、有功功率、无功功率、视在功率的概念。

6）掌握纯电阻、纯电感、纯电容、RL 串联、RC 串联和 RLC 串联电路中电压与电流大小和相位关系，并能利用阻抗三角形、电压三角形和功率三角形进行计算。

7）掌握 RLC 串联谐振电路的条件、特性、谐振频率、通频带、品质因数等概念及计算方法。

8）了解 RLC 并联电路及实际线圈与电容并联电路，知道提高功率因数的意义和方法。

知识要点和分析

【知识要点一】 正弦交流电的基础知识

1）正弦交流电：大小和方向都随时间作正弦规律变化的电流、电压和电动势，叫做正弦交流电流、电压和电动势。

2）正弦交流电的优点：与直流电相比，正弦交流电在产生、输送和使用方面具有明显的优点和重大的经济意义。

① 正弦交流电可以用变压器改变其电压（电流、阻抗），便于远距离输电。

② 正弦交流电动机比同功率的直流电动机构造简单、造价低。

③ 正弦交流电可以用整流装置将其变换成所需要的直流电。

3）正弦交流电的周期：交流电完成一次周期性变化所用的时间，称为周期，代号为 T，单位是秒，符号为 s。

4）正弦交流电的频率：交流电在单位时间内（1s）完成周期性变化的次数，称为频率，代号为 f，单位是赫兹，符号为 Hz。

5）正弦交流电的角频率：单位时间内线圈所转过的角度（电角度），代号为 ω，单位是弧度/秒，符号为 rad/s。

6）频率、周期与角频率之间的关系为

$$\omega = 2\pi f = \frac{2\pi}{T}$$

7）工频：我国电力工业的标准频率定为 50Hz，常称工频，其对应的角频率为 314rad/s，周期为 0.02s。

8）正弦交流电的三要素：振幅（或最大值 E_m、U_m、I_m）、频率 f（或周期 T、或角频率 ω）和初相位（φ_{0e}、φ_{0u}、φ_{0i}）。

9）相位 φ：交流电在 t 时刻，线圈平面与中性面的夹角（$\omega t + \varphi_0$）叫做交流电的相位。

10）初相位 φ_0：交流电在 $t = 0$ 时的相位 $\varphi = \varphi_0$ 叫做交流电的初相位，简称初相。

11）相位差 $\Delta\varphi$：两个同频率的正弦交流电，任一瞬间的相位之差，叫做相位差。

两个同频率的正弦交流电，任一瞬间的相位差，就是它们的初相之差，与时间无关，是一个常数，即 $\Delta\varphi_{12} = \varphi_{01} - \varphi_{02}$。

12）两个同频率的正弦交流电之间的相位关系有超前、滞后、同相、反相和正交五种情况。

13）正弦交流电的常用表示方法：

① 解析式：

$$e = E_m\sin(\omega t + \varphi_{0e})$$
$$i = I_m\sin(\omega t + \varphi_{0i})$$
$$u = U_m\sin(\omega t + \varphi_{0u})$$

② 波形图，如图 1-236 所示。

③ 相量图，如图 1-237 所示。

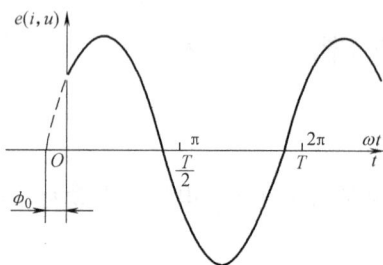

图 1-236 正弦交流电波形图

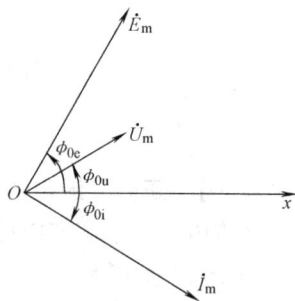

图 1-237 相量图

14）正弦交流电的有效值：一个直流电流与一个正弦交流电流分别通过阻值相等的电阻 R，如果通电的时间相等，电阻 R 上产生的热量也相等，那么直流电的数值就叫做这个正弦交流电的有效值，记做 I、U、E。

15）正弦交流电的最大值与有效值的关系：$E_m = \sqrt{2}E$；$U_m = \sqrt{2}U$；$I_m = \sqrt{2}I$。

★ **常见题型**

如图 1-238 所示，已知两正弦交流电流 i_1、i_2 的周期都是 0.02s，则：

它们的瞬时值表达式分别为：

$i_1 = $ _____；

$i_2 = $ _____；

i_1 与 i_2 的相位差为 $\Delta \varphi_{12} = $ _____；

即：i_1 _____（超前或滞后）

i_2 _____。

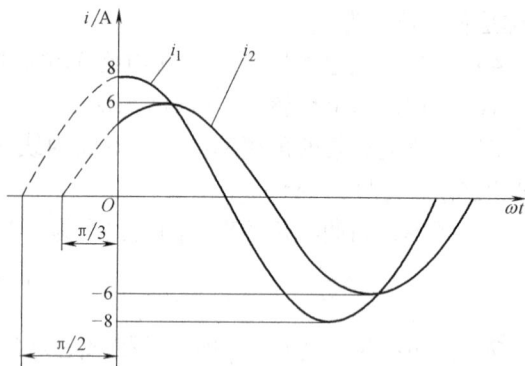

图 1-238 波形图

【知识要点二】 旋转矢量

1）旋转矢量与相量：以正弦量的幅值为长度，以正弦量的角速度 ω 绕原点逆时针旋转而得到的矢量称为旋转矢量。旋转矢量任何时刻在纵轴上的投影即为正弦量在该时刻的瞬时值。为了简化问题，常用起始位置的旋转矢量来表示正弦量相量。因此，旋转矢量与 X 轴的夹角即为正弦量的初相。当旋转矢量的长度为正弦量的有效值时，称为有效值旋转矢量。无特殊说明时，均指有效值旋转矢量。

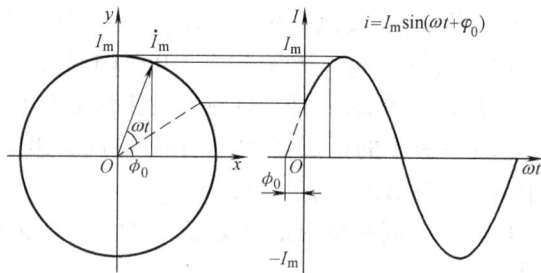

图 1-239 正弦交流电的旋转矢量

2）相量图：将几个同频率的正弦量相量画在同一个平面中，由此所构成的图称为相量图。

3）同频率正弦量的加、减运算：可以转化为相应的旋转矢量的加、减法来运算，非常方便。

★ **常见题型**

已知两正弦交流电为 $u_1 = 311\sin314t\,\mathrm{V}$，$u_2 = 311\sin(314t + \pi/2)\,\mathrm{V}$，试用旋转矢量图求：

$u = u_1 + u_2 = $ _____。

【知识要点三】 纯电阻电路

1）在电路计算中，电流与电压的最大值关系、有效值关系和瞬时值关系均服从欧姆定律。

2）电流和电压的相位关系：同相位，即 $\Delta\varphi_{ui} = \varphi_u - \varphi_i = 0$。

3）电流和电压的相量图：$\xrightarrow{} \quad o \qquad \dot{I} \qquad \dot{U}$

4）瞬时功率：在交流电路中，某一时刻的功率叫做瞬时功率，代号为 p，计算公式为

$$p = ui = U_m\sin\omega t I_m\sin\omega t = UI - UI\cos2\omega t$$

5）平均功率：瞬时功率在一个周期内的平均值，称为平均功率（也称有功功率或消耗功率），代号为 P，国际单位是瓦特，简称瓦，符号为 W。平均功率的计算公式为

$$P = UI = I^2R = \frac{U^2}{R}$$

★**常见题型**

将一个电阻为 44Ω 的电阻丝，接到电压为 $u = 311\sin\left(100\pi t - \dfrac{\pi}{3}\right)$ V 的电源上，求通过电阻丝的电流，写出电流的解析式，计算电阻上的消耗功率，作出电流和电压的相量图。

【知识要点四】 纯电感电路

1）电感的电抗：表示电感线圈对交流电流所呈现的阻碍作用，简称感抗，代号为 X_L，单位是欧姆，符号为 Ω，计算公式为

$$X_L = 2\pi fL = \omega L$$

感抗决定于线圈本身的性质（电感 L）和电源的频率（f），频率越高，线圈对交流电流的阻碍作用就越大，即：线圈具有"通直阻交，通低频，阻高频"的作用。

2）在电路计算中，电压与电流的最大值关系、有效值关系均符合欧姆定律，但电压与电流的瞬时值关系不符合欧姆定律。

3）电流和电压的相位关系：电压超前电流90°，即 $\Delta\varphi_{ui} = \varphi_u - \varphi_i = 90°$。

4）电流和电压的相量图如图 1-240 所示。

图 1-240 相量图

5）瞬时功率的公式为

$$p = ui = U_m\sin\left(\omega t + \frac{\pi}{2}\right)I_m\sin\omega t = UI\sin2\omega t$$

6）平均功率（即有功功率）：$P = 0$，表明纯电感线圈在电路中不消耗电能，是一种储能元件。

7）无功功率：瞬时功率的最大值叫做无功功率，代号为 Q_L，单位是乏，符号为 var，计算公式为

$$Q_L = U_LI = I^2X_L = \frac{U_L^2}{X_L}$$

注：无功功率中的"无功"不可以理解为"无用"，它表示电路中能量交换的最大速率。

★**常见题型**

将一个电感为 0.35mH、电阻可以忽略的线圈，接到电压为 $u = 311\sin\left(100\pi t - \dfrac{\pi}{3}\right)$ V 的

电源上，求：①线圈的感抗；②电流的有效值；③电流的瞬值时表达式；④电路的平均功率和无功功率；⑤电流和电压的相量图。

【知识要点五】 纯电容电路

1）电容的电抗：表示电容器对交流电流所呈现的阻碍作用，简称容抗，代号为 X_C，单位是欧姆，符号为 Ω，其计算公式为

$$X_C = \frac{1}{2\pi f C} = \frac{1}{\omega C}$$

容抗决定于电容器本身的性质（电容 C）和电源的频率（f），频率越高，电容器对交流电流的阻碍作用就越小，即：电容器具有"通交隔直，通高频，阻低频"的作用。

2）在电路计算中，电压与电流的最大值关系、有效值关系均符合欧姆定律，但电压与电流的瞬时值关系不符合欧姆定律。

3）电流和电压的相位关系：电压落后电流 $90°$，即：$\Delta\varphi_{ui} = \varphi_u - \varphi_i = -90°$。

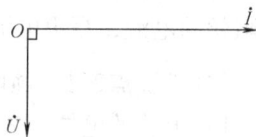

图 1-241 电流和电压的相量图

4）电流和电压的相量图如图 1-241 所示。

5）瞬时功率的计算公式为

$$p = ui = U_m \sin\left(\omega t + \frac{\pi}{2}\right) I_m \sin\omega t = UI\sin 2\omega t$$

6）平均功率（即有功功率）：$P = 0$，表明电容器在电路中不消耗电能，是一种储能元件。

7）无功功率：瞬时功率的最大值叫做无功功率，代号为 Q_C，单位是乏，符号为 var，计算公式为

$$Q_C = U_C I = I^2 X_C = \frac{U_C^2}{X_C}$$

★常见题型

将一个 $C = 40\mu F$ 的电容器，接到电压为 $u = 311\sin\left(100\pi t - \frac{\pi}{3}\right) V$ 的电源上，求：①电容器的容抗；②电流的有效值；③电流的瞬时值表达式；④电路的平均功率和无功功率；⑤电流和电压的相量图。

【知识要点六】 *RL* 串联电路、*RC* 串联电路、*RLC* 串联电路

1）电抗：把 $X_L - X_C$ 叫做电抗。它是电感和电容共同对交流电流的阻碍作用，代号为

X，单位是欧姆，符号为 Ω。

2）阻抗：它表示 RLC 串联电路中，电阻、电感和电容共同对交流电流的阻碍作用，代号为 Z，单位是欧姆，符号为 Ω，计算公式为

$$Z = \sqrt{R^2 + (X_L - X_C)^2}$$

阻抗的大小决定于电路参数 R、L、C 和电源频率 f。

3）阻抗角：阻抗三角形中 R 与 Z 的夹角。它反映了串联电路中总电压与电流的相位差，代号为 φ，单位是弧度或度，符号为 rad 或 °，计算公式为

$$\varphi = \arctan \frac{U_L - U_C}{U_R} = \arctan \frac{X_L - X_C}{R} = \arctan \frac{Q_L - Q_C}{P}$$

阻抗角的大小只与电路参数 R、L、C 和电源频率 f 有关，与电压、电流的大小无关。

4）电路性质：分为电阻性电路、电感性电路和电容性电路三种。

电路参数 R、L、C 和电源频率 f 决定了电路的性质：

当 $X = X_L - X_C > 0$ 时，即阻抗角 $\varphi > 0$，总电压超前电流 φ，电路呈电感性；

当 $X = X_L - X_C < 0$ 时，即阻抗角 $\varphi < 0$，总电压滞后电流 φ，电路呈电容性；

当 $X = X_L - X_C = 0$ 时，即阻抗角 $\varphi = 0$，总电压与电流同相位，电路呈电阻性。

5）视在功率：电流的有效值与总电压的有效值的乘积称为视在功率，表示电源提供总功率的能力，即交流电源的容量，其代号为 S，单位是伏安，符号为 V·A，计算公式为

$$S = UI = \sqrt{P^2 + (Q_L - Q_C)^2} = \sqrt{P^2 + Q^2}$$

6）功率因数：有功功率与视在功率的比值称为功率因数。它反映了电源能量的利用率，代号为 λ，没有单位，其公式为

$$\lambda = \cos\varphi = \frac{P}{S}$$

7）在分析 RLC 串联电路中，采用电压、阻抗和功率三角形极为方便，尤其是 RL、RC 串联电路可分别视为 RLC 串联电路在 $X_C = 0$ 和 $X_L = 0$ 两种特殊情况下的电路，见表 1-1。

表 1-1 RLC 串联电路分析

	RL 串联电路	RC 串联电路	RLC 串联电路
电压关系	$U = \sqrt{U_R^2 + U_L^2}$ $U_R = U\cos\varphi$ $U_L = U\sin\varphi$	$U = \sqrt{U_R^2 + U_C^2}$ $U_R = U\cos\varphi$ $U_C = U\sin\varphi$	$U = \sqrt{U_R^2 + (U_L - U_C)^2}$ $U_R = U\cos\varphi$ $U_L - U_C = U\sin\varphi$

（续）

	RL 串联电路	RC 串联电路	RLC 串联电路
阻抗关系	$Z = \sqrt{R^2 + X_L^2}$ $R = Z\cos\varphi$ $X_L = Z\sin\varphi$	$Z = \sqrt{R^2 + X_C^2}$ $R = Z\cos\varphi$ $X_C = Z\sin\varphi$	$\varphi > 0$ $Z = \sqrt{U^2 + (X_L - X_C)^2}$ $R = Z\cos\varphi$ $X = X_L - X_C = Z\sin\varphi$ $\varphi < 0$
功率关系	$S = \sqrt{P^2 + Q_L^2}$ $P = S\cos\varphi$ $Q_L = S\sin\varphi$	$S = \sqrt{P^2 + Q_C^2}$ $P = S\cos\varphi$ $Q_C = S\sin\varphi$	$\varphi > 0$ $S = \sqrt{P^2 + (Q_L - Q_C)^2}$ $\quad = \sqrt{P^2 + Q^2}$ $P = S\cos\varphi$ $Q = S\sin\varphi$ $\varphi < 0$

★常见题型

1）当 $X > 0$ 时，阻抗角 φ 为_____值，总电压 u 的相位_____电流 i 的相位，电路的性质呈_____；当 $X < 0$ 时，阻抗角 φ 为_____值，总电压 u 的相位_____电流 i 的相位，电路的性质呈_____；当 $X = 0$ 时，阻抗角 φ 为_____，总电压 u 与电流 i 的相位差为_____，电路的性质呈_____。

2）将电感为 255mH、电阻为 60Ω 的线圈接到 $u = 220\sqrt{2}\sin314t\text{V}$ 的电源上。求：

① 线圈的感抗；

② 电路的总阻抗；

③ 电路的阻抗角；

④ 电路中电流的有效值和瞬时值表达式；

⑤ 电路中的有功功率 P、无功功率 Q 和视在功率 S；

⑥ 电路的功率因数；

⑦ 总电压与电流的相量图。

3）把一个阻值为120Ω、额定电流为2A的电阻，接到电压为300V，频率为100Hz的正弦交流电源上，要选用一个电感线圈（可以忽略其电阻）限流，保证电路中的电流为2A，求线圈的电感。

4）把一个阻值为30Ω的电阻和电容为80μF的电容器串联后接到电源上，电源电压为 $u = 220\sqrt{2}\sin 314t\text{V}$。试求：

① 电容的容抗；

② 电路的总阻抗；

③ 电路的阻抗角；

④ 电路中电流的有效值和瞬时值表达式；

⑤ 电路中的有功功率 P、无功功率 Q 和视在功率 S；

⑥ 总电压与电流的相量图。

5）在 RLC 串联电路中，电阻为40Ω，线圈的电感为223mH，电容器的电容为80μF，电路两端的电压 $u = 311\sin 314t\text{V}$。试求：

① 电路的感抗；

② 电路的容抗；

③ 电路的总阻抗；

④ 电流的有效值和瞬时值表达式；

⑤ 电路中各元件两端的电压；

⑥ 电路的有功功率、无功功率和视在功率；

⑦ 电路的功率因数；

⑧ 判断该电路的性质；

⑨ 总电压与电流的相量图。

【知识要点七】 RLC 串联谐振电路

1）串联谐振现象：在 RLC 串联电路中出现总阻抗最小、电流最大的现象叫串联谐振现象。

2）谐振条件：$X = X_L - X_C = 0$

3）谐振频率：

$$f_0 = \frac{1}{2\pi\sqrt{LC}}$$

谐振频率仅与电路参数 L、C 有关，与 R 无关，反映了电路本身固有的性质，所以也称固有频率。

4）特性阻抗：谐振时的感抗或容抗，代号为 ρ，单位是欧姆，符号为 Ω，其计算公式为

$$\rho = \omega_0 L = \frac{1}{\omega_0 C} = \sqrt{\frac{L}{C}}$$

特性阻抗的大小仅决定于电路参数 L 和 C，与谐振频率 f_0 和电阻 R 无关。

5）品质因数：谐振电路的特性阻抗与电路中电阻的比值叫做电路的品质因数，代号为 Q，没有单位，计算公式为

$$Q = \frac{\rho}{R} = \frac{X_L}{R} = \frac{X_C}{R} = \frac{1}{R}\sqrt{\frac{L}{C}}$$

品质因数的大小决定于电路参数 R、L 和 C，是谐振回路质量优劣的一个重要指标。

6）谐振特点：

① 谐振时，总阻抗最小，电流最大，其公式分别为

$$|Z| = \sqrt{R^2 + X^2} = R ；\quad I_0 = \frac{U}{R}$$

② 总电压与电流同相，电路呈电阻性，即

$$\Delta\varphi = \varphi_u - \varphi_i = 0$$

③ 电阻上的电压等于电源电压，电感和电容上的电压等于电源电压的 Q 倍，即

$$U_R = U ；\quad U_L = QU ；\quad U_C = QU$$

因此，串联谐振又称为电压谐振。

7）谐振曲线：RLC 串联电路中，电流随电源频率变化的曲线，称为谐振曲线，如图 1-242 所示。

8）串联谐振电路的通频带：谐振曲线上的 $I = I_0/\sqrt{2}$ 所包含的频率范围称为电路的通频带，如图 1-243 所示。通频带的代号为 BW，单位是赫兹，符号为 Hz，计算公式为

$$BW = f_2 - f_1 = 2\Delta f = \frac{f_0}{Q}$$

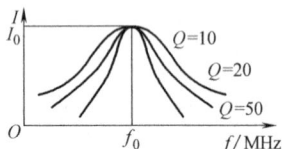

图 1-242　谐振曲线　　　　　　　　图 1-243　通频带

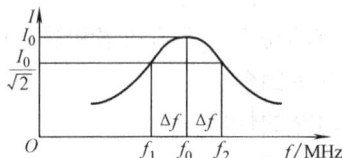

9）收音机调谐回路就是串联谐振电路。

10）品质因数 Q 值的选择：Q 值越大，选择性越好，干扰越小，谐振曲线越尖，通频带窄，音色越差。因此，在广播通信中，既要考虑电路的选择性，又要考虑通频带，Q 值的选择必须遵循恰当、合理的原则。

★常见题型

在 RLC 串联谐振电路中，$L = 0.05\,\text{mH}$，$C = 200\,\text{pF}$，$Q = 100$，正弦交流电的电压有效值 $U = 1\,\text{mV}$。试求：

① 电路的谐振频率 f_0；

② 谐振时电路中的电流 I_0；

③ 电阻、电感和电容上的电压。

【知识要点八】　RLC 并联电路

1）总电流与各支路电流的相量关系：电流三角形，如图 1-244 所示。

2）总电流与各支路电流之间的大小关系为

$$I = \sqrt{I_R^2 + (I_L - I_C)^2}$$

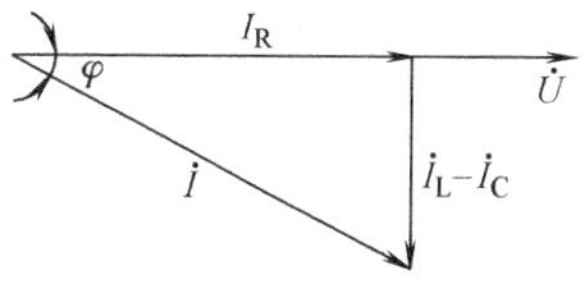

3）总电流与电压的相位差为

$$\varphi = \arctan\frac{I_L - I_C}{I_R}$$

图 1-244 电流三角形

4）总阻抗为

$$|Z| = \frac{U}{I} = \frac{1}{\sqrt{\left(\dfrac{1}{R}\right)^2 + \left(\dfrac{1}{X_L} - \dfrac{1}{X_C}\right)^2}}$$

5）RLC 并联谐振：RLC 并联谐振电路的性质有些与 RLC 串联谐振电路相同，有些相反。

① 谐振条件、谐振频率、谐振时的阻抗角与串联谐振一样。

② 总电流最小（图 1-245，$I = I_R$）、总阻抗最大（$Z = R$），与串联谐振相反。

★ 常见题型

＊RLC 并联电路中，$R = 50\Omega$，$X_L = 15\Omega$，$X_C = 25\Omega$，电源为 $u = 150\sqrt{2}\sin\left(100\pi t + \dfrac{\pi}{6}\right)$ V。

图 1-245 并联谐振

试求：① 总电流 I；

② 总阻抗 Z；

③ 电路的有功功率 P、无功功率 Q 和视在功率 S，并说明电路性质；

④ 总电流和电压的相量图。

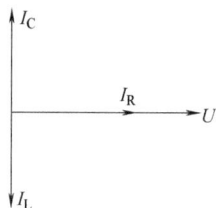

【知识要点九】 实际线圈与电容并联电路

1）实际线圈与电容并联电路：

① 电容 C 支路的电流为（图 1-246）

$$I_C = \frac{U}{X_C} = \omega C U$$

② 电感线圈 RL 支路：

电流为

$$I_1 = \frac{U}{\sqrt{R^2 + X_L^2}}$$

图 1-246 电容支路的电流

阻抗角

$$\varphi_1 = \arctan\frac{X_L}{R}$$

③ 实际线圈与电容并联电路中的总电流为（图 1-247）

$$I = \sqrt{(I_1\cos\varphi_1)^2 + (I_1\sin\varphi_1 - I_C)^2}$$

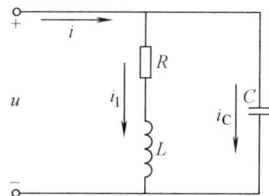

④ 实际线圈与电容并联电路中的电压与总电流的相位差为

$$\varphi = \arctan \frac{I_1 \sin\varphi_1 - I_C}{I_1 \cos\varphi_1}$$

⑤ 实际线圈与电容并联电路中有功功率、无功功率和视在功率为

$$P = UI\cos\varphi ; \quad Q = UI\sin\varphi ; \quad S = UI = \sqrt{P^2 + Q^2}$$

2）日光灯电路是一个典型的实际线圈与电容并联电路，如图 1-248 所示。

图 1-247　电路中的总电流

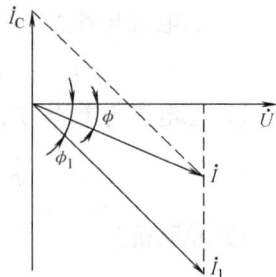

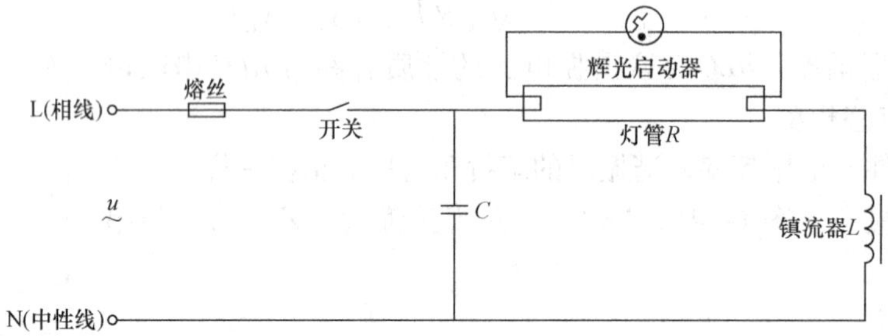

图 1-248　日光灯电路

3）关于日光灯电路要注意下列问题：

① 感性负载并联电容，可以提高线路（指电网）的功率因数，而不是指某个感性负载的功率因数。

② 感性负载并联电容后，电路的有功功率不变（电容不消耗电能），负载（日光灯）上的电流不变，负载（日光灯）的工作状态不受影响，但线路的总电流减小。

③ 并联电容后功率因数提高的根本原因是减少了电源与负载（线圈）之间的能量互换，使电源的能量得到了充分的利用。

★常见题型

画出日光灯电路，并指出提高线路功率因数的方法。

【知识要点十】 提高功率因数的意义和方法

1）提高功率因数的意义：

① 提高供电设备的能量利用率；

② 减少输电线上的能量损失。

2）提高功率因数的方法：

① 提高用电设备本身的功率因数；避免用电设备在空载或轻载状态下运行。

② 在感性负载上并联电容器。

3）在感性负载上并联电容器时，需要一个适当的电容量。对于额定电压为 U、额定功率为 P、工作频率为 f 的感性负载来说，将功率因数从 $\lambda_1 = \cos\varphi_1$ 提高到 $\lambda_2 = \cos\varphi_2$，需并联电容器的电容量为

$$C = \frac{P}{2\pi f U^2}(\tan\varphi_1 - \tan\varphi_2) = \frac{P}{2\pi f U^2}\left(\frac{\sqrt{1-\lambda_1^2}}{\lambda_1} - \frac{\sqrt{1-\lambda_2^2}}{\lambda_2}\right)$$

★常见题型

＊某感性负载的有功功率为 1000W，功率因数为 0.6，接在电压为 220V、频率为 50Hz 的正弦交流电源上，若要把功率因数提高到 0.9，问该感性负载上应并联一个多大容量的电容器？并联以后有功功率为多少？

正弦交流电路（基本概念）——练习卷 1

班级_____ 学号_____ 姓名_____ 成绩_____

1. 完成下列角度单位的换算（提示：$360° = 2\pi\text{rad}$，弧度单位可以不写）。

$\pi =$ _____°， $\pi/2 =$ _____°， $\pi/3 =$ _____°，

$\pi/4 =$ _____°， $\pi/6 =$ _____°， $120° =$ _____（rad），

$135° =$ _____（rad）， $150° =$ _____（rad）， $\tan$ _____° $= 3/4$，

$\tan$ _____° $= 4/3$， $\sin$ _____° $= 0.8$， $\cos$ _____° $= 0.6$。

2. 写出下列正弦交流电有关物理量的代号和相应的国际单位名称和符号。

① 角频率_____、_____、_____；

② 周期_____、_____、_____；

③ 频率_____、_____、_____；

④ 电感_____、_____、_____；

⑤ 电容_____、_____、_____；

⑥ 电阻_____、_____、_____；

⑦ 感抗_____、_____、_____；

⑧ 容抗_____、_____、_____；

⑨ 电抗_____、_____、_____。

3. 其_____和_____都随时间作周期性变化的电流、电压和电动势统称为交流电。随时间按正弦规律变化的交流电，称为_____。

4. 正弦交流电的三要素是指_____、_____、_____。

5. 正弦交流电的表示方法有_____、_____、_____。

6. 正弦交流电的瞬时值表达式为 $u =$ _____； $i =$ _____；
$e =$ _____。

7. 正弦交流电动势的瞬时值表达式为 $e = 311\sin(100\pi t + \pi/4)\text{V}$，其中 e 表示_____，单位是_____。电动势的最大值 $E_\text{m} =$ _____，角频率 $\omega =$ _____，初相位 $\varphi_{0e} =$ _____。

8. 正弦交流电流的瞬时值表达式为 $i = 10\sin(314t + 60°)\text{A}$，其中 i 表示_____，单位是____。电流的最大值 $I_\text{m} =$ _____，角频率 $\omega =$ _____，初相位 $\varphi_{0i} =$ _____。

9. 正弦交流电压的瞬时值表达式为 $u = 220\sin(100\pi t + \pi/4)\text{V}$，其中 u 表示_____，单位是_____。电压的最大值 $U_\text{m} =$ _____，有效值 $U =$ _____，角频率 $\omega =$ _____，初相位 $\varphi_{0u} =$ _____。

10. 市用照明电的电压是 220V，这是指电压的_____值。

11. 正弦交流电的频率与角频率的关系式为 $\omega =$ _____；频率与周期的关系为 $T =$ _____周期与角频率的关系为 $\omega =$ _____。

12. 已知某正弦交流电流的解析式为 $i = 20\sqrt{2}\sin(314t + \pi/4)\text{A}$，试求：

①最大值_____ ；②相位_____ ；③初相_____ ；

④角频率_____ ；⑤频率_____ ；⑥周期_____ 。

13. 某正弦交流电流 $i = 20\sqrt{2}\sin(314t + \pi/4)$ A，则它的最大值 $I_m = $ _____A。有效值$I = $ _____A。频率$f = $ ____Hz。周期 $T = $ ____s。当 $t = 0$ 时，电流瞬时值 $i(0) = $ ____A。

14. 已知某正弦交流电流的解析式为 $i = \sin(314t - \pi/6)$ A，则该交流电的最大值为 _____，有效值为_____，频率为_____，周期为_____，初相位为_____。

15. 在某交流电路中，电源电压 $u_1 = 100\sqrt{2}\sin(\omega t - 30°)$ V，电流 $u_2 = \sqrt{2}\sin(\omega t - 90°)$ V，则两电压之间的相位差为_____，则在相位上 u_1 _____ u_2 _____。

16. 已知交流电的解析式：$u_1 = 10\sin(100\pi t - 30°)$ V，$u_2 = 20\sin(100\pi t + 120°)$ V，u_1 与 u_2 的相位差为_____，则在相位上 u_1 _____ u_2 _____。

17. 有一电容器的耐压为 250V，把它接入正弦交流电中使用，加在电容器上的交流电压的有效值最大可以是_____。

18. 如图 1-249 所示是正弦交流电流的波形图，周期是 0.02s，则：初相位是_____，电流的最大值是_____，在 $t = 0.01$s 时电流的瞬时值是_____。

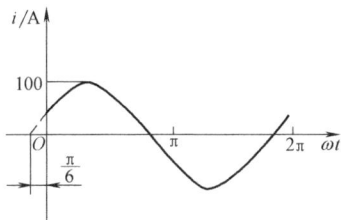

图 1-249 题 18 图

19. 两正弦交流电流的解析式是：$i_1 = 10\sin(314t + \pi/6)$ A，$i_2 = 10\sqrt{2}\sin(314t + \pi/4)$ A，在这两个式子中，两个交流电流相同的量是_____。

20. 已知某正弦交流电流，当 $t = 0$ 时的值 $i(0) = 1$A，初相位为 30°，则这个交流电流的有效值为_____A。

21. 有一个电热器接到 10V 的直流电源上使用，在时间 t 内能将一壶水煮沸。若将电热器接到 $u = 10\sin\omega t$ V 的交流电源上使用，煮沸同一壶水需要时间_____；若把电热器接到另一正弦交流电源上使用，煮沸同样一壶水需要时间 $t/3$，则这个交流电压的最大值为_____。

正弦交流电路（旋转矢量）——练习卷 2

班级_____ 学号_____ 姓名_____ 成绩_____

1. 正弦交流电的三种表示法分别是_____法、_____法和_____法。

2. 已知某正弦交流电压的最大值为 311V、角频率为 314rad/s、初相位为 90°，请分别用正弦交流电的三种表示法来表示它。

　　1）$u = $_____。

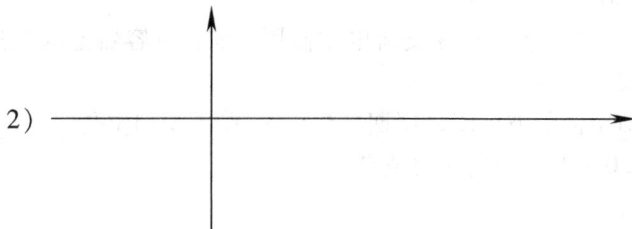

　　2）

　　3）

3. 已知两交流电流为 $i_1 = 2\sin(314t + \pi/3)\text{A}$，$i_2 = 2\sin(314t - \pi/3)\text{A}$，试用旋转矢量求：$i = i_1 + i_2 = $_____。

4. 已知两交流电压为 $u_1 = 25.5\sin(314t + \pi/4)\text{V}$，$u_2 = 25.5\sin(314t - \pi/4)\text{V}$，试用旋转矢量求：$u = u_1 + u_2 = $_____。

5. 已知两交流电动势为 $e_1 = 220\sqrt{2}\sin314t\text{V}$，$e_2 = 220\sqrt{2}\sin(314t + \pi/3)\text{V}$，试用旋转矢量求：$e = e_1 + e_2 = $_____。

6. 已知两交流电流为 $i_1 = 10\sqrt{2}\sin(314t + \pi/6)\,\text{A}$，$i_2 = 10\sqrt{2}\sin(314t - \pi/6)\,\text{A}$，试用旋转矢量求：$i = i_1 + i_2 = \underline{\hspace{6cm}}$。

7. 已知交流电为 $e = 311\sin(314t + \pi/3)\,\text{V}$；$u = 220\sqrt{2}\sin(314t + \pi/4)\,\text{V}$，$i = 2\sin 314t\,\text{V}$，试用相量图来表示它们。

8. 把如图 1-250 所示的两同频率的正弦交流电压和电流分别用解析式和相量图来表示。

$i =$

$u =$

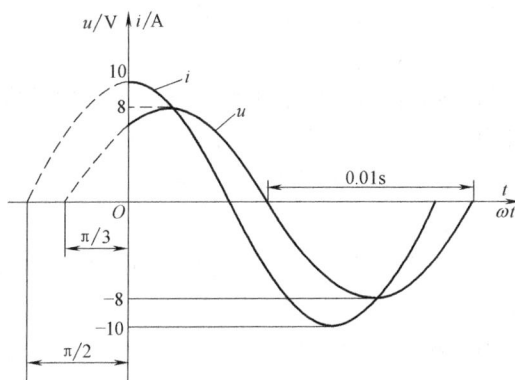

图 1-250　题 8 图

正弦交流电路（单一参数）——练习卷3

班级_____ 学号_____ 姓名_____ 成绩_____

一、填空题

1. 电感线圈对所通过的交流电流的阻碍作用称为_____，用代号_____表示，其大小与_____和_____有关，公式为_____，国际单位是_____。

2. 电容器对所通过的交流电流的阻碍作用称为_____，用代号_____表示，其大小与_____和_____有关，公式为_____，国际单位是_____。

3. 电感线圈具有_____直流_____交流和_____低频_____高频的性能。

4. 电容器具有_____直流_____交流和_____低频_____高频的性能。

5. 纯电阻电路中电压与电流有效值之间的关系是_____，相位关系是_____。

6. 纯电感电路中电压与电流有效值之间的关系是_____，电压与电流之间的相位关系是电压_____电流_____，即 $\Delta\varphi_{ui}$ = _____ − _____ = _____。

7. 纯电容电路中电压与电流之间有效值大小关系是_____，电压与电流的相位关系是电压_____电流_____，即 $\Delta\varphi_{ui}$ = _____ − _____ = _____。

8. 交流电表所测量的值是_____值。在不加说明的情况下，交流电的值均指_____值。

9. 如图1-251所示的正弦交流电流，它的周期是0.04s，它的角频率是_____，初相位是_____，电流的最大值是_____，电流的瞬时值表达式是 i = _____。

10. 在图1-252中，a图是_____电路的波形图；b图是_____电路的相量图；a图是电压_____电流_____；b图是电压_____电流_____。

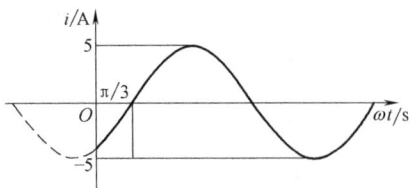

图1-251 题9图

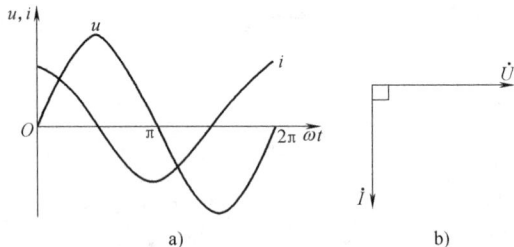

图1-252 题10图

11. 已知交流电压 $u = 220\sqrt{2}\sin(314t + \pi/4)$ V，它的有效值是_____，频率是_____，初相为_____。若连接上一个感抗 $X_L = 110\Omega$ 的纯电感，则该电路中的电流为_____，电压与电流的相位差 $\Delta\varphi_{ui}$ = _____，电流的解析式是 i = _____。

12. 一个电感为100mH、电阻可不计的线圈接在220V、50Hz的正弦交流电源上，线圈的感抗是_____，线圈中的电流是_____。

13. 常用照明电的电压为220V, 这是指电压的_____值, 接入一个"220V, 100W"的白炽灯后, 通过灯泡的电流有效值是_____A, 最大值是_____A。

二、判断题

1. 用交流电压表测得某正弦交流电压是220V, 则此交流电压的最大值是$220\sqrt{3}$V。 （　　）

2. 一只额定电压为220V的白炽灯, 可以接在最大值为311V的正弦交流电源上。 （　　）

3. 在纯电阻正弦交流电路中, 端电压与电流的相位差为零。 （　　）

4. 某电路两端的端电压为$u = 220\sqrt{2}\sin(314t + \pi/6)$V, 电路中的总电流为$i = 10\sqrt{2}\sin(314t - \pi/3)$A, 则该电路可能是纯电感电路。 （　　）

5. 正弦交流电的三要素是指有效值、频率和周期。 （　　）

三、选择题

1. 民用交流电的电压220V, 则该交流电压的最大值为（　　）。

    A. 311V   B. 380V   C. 220V   D. 无法确定

2. 某一灯泡上标着额定电压220V, 这是指（　　）。

    A. 最大值   B. 有效值   C. 瞬时值   D. 平均值

3. 在纯电感正弦交流电路中, 下列各式正确的是（　　）。

    A. $I = U/L$ B. $I = U/\omega$ C. $I = U/\omega L$ D. $I = u/X_L$

4. 在纯电容正弦交流电路中, 正确的关系式是（　　）。

    A. $I = \omega CU$ B. $I = U/\omega C$ C. $I = U_m/X_C$ D. $I = u/X_C$

5. 当$i = 4\sin(314t - \pi/4)$A的电流流过2Ω电阻时, 电阻上消耗的功率是（　　）。

    A. 32W   B. 8W   C. 16W   D. 10W

6. 已知交流电压$u = U_m\sin(\omega t + 60°)$V, 交流电流$i = I_m\sin(\omega t - 30°)$A, 电压与电流的相位差$\Delta\varphi_{ui} = \varphi_u - \varphi_i$, 正确的是（　　）。

    A. $\Delta\varphi_{ui} = 90°$ B. $\Delta\varphi_{ui} = -90°$ C. $\Delta\varphi_{ui} = 30°$ D. $\Delta\varphi_{ui} = -30°$

7. 对线圈的感抗X_L, 下列说法正确的是（　　）。

    A. 频率f越高, X_L越大, 自感系数L越大, X_L越小

    B. 频率f越高, X_L越大, 自感系数L越大, X_L越大

    C. 频率f越高, X_L越小, 自感系数L越大, X_L越大

    D. 频率f越高, X_L越小, 自感系数L越大, X_L越小

8. 下列哪种电路的无功功率Q为零（　　）。

    A. 纯电感电路   B. 纯电容电路   C. 纯电阻电路   D. 无法确定

9. 对电容的容抗X_C, 下列说法正确的是（　　）。

    A. 频率f越高, X_C越大, 电容C越大, X_C越小

    B. 频率f越高, X_C越大, 电容C越大, X_C越大

    C. 频率f越高, X_C越小, 电容C越大, X_C越大

    D. 频率f越高, X_C越小, 电容C越大, X_C越小

10. 正弦交流电频率越高, 则交流电流（　　）。

    A. 容易通过线圈和电容   B. 不容易通过线圈和电容

C. 容易通过线圈，不易通过电容　　　　　D. 容易通过电容，不易通过线圈

11. 在正弦交流电路中，无功功率的国际单位是（　　　）。

A. 焦耳　　　　　　　B. 乏　　　　　　　C. 伏安　　　　　　　D. 瓦特

12. 已知交流电压 $u = U_m \sin(\omega t - 60°)$ V，交流电流 $i = I_m \sin(\omega t - 30°)$ A，对电压与电流的相位关系，下列说法正确的是（　　　）。

A. 电压与电流同相　　　　　　　　　　　B. 电压超前电流 30°

C. 电压滞后电流 30°　　　　　　　　　　D. 电压超前电流 90°

13. 某正弦交流电压与电流的相量图如图 1-253 所示，则电压与电流的相位关系为（　　　）。

A. 同相　　　　　　　B. 电压超前电流 90°

C. 反相　　　　　　　D. 电压滞后电流 90°

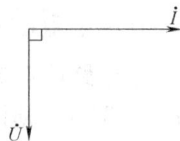

图 1-253　题 13 图

四、计算题

1. 把一个阻值为 22Ω 的电阻接到 $u = 311 \sin(314t + \pi/3)$ V 的交流电源上。求：

1）电路中的电流；

2）电流的解析式；

3）电阻所消耗的功率；

4）电流、电压的相量图。

2. 把一电感为 48mH 的纯电感线圈接到 $u = 110\sqrt{2}\sin(314t + \pi/2)$ V 的交流电源上。求：

1）电路的感抗；

2）电路中的电流；

3）电流的解析式；

4）电路的平均功率和无功功率；

5）电流、电压的相量图。

3. 已知一电容 $C = 10\mu F$，接到 $u = 220\sqrt{2}\sin 100\pi t$ V 的交流电源上。求：

1）电路的容抗；

2）电路中的电流；

3）电流的解析式；

4）电路的有功功率和无功功率；

5）电流、电压的相量图。

正弦交流电路（*RL*、*RC*、*RLC*串联）——练习卷4

班级_____　学号_____　姓名_____　成绩_____

一、填空题

1. 在如图1-254所示的电路中，已知$u = 28.28\sin(\omega t + 45°)\text{V}$，$R = 4\Omega$，$X_L = X_C = 3\Omega$，则各电压表、电流表的读数分别为

Ⓐ表的读数为_____，Ⓥ表的读数为_____，Ⓥ₁表的读数为_____，

Ⓥ₂表的读数为_____，Ⓥ₃表的读数为_____，Ⓥ₄表的读数为_____，

Ⓥ₅表的读数为_____。

2. 如图1-255所示为正弦交流电路的相量图，其中

a图为_____电路；

b图为_____电路；

c图为_____或_____电路。

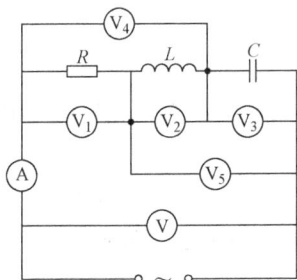

图1-254　题1图

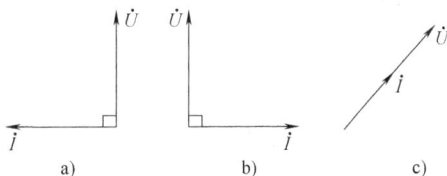

图1-255　题2图

二、判断题

1. 某电路的端电压为$u = 220\sqrt{2}\sin(314t + 30°)\text{V}$，电流为$i = 10\sqrt{2}\sin(314t - 30°)\text{A}$，则该电路性质为电感性电路。　　　　　　　　　　　　　　　（　　）

2. 在*RLC*串联正弦交流电路中，若$X_L > X_C$，则该电路性质为电感性电路。（　　）

3. 在*RLC*串联正弦交流电路中，若$X_L = X_C$，则端电压与电流的相位差为零。（　　）

4. 在*RLC*串联正弦交流电路中，若$X_L < X_C$，则该电路性质为电容性电路。（　　）

三、选择题

1. 图1-256表示白炽灯与电容器组成的回路，由正弦交流电源供电，如果交流电的频率增大，则电容器的_____。

　　A. 电容增大　　　　B. 电容减小　　　　C. 容抗增大　　　　D. 容抗减小

2. 图1-257表示白炽灯与线圈组成的回路，由正弦交流电源供电，如果交流电的频率增大，则线圈的_____。

　　A. 电感增大　　　　B. 电感减小　　　　C. 电抗增大　　　　D. 感抗减小

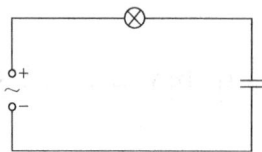
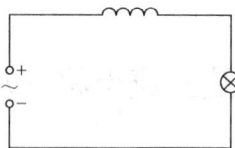

图 1-256　题 1 图　　　　　　　　　图 1-257　题 2 图

3. 在如图 1-258 所示的正弦交流电路中,交流电压表的读数分别是:Ⓥ表为 10V,Ⓥ₁表为 8V,则Ⓥ₂表的读数是_____。

A. 6V　　　　　　B. 2V　　　　　　C. 10V　　　　　　D. 4V

4. 如图 1-259 所示,电路参数只有满足_____的才是电感性电路。

A. $R = 4\Omega$;$X_L = 1\Omega$;$X_C = 2\Omega$　　　　　B. $R = 4\Omega$;$X_L = 0\Omega$;$X_C = 2\Omega$

C. $R = 4\Omega$;$X_L = 3\Omega$;$X_C = 2\Omega$　　　　　D. $R = 4\Omega$;$X_L = 3\Omega$;$X_C = 3\Omega$

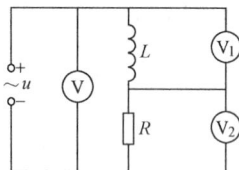
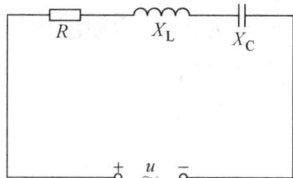

图 1-258　题 3 图　　　　　　　　　图 1-259　题 4 图

5. 正弦交流电路如图 1-260 所示,电阻、电感和电容两端的电压都是 100V,则电路的端电压是_____。

A. 100V　　　　　　B. 300V　　　　　　C. 200V　　　　　　D. $100\sqrt{3}$ V

6. 在 RLC 串联正弦交流电路中,端电压与电流的相量图如图 1-261 所示,这个电路是_____。

A. 电阻性电路　　　B. 电感性电路　　　C. 电容性电路　　　D. 纯电感电路

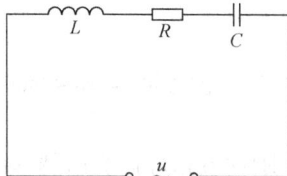
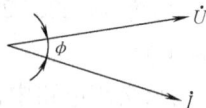

图 1-260　题 5 图　　　　　　　　　图 1-261　题 6 图

7. 以下对 RLC 串联正弦交流电路描述错误的是_____。

A. 当感抗值大于容抗值时,电路的性质为电感性电路

B. 电抗就是电感和电容共同对通过的交流电所呈现的阻碍作用

C. 阻抗角 φ 就是总电压与电流之间的夹角,它的大小决定于电路参数 R、L 和 C

D. 功率因数越大,电路中有功功率就越大,电源输出功率的利用率也就越高

四、计算题

1. 在 RL 串联的正弦交流电路中,已知电流为 5A,电阻为 30Ω,感抗为 40Ω。求:

1）电路的总阻抗；

2）电感两端的电压；

3）电阻两端的电压；

4）电路的总电压。

2. 在 RL 串联正弦交流电路中，已知电源电压为 200V，电阻为 60Ω，感抗为 80Ω。求：

1）电路的总阻抗；

2）电路中的电流；

3）电感上的电压和电阻上的电压；

4）电路的平均功率、无功功率和视在功率；

5）功率因数 λ。

3. 把一个电阻为 8.66Ω 与电感为 50mH 的线圈串联后接到 $u = 110\sqrt{2}\sin(100t + \pi/2)$ V 的电源上。求：

1）电感线圈的感抗 X_L；

2）电路的总阻抗 Z；

3）电路中电流的有效值和瞬时值表达式；

4）总电压与电流的相量图。

4. 在 RC 串联正弦交流电路中，已知电流为 5A，电阻为 80Ω，容抗为 60Ω。求：

1）电路的总阻抗；

2）电容两端的电压；

3）电阻两端的电压；

4）电路的总电压。

5. 把一个 $R = 15\Omega$ 的电阻，$C = 500\mu F$ 的电容器，串联后接到 $u = 220\sqrt{2}\sin100t V$ 的电源上。求：

1）电路的容抗 X_C；

2）电路的总阻抗 Z；

3）电路中电流的有效值和瞬时值表达式；

4）电容器两端的电压和电阻两端的电压；

5）电路的平均功率、无功功率和视在功率；

6）总电压与电流的相量图。

6. 在 RLC 串联正弦交流电路中，已知 $R = 6\Omega$，$X_L = 12\Omega$，$X_C = 4\Omega$，电源电压为 20V。求：

1）电路的总阻抗 Z；

2）电路中的电流 I；

3）电阻上的电压 U_R、电感上的电压 U_L 和电容上的电压 U_C；

4）电路的平均功率、无功功率和视在功率。

7. 在 RLC 串联电路中，已知电流为 $i = 5\sqrt{2}\sin(314t + \pi/6)\,\text{A}$，电阻为 30Ω，感抗为 80Ω，容抗为 40Ω。求：

1）该电路的性质；

2）电路的总阻抗；

3）电路中总电压的有效值和瞬时值表达式；

4）电阻上的电压、电感上的电压和电容上的电压；

5）电路的平均功率、无功功率和视在功率；

6）功率因数 λ；

7）总电压与电流的相量图。

8. 在 RLC 串联电路中，已知电源电压为 $u = 200\sqrt{2}\sin(314t + 30°)\,\text{V}$，电阻为 40Ω，感抗为 40Ω，容抗为 70Ω。求：

1）该电路的性质；

2）电路的总阻抗；

3）电路中电流的有效值和瞬时值表达式；

4）电阻上的电压、电感上的电压和电容上的电压；

5）电路的平均功率、无功功率和视在功率；

6）功率因数 λ；

7）总电压与电流的相量图。

正弦交流电路（*RLC* 串并联谐振电路）——练习卷 5

班级_____ 学号_____ 姓名_____ 成绩_____

一、判断题

1. 在 *RLC* 串联谐振电路中，品质因数的值只决定于 *L* 和 *C* 的大小。　　　　（　　）
2. 电路发生串联谐振时，感抗和容抗相等，电感和电容上的电压值也分别相等。（　　）
3. 电路发生串联谐振时，电阻上的电压等于电路的总电压，它们的相位也相同。（　　）
4. *RLC* 串联谐振又叫电压谐振，谐振时，电路中电流最大。　　　　　　　　（　　）
5. *RLC* 串联谐振电路的品质因数越小，谐振曲线越平坦，电路的选择性好。　（　　）
6. *RLC* 串联谐振电路的通频带就是谐振曲线上任意两个频率之间的宽度。　　（　　）
7. 串联谐振电路的特性阻抗 ρ，就是谐振时的感抗或容抗，ρ 与电源频率 f 有关。（　　）
8. *RLC* 串联电路中总电压的值总是大于分电压的值。　　　　　　　　　　　（　　）
9. *RLC* 串联谐振电路与 *RLC* 并联谐振电路的谐振频率公式相同。　　　　　（　　）
10. *RLC* 并联谐振电路的性质刚好与串联谐振电路的性质相反。　　　　　　　（　　）

二、选择题

1. 收音机的输入回路是（　　　）。

　　A. 串联谐振回路　　　　　　B. 并联谐振回路　　　　　C. 串并联谐振回路

2. 有一个 *RLC* 串联谐振电路的 $f_0 = 750\text{kHz}$，通频带为 10kHz，则该回路的品质因数为（　　　）。

　　A. 20　　　　　　　　　　B. 75　　　　　　　　　　C. 150

3. 在 *RLC* 串联谐振回路中，当 f 小于 f_0 时，回路的性质呈（　　　）。

　　A. 电容性　　　　　　　　B. 电感性　　　　　　　　C. 电阻性

4. 在 *RLC* 串联谐振回路中，已知品质因数 $Q = 100$，输入信号电压为 100mV，则电容和电感两端的电压有效值为（　　　）。

　　A. 100mV　　　　　　　　B. 100V　　　　　　　　　C. 10V

5. 在 *RLC* 串联谐振电路中，如果增大 *R*，将带来以下影响（　　　）。

　　A. 电路谐振频率改变　　　　　　　　B. 电路谐振曲线变平坦

　　C. 电路品质因数增大　　　　　　　　D. 电路通频带变窄

6. 在 *RLC* 并联谐振电路中，当外加电压有效值不变时（　　　）。

　　A. 调大电容，电路的感性增加　　　　B. 调大电容，电路的容性增加

　　C. 调小电容，电路的感性减小　　　　D. 调小电容，电路的性质不变

7. 如图 1-262 所示，当开关 S 闭合时，电路发生 *RLC* 串联谐振，当开关 S 打开后，电路性质为（　　　）。

　　A. 电容性　　　　　　B. 电感性　　　　　　C. 电阻性　　　　　　D. 中性

8. 如图 1-263 所示的通频带宽度为（　　　）。

　　A. 10kHz　　　　　　　　B. 20kHz　　　　　　　　C. 30kHz

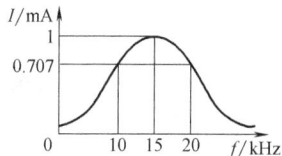

图 1-262 题 7 图   图 1-263 题 8 图

9. 在 RLC 串联电路中，当出现串联谐振时，下列说法正确的是（　　）。

    A. 电路中电流达到最大

    B. 容抗 X_C 等于感抗 X_L 等于零

    C. 电压与电流的相位差是 90°

    D. 电阻两端的电压与外加电压相等，且反相

    E. 电感与电容两端的电压相等，且同相

10. 在感性负载的电路中并联一个电容，能提高功率因数，那么并联电容的前后（　　）。

    A. 电路的有功功率提高   B. 电路的无功功率提高

    C. 电路总电流增加   D. 电路总电流减少

三、填空题

1. 串联谐振电路是指在 RLC 串联电路中，当_____时，电路的总电流_____、总阻抗_____的电路状态。此时，电阻上的电压等于_____，电感和电容上的电压等于_____，所以串联谐振又常常被叫做_____。

2. 并联谐振电路是指在 RLC 并联电路中，当_____时，电路的总电流_____、总阻抗_____的电路状态。

3. 在 RLC 串联谐振或 RLC 并联谐振电路中，谐振频率总是等于 $f_0 = $_____，总阻抗 $Z = $_____，总电流与总电压的相位差 $\varphi = $_____。

4. 在广播通信中，即要考虑电路的选择性，又要考虑电路的通频带，因此，品质因数的选择必须遵循_____的原则。

四、计算题

   * 在 RLC 串联谐振电路中，$R = 50\Omega$，$L = 4\text{mH}$，$C = 160\text{pF}$，外加电压 $u = 25\sqrt{2}\sin\omega t\text{V}$。试求：

1）电路的谐振频率 f_0；

2）电路的总阻抗；

3）电路的谐振电流 I_0；

4）总电压与电流的相位差；

5）电路的品质因数 Q；

6）电感和电容器两端的电压；

7）电路谐振时总电压与电流的相量图；

8）当外加频率是谐振频率的 1.1 倍时，再求电路中的电流和电阻、电感、电容上的电压。

正弦交流电路——复习卷

班级＿＿＿＿＿＿　学号＿＿＿＿＿＿　姓名＿＿＿＿＿＿　成绩＿＿＿＿＿＿

一、正弦交流电源

1. 正弦交流电的解析式：$e =$ ＿＿＿＿＿＿＿、$u =$ ＿＿＿＿＿＿＿、$i =$ ＿＿＿＿＿＿＿。

2. 正弦交流电的三要素（名称及代号）：＿＿＿＿＿＿、＿＿＿＿＿＿、＿＿＿＿＿＿。

3. 角频率、频率、周期之间的关系：$\omega =$ ＿＿＿＿＿ ＝ ＿＿＿＿＿＿。

4. 正弦交流电最大值和有效值的关系：＿＿＿＿＿、＿＿＿＿＿、＿＿＿＿＿。

5. 已知交流电压为 $u = 100\sin(314t - \pi/4)\,\text{V}$，则该交流电的三要素的值是＿＿＿＿＿、
＿＿＿＿＿、＿＿＿＿＿。

6. 有一只电容器的耐压是 300V，把它接入正弦交流电路中使用，为保证电容器能正常
工作，所加电源电压的有效值范围是多少？

7. 已知交流电 $i_1 = 2.828\sin(314t + \pi/3)\,\text{A}$，$i_2 = 2.828\sin(314t - \pi/3)\,\text{A}$，用旋转矢量
求：$i = i_1 + i_2 =$ ＿＿＿＿＿＿＿＿＿＿。

二、单一参数交流电路

1. 纯电阻电路：

1）电路中电压与电流之间的数量关系：

有效值：$I =$ ＿＿＿＿＿＿、最大值：$I_m =$ ＿＿＿＿＿＿；瞬时值 $i =$ ＿＿＿＿＿＿。

2）电路中电压与电流之间的相位差：$\varphi =$ ＿＿＿＿＿＿＿＿。

3）电路中电流与电压的相量图：

4）电路的瞬时功率 $P =$ ＿＿＿＿＿＿＿＿；电阻上消耗的有功功率 $P =$ ＿＿＿＿＿＿。

2. 纯电感电路：

1）感抗的含义：＿＿＿＿＿＿＿＿＿＿＿＿＿＿＿＿＿＿＿＿＿＿＿。

2）感抗的计算公式：$X_L =$ ＿＿＿＿＿＿＿＿＿＿。

3）电路中电流与电压之间的数量关系：

有效值：$U =$ ＿＿＿＿＿＿；最大值：$U_m =$ ＿＿＿＿＿＿；瞬时值：＿＿＿＿＿＿。

4）电路中电压与电流之间的相位差：$\varphi =$ ＿＿＿＿＿＿＿。

5）电路中电流与电压的相量图：

6）电路的瞬时功率 P = _____；

　　电路的有功功率 P = _____；

　　电路的无功功率 Q = _____。

3. 纯电容电路：

1）容抗的含义：_____。

2）容抗的计算公式：X_C = _____。

3）电路中电压和电流之间的数量关系：

有效值：U = _____；最大值：U_m = _____；瞬时值：_____。

4）电路中电压和电流之间的相位差：φ = _____。

5）电路中电流和电压的相量图：

6）电路的瞬时功率 P = _____；

　　电路的有功功率 P = _____；

　　电路的无功功率 Q = _____。

4. 将一个电阻为 55Ω 的电阻丝接到电压为 $u = 311\sin(100\pi t - \pi/3)\,\mathrm{V}$ 的电源上。试求：

1）通过该电阻丝的电流最大值和有效值；

2）电路中电流的瞬时值表达式；

3）电路中电压和电流的相位差；

4）电路所消耗的功率；

5）电路中电流和电压的相量图。

5. 将一个电阻可以忽略的线圈接到电压为 $u = 220\sqrt{2}\sin(100\pi t + \pi/3)\,\mathrm{V}$ 的电源上，$L = 0.16\mathrm{H}$。试求：

1）线圈的感抗；

2）电路中电流的有效值；

3）电路中电流的瞬时值表达式；

4）电路的无功功率；

5）电路中电流和电压的相量图。

6. 将一个 $C = 80\mu\mathrm{F}$ 的电容器接到电压为 $u = 220\sqrt{2}\sin(314t - \pi/3)\,\mathrm{V}$ 的电源上。试求：

1）电容器的容抗；

2）电路中电流的有效值；

3）电路中电流的瞬时值表达式；

4）电路的无功功率；

5）电路中电流和电压的相量图。

三、*RLC* 串联交流电路

1. *RL* 串联电路：

1）电压：

电压三角形图：

设：电流 $i = I_m \sin\omega t$，则电阻两端电压的瞬时值：$u_R = $ _____；电感两端电压的瞬时值：$u_L = $ _____；

电阻、电感上的电压与电路总电压之间的瞬时值关系式：$u = $ _____；

电阻、电感上的电压与电路总电压之间的有效值关系式：$U = $ _____；

电路的总电压与电流之间的相位差：$\varphi = $ _____。

电路的总电压与电流的相量图：

2）阻抗：

阻抗三角形图：

电抗（感抗）：$X_L = $ _____；阻抗：$Z = $ _____；

阻抗角：$\varphi = $ _____。

3）功率：

功率三角形图：

电路的有功功率：$P = $ _____；电路的无功功率：$Q = $ _____；

电路的视在功率：$S = $ _____。

4）功率因数：$\lambda = $ _____。

2. *RC* 串联电路：

1）电压：

电压三角形图:

设:电流 $i = I_m \sin\omega t$,则电阻两端电压的瞬时值:$u_R = $ _____;电容两端电压的瞬时值:$u_C = $ _____;

电阻、电容上的电压与电路总电压之间的瞬时值关系式:$u = $ _____;

电阻、电容上的电压与电路总电压之间的有效值关系式:$U = $ _____;

电路的总电压与电流之间的相位差:$\varphi = $ _____。

电路的总电压与电流的相量图:

2)阻抗:

阻抗三角形图:

电抗(容抗):$X_C = $ _____;阻抗:$Z = $ _____;

阻抗角:$\varphi = $ _____。

3)功率:

功率三角形图:

电路的有功功率:$P = $ _____;电路的无功功率:$Q = $ _____;

电路的视在功率:$S = $ _____。

3. *RLC* 串联电路:

1)电压:

电压三角形:

设:电流 $i = I_m \sin\omega t$,则电阻两端电压的瞬时值:$u_R = $ _____;

电感两端电压的瞬时值:$u_L = $ _____;电容两端电压的瞬时值:$u_C = $ _____;

电阻、电感、电容上的电压与电路总电压之间的瞬时值关系式:$u = $ _____;

电阻、电感、电容上的电压与电路总电压之间的有效值关系式:$U = $ _____;

电路的总电压与电流之间的相位差:$\varphi = $ _____。

电路的总电压与电流的相量图：

$U_L > U_C$ $U_L < U_C$

2）阻抗：
阻抗三角形图：

电抗：$X =$ _____ ；阻抗：$Z =$ _____ ；
阻抗角：$\varphi =$ _____ 。

3）功率：
功率三角形图：

电路的有功功率：$P =$ _____ ；电路的无功功率：$Q =$ _____ ；
电路视在功率：$S =$ _____ 。

4）功率因数：$\lambda =$ _____ 。

4. 在 RL 串联电路中，已知电流为 $i = 4\sqrt{2}\sin(314t + \pi/3)\,\mathrm{A}$，电阻为 30Ω，感抗为 40Ω。求：

1）电路的总阻抗；
2）电路中总电压的有效值和瞬时值表达式；
3）电感上的电压和电阻上的电压；
4）电路的平均功率、无功功率和视在功率；
5）功率因数 λ；
6）总电压和电流的相量图。

5. 把一个阻值为 60Ω 的电阻和电容为 $40\mu\mathrm{F}$ 的电容器串联后接到 $u = 200\sqrt{2}\sin314t\,\mathrm{V}$ 的交流电源上。试求：

1）电容器的容抗和总阻抗；
2）电路中电流的有效值和瞬时值表达式；
3）电路的有功功率、无功功率和视在功率；
4）电路的总电压与电流的相量图。

6. 在电阻、电感和电容串联正弦交流电路中，电流的大小为6A，$U_R = 80V$，$U_L = 240V$，$U_C = 180V$，电源频率 $f = 50Hz$。试求：

1）电源电压的有效值；

2）电路参数 R、L、C 的值；

3）电压和电流的相位差，并判断该电路的性质；

4）设电路总电压的初相位为零，写出电路总电压和电流的瞬时值表达式；

5）电路的有功功率、无功功率和视在功率；

6）电路的总电压与电流的相量图。

四、*RLC* 串联谐振电路

1. 谐振条件：_____。

2. 谐振频率：$f_0 =$ _____；由_____决定，与_____无关；反映了电路本身的_____。

3. 谐振特点：

1）总阻抗_____：$Z =$ _____；总电流_____：$I_0 =$ _____；

2）总电压 $U =$ _____、阻抗角 $\varphi_{ui} =$ _____即总电压与电流的相位关系为_____；

3）特性阻抗 $\rho =$ _____；由_____决定，与_____和_____无关；

4）品质因数 $Q =$ _____；由_____决定，是谐振回路_____的重要指标。

4. 通频带：$BW =$ _____ = _____ = _____。

5. 在 *RLC* 串联谐振电路中，已知 $R = 1\Omega$，$L = 100mH$，$C = 0.1\mu F$，$U = 1mV$。试求：

1）电路的谐振频率 f_0；

2）谐振时电路中的电流 I_0；

3）电路的品质因数 Q；

4）电感、电容器两端的电压及这两个电压的相位关系；

5）电阻上的电压有效值以及与电路总电压的相位关系。

6. 在电阻、电感和电容的串联谐振电路中，谐振频率 $f_0 = 900kHz$，电容为 $C = 200pF$，通频带 $BW = 20kHz$。试求：

1）电路的品质因数 Q；

2）特性阻抗 ρ；

3）电阻 R 的值；

4）电感 L 的值。

五、RLC 并联电路

1. 电流：

电流三角形：

设：电压 $u = U_m \sin\omega t$，则电阻两端电流的瞬时值：$i =$ _____；电感两端电流的瞬时值：$i_L =$ _____；电容两端电流的瞬时值：$i_C =$ _____。

2. 电路总电流和电压的相量图：

$I_L > I_C$： $I_L < I_C$：

3. 电路的总电流和各支路电流的有效值关系：$I =$ _____；总阻抗 $Z =$ _____；有功功率 $P =$ _____；无功功率 $Q =$ _____；视在功率 $S =$ _____。

4. 电路的电压和总电流的相位差：$\varphi =$ _____。

*5. 在 RLC 并联电路中，$R = 40\Omega$，$X_L = 30\Omega$，$X_C = 15\Omega$，接到 $u = 120\sqrt{2}\sin(100\pi t + \pi/6)$ V 的交流电源上。试求：

1）电路中电阻、电感和电容上的电流有效值；

2）电路总电流的有效值和瞬时值表达式；

3）电路的总阻抗；

4）电路的有功功率、无功功率和视在功率；

5）电路总电流和电压的相量图，并说明电路的性质。

六、实际线圈与电容并联电路

1. 实际线圈与电容并联的电路图：

2. 电压与各电流的相量图：

3. C 支路上的电流 $I_C =$ _____。

4. RL 支路上的电流 $I_1 =$ _____。

5. RL 支路上的总电压和电流的相位差 $\varphi_1 =$ _____。

6. 电路的总电流 $I =$ _____。

7. 电路的电压和总电流的相位差：$\varphi =$ _____。

8. 感性负载的额定电压为 U、额定功率为 P、工作频率为 f，欲使其功率因数从 $\lambda_1 = \cos\varphi_1$ 提高到 $\lambda_2 = \cos\varphi_2$，所需并联的电容为：$C =$ _____。

*9. 在实际线圈与电容并联的正弦交流电路中（图 1-264），$R = 100\Omega$，$X_L = 173\Omega$，$X_C = 440\Omega$，电源电压的有效值为 220V。试求：

1）RL 支路上的总阻抗 Z_1；

2）RL 支路上电压和电流的相位差 φ_1；

3）RL 支路的电流有效值 I_1；

4）C 支路的电流有效值 I_C；

5）电路总电流的有效值 I；

6）电路的总电流与电压的相位差 φ；

7）电路的有功功率 P、无功功率 Q 和视在功率 S。

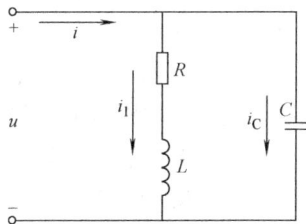

图 1-264　题 9 图

七、功率因数

1. 提高功率因数的意义：

1）_____；

2）_____。

2. 提高功率因数的方法：

1）_____；

2）_____。

*3. 一座发电厂以 220kV 的高压输送给负载功率为 $4.5 \times 10^5 \text{kW}$ 的电力设备，若输电线的总电阻为 12Ω，试计算线路的功率因数由 0.6 提高到 0.85 时，输电线上一天可以少损失多少电能？折算成"度"是多少？若按每度电约 0.6 元计算，每天能节约多少资金？

正弦交流电路（综合）——测验卷

班级_____ 学号_____ 姓名_____ 成绩_____

一、判断题（每小题 1 分，共 15 分）

1. 正弦交流电的三要素是周期、频率、角频率。（　　）

2. 在交流电路中，若 $i = 10\sin(314t + 60°)$ A，则它的频率 $f = 50$ Hz。（　　）

3. 电感线圈的电感 $L = 127$ mH，当正弦交流电的频率 $f = 50$ Hz 时，电路的感抗 X_L 约为 40Ω。（　　）

4. 在纯电感正弦交流电路中，电压超前电流 $90°$，意味着先有电压后有电流。（　　）

5. 将 $C = 2\mu$F 的电容器接到直流电路中，它的容抗为 0。（　　）

6. 功率的国际单位都用瓦特或千瓦表示。（　　）

7. RLC 串联正弦交流电路的电压三角形各边除以电流，就可得到阻抗三角形。（　　）

8. 提高功率因数的目的是提高供电电压，从而提高设备的供电能力。（　　）

9. 交流电流表所测得的电流数值是最大值。（　　）

10. 在 RLC 串联正弦交流电路中，U_R、U_L、U_C 的数值不会大于总电压 U。（　　）

11. 视在功率就是有功功率和无功功率的代数和。（　　）

12. 提高功率因数，在工程上采用并联电容进行补偿。（　　）

13. 在实际电力系统中，不可能将功率因数提高到 1。（　　）

14. 在图 1-265 所示的电路中，若各电源电压的有效值大小都相等，并且所接的各白炽灯和电感也完全相同，则图 1-265c 中的灯最亮。（　　）

15. 在如图 1-266 所示正弦交流电路中，电流表Ⓐ的读数是 8A。（　　）

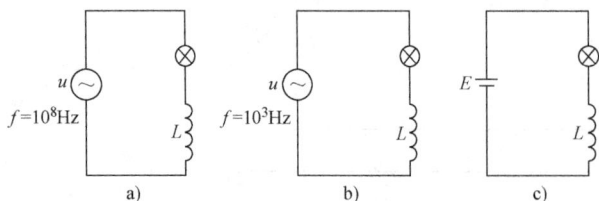

图 1-265　题 14 图　　　　　　　　图 1-266　题 15 图

二、选择题（每小题 1 分，共 15 分）

1. 在纯电阻正弦交流电路中，计算电流的公式是（　　）。
   A. $i = U/R$　　　B. $i = U_m/R$　　　C. $I = U_m/R$　　　D. $I = U/R$

2. 在纯电感正弦交流电路中，计算电流的公式是（　　）。
   A. $i = U/X_L$　　　B. $I_m = U/(\omega L)$　　　C. $I = U/(\omega L)$　　　D. $i = u/(\omega L)$

3. 在纯电容正弦交流电路中，计算电流的公式是（　　）。
   A. $i = U/C$　　　B. $i = U/(\omega C)$　　　C. $I = U/(\omega C)$　　　D. $I = U\omega C$

4. 在感抗 $X_L = 500\Omega$ 的纯电感电路两端加上正弦交流电压 $u = 100\sin(100\pi t + \pi/6)$ V，则通过它的电流瞬时值表达式为（　　）。

  A. $i = 20\sin(100\pi t - \pi/6)$ A   B. $i = 0.4\sin(100\pi t + \pi/6)$ A

  C. $i = 0.2\sin(100\pi t - \pi/3)$ A   D. $i = 0.2\sin(100\pi t + \pi/3)$ A

5. 将最大值为 311V 的正弦交流电压加到电阻值为 20Ω 的电阻器两端，则电阻两端电压和流过电阻的电流分别是（　　）。

  A. $U = 220\text{V}, I = 11\text{A}$ B. $U_m = 220\text{V}, I_m = 11\text{A}$

  C. $U_m = 220\text{V}, I = 11\text{A}$ D. $U = 220\text{V}, I_m = 11\text{A}$

6. 某负载两端所加的正弦交流电压和电流的最大值分别为 U_m、I_m，则电路的视在功率为（　　）。

  A. $\sqrt{2}U_mI_m$ B. $2U_mI_m$ C. $U_mI_m/2$ D. $U_mI_m/\sqrt{2}$

7. 如图 1-267 所示两电路中，电阻 R 和电源电动势 E 对应相等，L 为纯电感线圈，则两电路中的电流关系为（　　）。

  A. $I_1 > I_2$ B. $I_1 = I_2$ C. $I_1 < I_2$

8. 如图 1-268 所示电路中，L 是纯电感，当电路接通以后，电路中的电流是（　　）。

  A. 0   B. 2A   C. 4A

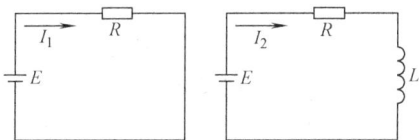 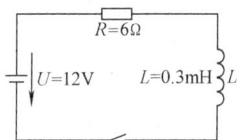

图 1-267　题 7 图   图 1-268　题 8 图

9. 把一个 30Ω 的电阻和电感为 0.4mH 的电感线圈串联后，接到正弦交流电源上，已知电感的感抗为 40Ω，则该电路的功率因数为（　　）。

  A. $\cos\varphi = 0.6$ B. $\cos\varphi = 0.75$ C. $\cos\varphi = 1$ D. $\cos\varphi = 0.8$

10. 常用的白炽灯的额定电压是 220V，它实际上所承受的最大电压是（　　）。

  A. 380V   B. 311V   C. 270V   D. 157V

11. 在 RLC 串联的正弦交流电路中，下列功率的计算公式正确的是（　　）。

  A. $S = P + Q$ B. $P = UI$

  C. $S^2 = P^2 + (Q_L - Q_C)$ D. $P^2 = S^2 - Q^2$

12. 在如图 1-269 所示的电路中，输出电压有效值超过输入电压有效值的是（　　）。

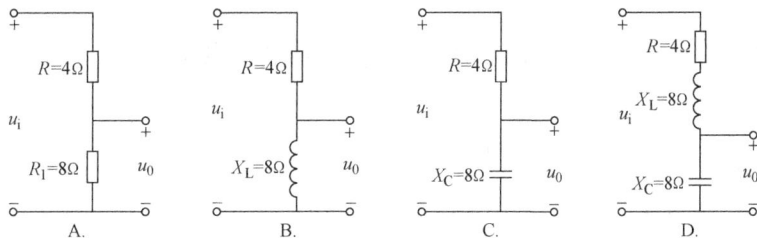

图 1-269　题 12 图

13. 在 RLC 串联正弦交流电路中，计算电压与电流相位差公式正确的是（　　）。

    A. $\varphi = \arctan(\omega L - \omega C)/R$ B. $\varphi = \arctan(U_L - U_C)/U$

    C. $\varphi = \arctan(L - C)/R$ D. $\varphi = \arctan(\omega L - 1/\omega C)/R$

14. 在 RLC 串联正弦交流电路中，已知 $R = 20\Omega$，$X_L = 80\Omega$，$X_C = 40\Omega$，则该电路呈（　　）。

    A. 电阻性   B. 电感性   C. 电容性   D. 中性

15. 在图 1-270 所示的正弦交流电路中，已知 $R = X_L = X_C$，若把它的交流电源换成电压值相等的直流电源，当电路达到稳定后，则（　　）。

    A. 各灯泡和交流时一样亮

    B. A 灯和交流时一样亮，B 灯比交流时更暗，C 灯灭

    C. A 灯和交流时一样亮，B 灯比交流时更亮，C 灯灭

    D. A 灯和 B 灯与交流时一样亮，C 灯灭

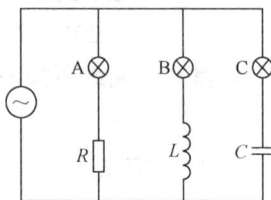
图 1-270　题 15 图

三、填空题（每空 1 分，共 30 分）

1. 随时间按＿＿＿＿＿＿＿＿规律变化的交流电，叫做正弦交流电。

2. 在电路中，线圈有＿＿＿＿＿＿＿的性能，电容器则有＿＿＿＿＿＿＿的性能（填："通直阻交"或"隔直通交"）。

3. 正弦交流电的周期是指：交流电完成＿＿＿＿＿＿＿＿＿＿＿所用的时间；

    正弦交流电的频率是指：交流电在＿＿＿＿＿＿＿＿＿＿＿完成周期性变化的次数。

4. 在正弦交流电路中，关于功率的说法是这样的：某一＿＿＿＿＿＿＿＿的功率，叫做瞬时功率，用 p 表示；瞬时功率在＿＿＿＿＿＿＿＿＿＿值，叫做平均功率，用 P 表示；瞬时功率的＿＿＿＿＿＿叫做无功功率，用 Q 表示。

5. 在正弦交流电路中，无功功率 Q 表示了电感线圈或电容器在与电源之间不断地进行能量的＿＿＿＿＿，它是能量的占有，而不是能量的＿＿＿＿＿。

6. 实际线圈实际上就是＿＿＿＿＿的串联电路。

7. 视在功率 S 表示了电源提供＿＿＿＿＿＿的能力。

8. 在正弦交流电路中，我们把＿＿＿＿＿＿＿＿＿＿＿＿＿＿＿＿＿的比值叫做功率因数，它的大小由电路的＿＿＿＿＿＿＿和电源的＿＿＿＿＿＿决定。

9. 在 RLC 串联正弦交流电路中，阻抗角实际上就是电路的总＿＿＿＿＿＿＿＿＿之间的夹角，阻抗角的大小决定于电路的＿＿＿＿＿＿＿和电源的＿＿＿＿＿。

10. 在 RLC 串联正弦交流电路中，X 称为＿＿＿＿＿＿，它是＿＿＿＿＿＿与＿＿＿＿＿＿共同作用的结果。

11. 如图 1-271 所示各正弦交流电路中，＿＿＿是电感性电路，＿＿＿是电容性电路，＿＿＿是电阻性电路。

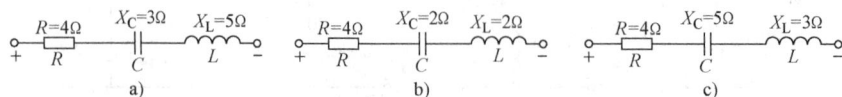
图 1-271　题 11 图

12. 为了提高感性电路的功率因数，往往采用＿＿＿＿＿＿＿＿＿＿的方法。

13. 提高功率因数的意义是：1) _____ , 2) _____ 。

14. 感性负载并联电容提高功率因数以后，电路的有功功率_____（不变或改变），负载的工作状态_____影响，这是因为_____的缘故。

四、计算题（第 5 题 10 分，其余每题 5 分，共 35 分）

1. 一个阻值为 110Ω 的电阻丝，接到电压为 $u = 311\sin\left(100\pi t + \dfrac{\pi}{3}\right)$V 的电源上。问：

1）通过电阻丝的电流是多少？

2）电阻上消耗的功率是多少？

3）电路中电流的解析式。

4）电流和电压的相量图。

2. 将一个电阻可以忽略的线圈接到电压为 $u = 200\sqrt{2}\sin\left(100\pi t + \dfrac{\pi}{6}\right)$V 的电源上，已知线圈的 $L = 0.7\mathrm{H}$。求：

1）线圈的感抗；

2）电路中电流的有效值；

3）电路中电流的瞬时值表达式；

4）电路的有功功率和无功功率；

5）电流和电压的相量图。

3. 将一个 $C = 80\mu\mathrm{F}$ 的电容器接到电压为 $u = 200\sqrt{2}\sin\left(314t + \dfrac{\pi}{6}\right)$V 的电源上。求：

1）电容器的容抗；

2）电路中电流的有效值；

3）电路中电流的瞬时值表达式；

4）电路的有功功率和无功功率；

5）电流和电压的相量图。

*4. 在电子技术中，常用到如图 1-272 所示的电阻和电容串联电路。当 $C = 10.6\mu F$，$R = 200\Omega$，输入电压 $U_i = 5V$，频率 $f = 100Hz$ 时。求：

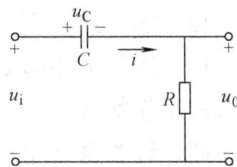

图 1-272　题 4 图

1）U_C 及输出电压 U_0 各是多少？

2）u_i 与 u_0 的相位差是多少？

5. 如图 1-273 所示的电路中，电阻为 30Ω，线圈的电感为 $127mH$，电容器的电容为 $40\mu F$，电路的外加电压 $u = 311\sin314t\,V$。试求：

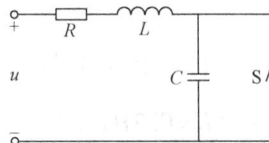

图 1-273　题 5 图

1）当 S 闭合时：

① 电路的感抗、容抗和总阻抗；

② 电路中电流的有效值和瞬时值表达式；

③ 电路中各元件两端的电压；

④ 电路中总电压和电流的相量图；

⑤ 电路的性质。

2）当 S 断开时：

① 电路的感抗、容抗和总阻抗；

② 电路中电流的有效值和瞬时值表达式；

③ 电路中各元件两端的电压；

④ 电路中总电压和电流的相量图；

⑤ 电路的性质。

*6. 在 *RLC* 串联电路中，$L = 30\mu H$，$C = 213pF$，$R = 9.4\Omega$，电源电压为 $u = \sqrt{2}\sin 2\pi f\, t\,mV$。求：

① 电路的固有谐振频率、品质因数和通频带；

② 当电源频率 $f = f_0$ 时，电路的电流、电感与电容元件上的电压；

③ 如果电源频率 f 与谐振频率偏差 $\Delta f = f - f_0 = 10\% f_0$，电路中的电流又为多少？

五、实验题（共 5 分）

如图 1-274 所示，要完成的是日光灯的线路图。

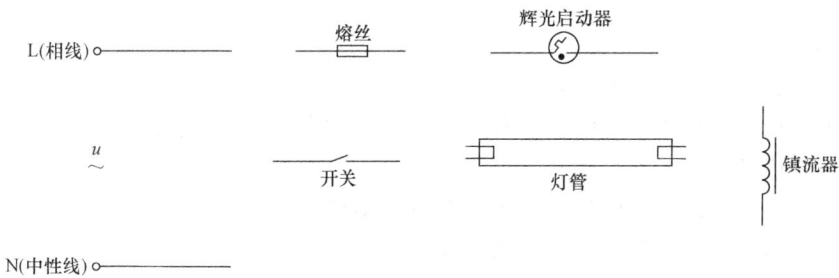

图 1-274

1）请正确连线；

2）设计提高线路功率因数的方法，并在图中表示出来。

三相交流电路

知识范围和学习目标

1. 知识范围

1）三相交流电源。

2）三相负载的连接。

3）三相交流电路的功率。

4）安全用电。

2. 学习目标

1）了解三相交流电产生的原理。

2）了解对称三相交流电源的星形和三角形联结方式及输出电压的特点。

3）了解相序的概念。

4）掌握三相四线制电源的线电压和相电压的关系。

5）掌握对称三相负载作星形和三角形联结的方法。

6）知道中性线的概念、作用以及应注意的问题。

7）掌握对称三相负载星形和三角形联结时的线电压和相电压、线电流和相电流的关系及其计算方法。

8）掌握对称三相交流电路的有功功率、无功功率和视在功率的计算方法。

9）知道安全用电的基本常识和主要防护措施。

知识要点和分析

【知识要点一】 三相交流电源

1）三相交流电源：能提供三个振幅相等、频率相同、相位依次互差120°的对称三相交流电动势的电源称为三相交流电源。

2）三相交流电产生的原理：是由三相交流发电机利用电磁感应原理产生的。

3）三相交流发电机的组成：主要由定子（三个互相独立、互成120°的线圈）和转子（匀速旋转的磁极）组成。

4）三相交流电源的连接方法：有星形（亦称Y形）联结和三角形（亦称△形）联结

两种，如图 1-275 所示。

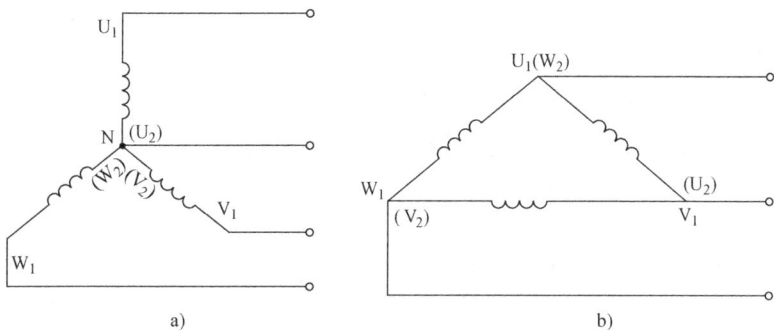

图 1-275　三相电源的连接方式

a）星形联结　b）三角形联结

5）相线：从三相交流电源三个绕组的首端 U_1、V_1、W_1 引出的三根导线叫做端线或相线，俗称火线，分别用黄、绿、红三种颜色表示。

6）中性点：在Y形联结中，从三相交流电源三个绕组的末端 U_2、V_2、W_2 连接成的公共点 N 称为中性点，或称零点。

7）中性线：从中性点 N 引出的导线叫做中性线或零线，当它接地时叫做地线，用黑色表示。

8）对称三相交流电源电动势的瞬时值表达式为

$$e_U = E_m \sin\omega t$$
$$e_V = E_m \sin(\omega t - 120°)$$
$$e_W = E_m \sin(\omega t + 120°)$$

其波形图和相量图如图 1-276 所示。

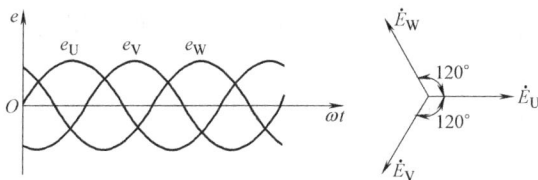

图 1-276　三相交流电源电动势的波形图和旋转相量图

9）相序：三相交流电动势达到最大值（或零值）的先后顺序，称为相序。

相序分为正序和负序两种，U—V—W—U 称为正序；U—W—V—U 称为负序。

10）三相三线制：三相交流电源的绕组连接成星形，但无中性线，或三相交流电源的绕组连接成三角形的供电方式称为三相三线制。

11）三相四线制：三相交流电源的绕组连接成星形，并具有中性线的供电方式称为三相四线制。

12）电源的线电压：相线与相线之间的电压，叫线电压，通常是 380V（有效值）。

13）电源的相电压：相线与中性线之间的电压，叫相电压，通常是 220V（有效值）。

14）三相四线制电源的特点：

① 三相电动势是对称的：有效值相等、频率相同、彼此间的相位依次互差 120°；

② 各相电压是对称的：在数值上等于各相绕组的电动势大小（忽略内阻）；

③ 各线电压是对称的：

A. 线电压是相电压的 $\sqrt{3}$ 倍，即 $U_L = \sqrt{3}U_P$；

B. 线电压的相位超前相应的相电压相位 30°；各相电压与线电压的相量图，如图 1-277 所示。

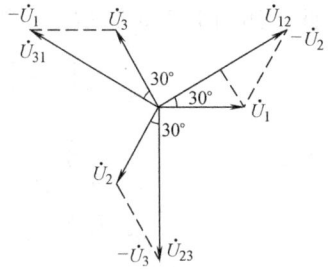

图 1-277 相电压与线电压的相量图

★ 常见题型

1）已知交流发电机三相绕组产生的电动势大小均为 $E = 220V$，试求：

① 对称三相交流电源为 Y 形联结时的相电压 U_P 与线电压 U_L；

*② 对称三相交流电源为 △ 形联结时的相电压 U_P 与线电压 U_L。

2）星形联结的对称三相交流电源 1、2 两根相线之间的电压为 $u_{12} = 380\sqrt{2}\sin(\omega t - 30°)$ V，试写出所有相电压和线电压的解析式。

3）对三相交流发电机的三个绕组中的电动势，正确的说法应该是（　　　）。

A. 它们的最大值不同

B. 它们同时达到最大值

C. 它们的周期不同

D. 它们达到最大值的时间依次落后 1/3 周期

【知识要点二】 三相负载的连接

1）对称三相负载：各相负载的大小和性质完全相同的三相负载称为对称三相负载，否则是不对称三相负载。

常见的对称三相负载有：三相电动机、三相变压器、三相电炉等；不对称三相负载有：三相照明电路等。

2）三相负载的连接方式：星形和三角形两种，星形联结又分为有中性线的和无中性线的两种，如图 1-278 所示。

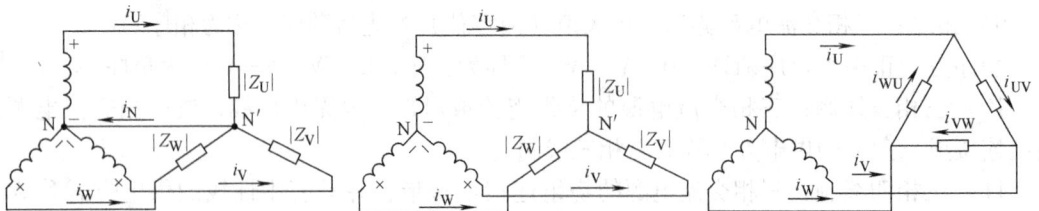

图 1-278 三相负载的连接方式

3）对称三相交流电路：三相交流电源和三相负载都对称的电路称为对称三相交流电路。

4）负载的电压、电流和代号：

① 负载的相电压：每相负载两端的电压，代号为 U_{YP}，$U_{\triangle P}$；

② 负载的线电压：相线与相线之间的电压，等于电源的线电压，代号为 U_{YL}，$U_{\triangle L}$；

③ 负载的相电流：流过每相负载的电流，代号为 I_{YP}，$I_{\triangle P}$；

④ 负载的线电流：每根相线上的电流，代号为 I_{YL}，$I_{\triangle L}$。

5）三相四线制电路的计算：

① 负载的相电压：无论负载是否对称，负载的相电压总是等于电源的相电压，即

$$U_{YP} = U_P$$

② 负载的线电压：无论负载是否对称，负载的线电压总是等于电源的线电压，即

$$U_{YL} = U_L$$

③ 负载的线电压与相电压之间的关系为

$$U_{YL} = \sqrt{3} U_{YP}$$

④ 负载的相电流为

$$I_{YP} = \frac{U_{YP}}{Z_P}$$

⑤ 负载的线电流：无论负载是否对称（是否有中性线），负载的线电流与相应的相电流相等。

6）中性线上的电流：三相负载对称时中性线上的电流为零，如图 1-279 所示；三相负载不对称时可按各相电流的旋转矢量加减法来计算。

7）中性线的作用：中性线对于电路正常工作及安全用电非常重要，它可以保证不对称三相负载电路的电压（相电压）对称，以防止发生事故。

8）中性线的安装和使用时应注意的问题：在确保三相负载是对称的情况下，才能去掉中性线；一般情况下，特别是民用电路（照明电路）必须采用三相四线制电路，且中性线上不可以装开关！不可以接熔丝！并且要确保中性线的安装牢固、可靠。

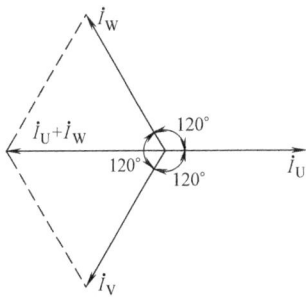

图 1-279 中性线上的电流

9）负载作三角形联结时，负载电压与电流的计算。

① 负载的相电压：无论负载是否对称，负载的相电压总是等于电源的线电压，即

$$U_{\triangle P} = U_L$$

② 负载的线电压：无论负载是否对称，负载的线电压等于负载的相电压，即

$$U_{\triangle L} = U_{\triangle P}$$

③ 负载的相电流：对于对称三相负载，负载上各相电流均相等，即

$$I_{\triangle P} = \frac{U_{\triangle P}}{Z_P}$$

④ 负载的线电流：对于对称三相负载，负载的线电流等于相电流的 $\sqrt{3}$ 倍，即

$$I_{\triangle L} = \sqrt{3} I_{\triangle P}$$

⑤ 对称三相负载的线电流与相电流的相位关系：负载的线电流滞后相应的相电流相位 $30°$，如图 1-280 所示。

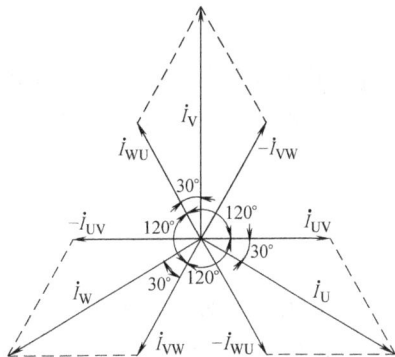

图 1-280 对称三角形负载的电流旋转矢量图

★**常见题型**

1）如图 1-281 所示的三相交流电源采用星形联结而负载采用三角形联结，电源的相电压为 220V，三相负载对称，阻值都是 110Ω，下列叙述中正确的是（ ）。

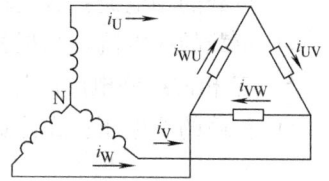

图 1-281 题1）图

A. 加在负载上的电压为 220V

B. 通过各相负载的相电流为 38/11A

C. 电路中的线电流为 76/11A

D. 电路中的线电流为 38/11A

*2）如图 1-282 所示三相照明电路中，三相电阻（白炽灯）分别为 $R_1 = 30\Omega$，$R_2 = 30\Omega$，$R_3 = 10\Omega$，额定电压均为 220V，将它们联结成星形接到线电压为 380V 的三相四线制电路中。试求：

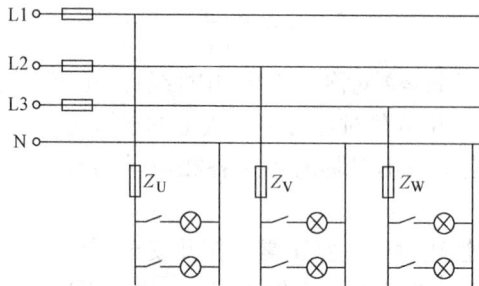

图 1-282 题2）图

① 各相电流、线电流和中性线上的电流；

② 若中性线因故断开，L1 相灯全部关闭（开关断开），L2、L3 两相灯全部工作，那么 L2 相和 L3 相的电流有多大？会出现什么情况？为什么？

【知识要点三】 三相交流电路的功率

1）对称三相交流电路的功率公式（公式中的 φ 是相电压与相电流之间的相位差）

$$P = 3U_P I_P \cos\varphi = \sqrt{3} U_L I_L \cos\varphi$$

$$Q = \sqrt{3} U_L I_L \sin\varphi$$

$$S = \sqrt{3} U_L I_L = \sqrt{P^2 + Q^2}$$

2）两种负载的连接方式之间的线电流、总有功功率的关系：在同一个对称三相交流电源的作用下，同一组对称三相负载作三角形联结时的线电流是作星形联结时线电流的 3 倍；在同一个对称三相交流电源的作用下，同一组对称三相负载作三角形联结时的总有功功率是作星形联结时的总有功功率的 3 倍。

★ 常见题型

图 1-283 中 a 与 b 均为对称三相交流电路，每相负载 $R = 8\Omega$，$X_L = 6\Omega$，电源的线电压为 380V。求：

1）a 图和 b 图中负载的连接方式；

2）a 图中负载的相电流、线电流和三相交流电路的总有功功率、无功功率及视在功率；

3）b 图中负载的相电流、线电流和三相交流电路的总有功功率、无功功率及视在功率。

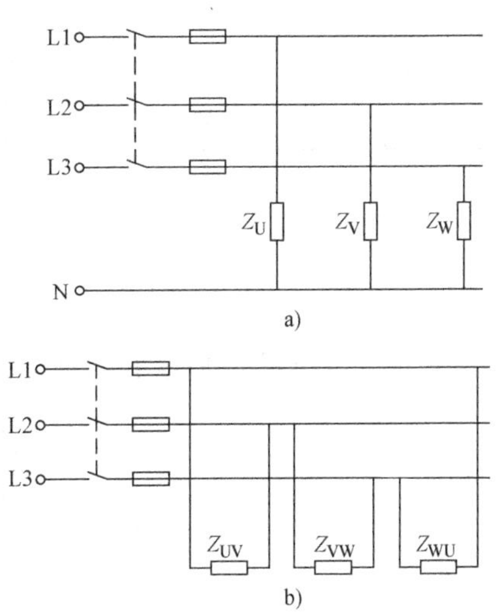

图 1-283 对称三相交流电路

【知识要点四】 安全用电

1）人体电阻约为 800Ω，出汗时会更小。

2）频率为 50～100Hz 的电流对人体最危险，随频率升高，危险性减小。

3）人体安全电流为小于 50mA。

4）规定 36V 以下为安全电压，遇潮湿等情况，安全电压等级通常降到 24V 甚至 12V。

5）常见的触电方式：

① 单相触电：人体两端电压是相电压（220V）；

② 两相触电：人体两端电压是线电压（380V）。

6）触电对人体的伤害程度主要决定于触电时通过人体的电流大小，还决定于通电持续的时间、电流的频率、电流的途径以及人体状况等因素。

7）电气设备的常用保护措施：

① 保护接地：将电气设备的金属外壳用足够粗的导线与大地可靠地连接起来的方式。

② 保护接零：将电气设备的金属外壳与供电系统的零线可靠地连接起来的方式。

8）在同一个供电线路上不允许一部分电气设备保护接零、另一部分电气设备保护接地。

9）电火灾常用的灭火器为：1211 灭火器、二氧化碳灭火器、干粉灭火器，不能用普通的泡沫灭火器。

10）按国家标准：

①供电系统工作接地、电气设备保护接地，宜共用接地装置，其接地电阻不应大于 4Ω；

②低压配电线路中，引入建筑物电源线路的中性点应重复接地，接地电阻不应大于 10Ω。

11）电事故的正确处理顺序：首先切断电源；实施抢救同时通知 110 或 120。

★ 常见题型

1）判断。图 1-284 中正确的图是（　　　　）。

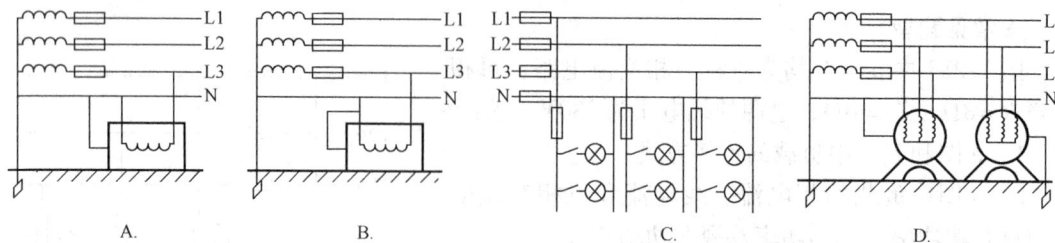

图 1-284　题 1）图

2）在如图 1-285 所示的三种触电情况中，最为危险的触电情况应是（　　　　　）。

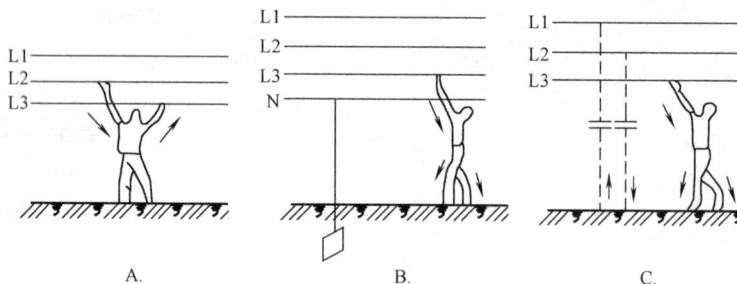

图 1-285　题 2）图

3）如果某触电者呼吸与心跳均已停止，则应该采取的救护方法是（　　　　　）。

A. 立即施行人工呼吸

B. 立即采取胸外心脏按压法

C. 同时采用人工呼吸法和胸外心脏按压法

三相交流电路（基本概念）——练习卷1

班级_____ 学号_____ 姓名_____ 成绩_____

一、三相交流电源

1. 对称三相交流电源是一种能够提供三个振幅_____、频率_____、初相位依次相差_____的交流电动势的电源。

2. 三相交流电是由三相交流发电机利用_____原理产生的。三相交流发电机的主要组成部分是_____和_____。转子是转动的_____，定子是三个完全相同的_____。

3. 对称三相交流电源的电动势的瞬时值表达式为：e_U = _____；e_V = _____；e_W = _____。

4. 可以根据下面对称三相电动势的波形图（图1-286）画出其相量图，由相量图可推断出：对称三相电动势在任一瞬间的代数和为_____。

5. 三相交流电的相序是指：三相交流电动势达到_____（或零值）的先后顺序。它包括_____和_____两种，即：U—V—W—U 是_____；U—W—V—U 是_____。

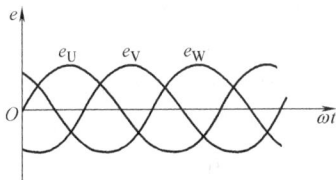

图1-286 题4）图

6. 三相交流电源绕组的接法有_____接法和_____接法两种。常见的是_____接法，绕组的末端连接成的一个公共接点称_____，或称_____。中性点引出的导线称_____，或称_____。绕组的首端引出的三根导线（U 线、V 线、W 线）称_____，俗称_____，分别用_____、_____、_____三种颜色表示。

7. 在三相交流电路中，三相三线制是指：电源只有_____线的输电方式；三相四线制是指：电源有_____线和_____线的输电方式。

8. 三相三线制交流电源只能输出_____种电压，而三相四线制电源可以输出_____种电压，即_____和_____。

9. 线电压是_____线与_____线之间的电压；相电压是____线与_____线之间的电压。

10. 星形联结的对称三相交流电源，线电压和相电压的相量关系是：线电压_____相应的相电压_____，线电压和相电压的大小关系是：线电压是相电压的_____倍，关系式为 U_L = _____。

11. 通常我国低压配电线路中，线电压为_____V，相电压为_____V。

12. 应用：某个定子绕组接成星形联结的三相交流发电机，相线和相线之间的电压为660V。问：相线与中性线之间的电压为多少？

二、三相负载的接法

1. 三相负载可分为＿＿＿＿＿三相负载和＿＿＿＿＿三相负载两种。如果各相负载的＿＿＿＿和＿＿＿＿完全相同，则称为对称三相负载，如三相＿＿＿＿、三相＿＿＿＿和三相电炉等；＿＿＿＿电路中的负载是典型的不对称三相负载。

2. 三相负载的连接方式可分为＿＿＿＿联结和＿＿＿＿联结两种。星形联结方式又可以分为带有＿＿＿＿的星形联结方式和无中性线的星形联结方式两种。

3. 对称三相交流电路是由＿＿＿＿交流电源和＿＿＿＿连接组成的三相交流电路。

4. 加在某一相负载两端的电压称为该相负载的＿＿＿＿电压，流过某一相负载的电流称为该相负载的＿＿＿＿电流。

5. 三相四线制交流电路中，若忽略了输电线上的电阻，无论负载是否对称，负载的线电压总是等于电源的＿＿＿＿，负载的相电压总是等于电源的＿＿＿＿。

6. 在负载作星形联结的三相交流电路中，无论线路是否具有中性线，无论负载是否对称，负载的相电流与线电流总是＿＿＿＿。当三相负载对称时，相电流、线电流也是＿＿＿＿的。

7. 如果三相负载是对称的，则中性线上的电流等于＿＿＿＿；如果三相负载是不对称的，则中性线上的电流可按＿＿＿＿的几何作图法来计算。

8. 在三相四线制交流电路中，中性线对于电路正常工作及安全用电非常重要，中性线的作用是可以保证＿＿＿＿三相负载电路的＿＿＿＿对称。因此中性线在使用时要注意中性线上不可以装＿＿＿＿，不可以接＿＿＿＿，并确保中性线的安装＿＿＿＿。

9. 三相负载作三角形联结时，无论负载是否对称，负载的＿＿＿＿总是等于负载的线电压，若忽略了输电线上的电阻，那么负载的相电压总是等于电源的＿＿＿＿电压。

10. 无论三相负载作星形联结还是作三角形联结，无论三相负载是否对称，负载的相电流总是等于＿＿＿＿电压除以该相负载的＿＿＿＿。

11. 对称三相负载作三角形联结时，负载的线电流等于相电流的＿＿＿＿倍，且线电流的相位＿＿＿＿相应的相电流相位＿＿＿＿。

12. 负载连接方式的选择：负载的额定电压等于电源的线电压的 $1/\sqrt{3}$ 倍时，应该采用＿＿＿＿联结；负载的额定电压等于电源的线电压时，应该采用＿＿＿＿联结。

13. 应用：

1）有三个 100Ω 的电阻，将它们先后连接成星形和三角形后，分别接到线电压为 380V 的对称三相交流电源上。试求：负载的线电压、相电压、线电流和相电流各是多少？

2）回答下列问题：

① 负载的额定电压等于电源的线电压的 $1/\sqrt{3}$ 时，应该采用_____；

② 负载的额定电压等于电源的线电压时，应该采用_____；

③ 三相异步电动机上常有这样的标牌：220/380（V）△/丫，说明负载的额定电压是_____V。

在电源的线电压是 380V 时，电动机的绕组应该采用_____联结；

在电源的线电压是 220V 时，电动机的绕组应该采用_____联结。

3）对称三相电源给三角形联结的负载供电，若不计输电线上的阻抗，以下错误的是（　　）。

A. 无论负载对称与否，负载的三个线电压总是对称的

B. 无论负载对称与否，负载的三个线电流总是对称的

C. 若负载是对称的，则负载各线电流滞后于对应的相电流 30°

D. 当负载相电流对称时，线电流也是对称的

三、三相交流电路的功率

1. 在三相交流电路中，不论三相负载是星形联结还是三角形联结，不论负载是否对称，三相负载的总有功功率总是等于各相负载的_____。

2. 对称三相负载功率的公式：

1）总有功功率_____；

2）总无功功率_____；

3）总视在功率_____。

3. 在同一个对称三相交流电源作用下，同一组对称三相负载作三角形联结时的线电流是作星形联结时的线电流的_____倍；同样，在同一个对称三相交流电源作用下，同一组对称三相负载作三角形联结时的总有功功率是作星形联结时的总有功功率的_____倍。

4. 应用：有一组对称三相负载，每相电阻 $R=40\Omega$，感抗 $X_{\text{L}}=30\Omega$，分别接成星形、三角形后接到线电压为 380V 的对称三相交流电源上。试求：

1）负载作星形联结时的相电流、线电流和三相总有功功率；

2）负载作三角形联结时的相电流、线电流和三相总有功功率。

四、安全用电

1. 对人体最危险的电流频率是_____ ~ _____Hz，随着频率升高，危险性_____。

2. 人体电阻约为800Ω，出汗时更_____。

3. 人体安全电压是指_____V 以下的电压，潮湿时为_____V 或_____V 以下的电压。

4. 常见的触电方式：

1）_____相触电：人体两端是_____电压；

2）_____相触电：人体两端是_____电压。

5. 触电对人体的伤害程度主要决定于_____。

6. 将电气设备不带电的_____用足够粗的导线与大地可靠地连接起来的方式叫电气设备的_____；将电气设备不带电的_____与供电系统的零线（中性线）可靠地连接起来的方式叫电气设备的_____。但必须注意：在同一个供电线路上_____一部分电气设备采用保护接零、另一部分电气设备采用_____。

7. 在日常生活中，为防止发生触电事故，除了应注意开关必须安装在_____线上，除了合理选择导线与_____丝以外，对电气设备还必须采取以下防护措施：

1）正确安装和使用电气设备；

2）电气设备的_____或_____；

3）使用_____装置等。

8. 电事故处理顺序是：_____、_____，同时_____。

9. 为了安全用电，一切电工作业都必须按照_____进行。

三相交流电路——练习卷 2

班级_____ 学号_____ 姓名_____ 成绩_____

一、判断题

1. 若对称三相交流电源的正序是 U—V—W—U，则 U—W—V—U 是负序。 （   ）

2. 在电力工程中把振幅相等、频率相同、彼此相位差为 120° 的三相电动势叫做对称三相电动势。 （   ）

3. 当三相负载越接近对称时，中性线上的电流值就越小。 （   ）

4. 在三相交流电路中，△联结的三相负载不论是否对称，各负载的相电压均对称，均为对称三相交流电源的线电压。 （   ）

5. 采用三相四线制供电时，中性线可以安装熔丝或开关。 （   ）

6. 当三相负载作星形联结时，必须要有中性线。 （   ）

7. 在对称三相交流电路中，三相负载作三角形联结时，线电流必为相电流的 3 倍。 （   ）

8. 在三相交流电路中当输电线的电阻可忽略时，Y联结的三相负载的相电压与电源的相电压相等。 （   ）

9. 在三相交流电路中，中性线就是地线。 （   ）

10. 在对称三相交流电路中，三相负载作星形联结时，其线电压必为相电压的 $\sqrt{3}$ 倍。 （   ）

11. 同一个对称三相交流电源，同一组对称三相负载，负载作△联结时的总有功功率与作星形联结时的总有功功率相等，都可用 $P = \sqrt{3}U_{\mathrm{L}}I_{\mathrm{L}}\cos\varphi$ 的公式计算。 （   ）

二、选择题

1. 一个三相四线制供电线路中，相电压为 220V，则火线与火线间的电压为 （   ）。

   A. 220V   B. 311V   C. 380V

2. 下列有关中性线的描述中正确的结论是 （   ）。

   A. 对称三相负载作星形联结时，中性线里的电流为零，可以去掉

   B. 只要三相负载作星形联结，必有中性线

   C. 一般来说，三相照明线路作星形联结时的中性线可以去掉

3. 有一个三相电阻炉，每相电阻丝的阻值为 3.23Ω，额定电流为 68A，电源线电压为 380V，则该电炉负载应接成 （   ）。

   A. 三角形   B. 星形   C. 不能接在该电源上使用

4. 三相交流电动机每绕组的额定电压为 380V，当三个绕组接成Y形时，所需电源线电压的数值为 （   ）。

   A. 220V   B. 380V   C. 660V

5. 与单相交流电路比较，三相交流电路的主要优点是 （   ）。

   A. 电压高   B. 功率大   C. 使用安全

6. 下列各结论中正确的是 （   ）。

   A. 负载接成星形时，无论是否对称，负载两端的电压是电源线电压的 1 倍

B. 负载接成三角形时，无论是否对称，负载两端的电压等于电源的线电压

C. 负载接成三角形时，无论是否对称，流经负载的电流等于线电流的 1 倍

7. 对称三相交流电源接不对称三相负载成星形联结有中性线时，下列答案中正确的是(   )。

    A. 各相负载上电流对称   B. 各相负载上电压对称

    C. 各相负载上电压、电流均对称

8. 已知某一对称的三相四线制电路的线电流为 8A，当将其中的两相负载的电流减至 4A 时，则中性线上的电流变为 (   )。

    A. 12A   B. 4A   C. 2A   D. 0

9. 在三相交流电路中，当一相负载改变时不会对其他相负载产生影响的负载连接方式是(   )。

    A. 星形联结、有中性线   B. 星形联结、无中性线

    C. 三角形联结

10. 在如图 1-287 所示的各电路中，各电阻值 $R_1 = R_2 = R_3$，电源线电压为 380V，当开关 S 断开时，R_3 上电压最低的图是 (   )。

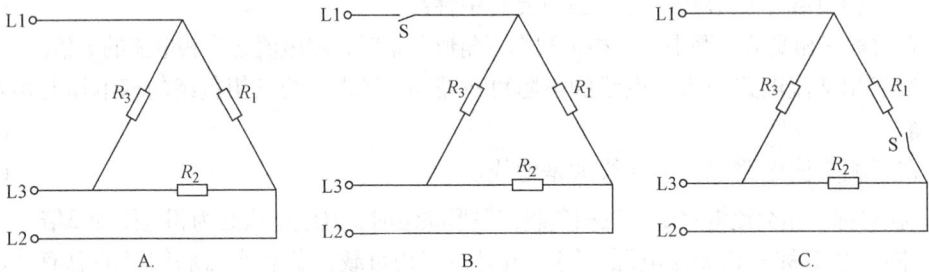

图 1-287　题 10 图

三、填空题

1. 三相交流电路中的三相负载，可分为＿＿＿＿三相负载和＿＿＿＿＿三相负载两种情况。

2. 在对称三相交流电源作用下，流过对称三相负载的各相电流大小＿＿＿＿，各相电流的相位差为＿＿＿＿。对称三相负载作星形联结时的中性线上电流为＿＿＿＿。

3. 三相照明电路必须采用＿＿＿＿＿＿＿＿制供电方式。

4. 在三相交流电路中无论负载是否对称，三相负载的有功功率等于＿＿＿＿＿＿＿＿＿＿＿之和，而对称三相负载，不论是星形联结还是三角形联结，总有功功率等于 $\sqrt{3}$＿＿＿＿＿，总无功功率等于 $\sqrt{3}$＿＿＿＿＿＿，总视在功率等于 $\sqrt{3}$＿＿＿＿＿＿。

四、计算题

1. 有一块实验板如图 1-288 所示，A、B、C 为三根相线，N 为中性线。请完成线路的连接，按每相负载均匀的原则，将"220V、40W"的白炽灯负载接入线电压为 380V 的三相交流电源上，使各灯都能正常发光。问：

连接好上题后，A 相开两盏灯，B 相开一盏

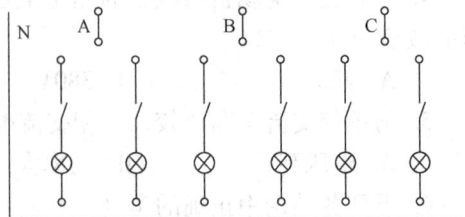

图 1-288　题 1 图

灯，而 C 相不开灯的情况下，若连接好中性线，电灯能正常发光吗？为什么？

2. 某对称三相负载，其阻值均为 R，将它们接成星形或三角形后，分别接到线电压为 U_L 的对称三相交流电源上，如图 1-289 所示。试求：负载两种接线情况下的线电压、相电压、相电流和线电流以及总消耗功率各是多少？这两种负载连接方式之间的线电流有什么特点？总消耗功率之间又有什么特点？

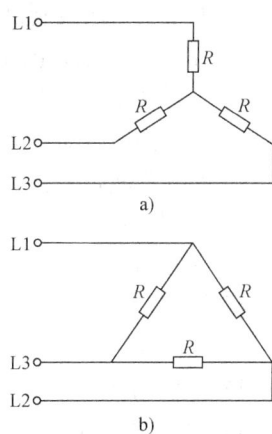

图 1-289 题 2 图
a）星形联结　b）三角形联结

三相交流电路（安全用电）——练习卷3

班级_____ 学号_____ 姓名_____ 成绩_____

一、判断题

1. 触电时频率越高的电流，对人体越危险。 （ ）

2. 我国规定36V作为移动电器的安全电压，没有例外。 （ ）

3. 把用电器的外壳接到用电器电源线的零线上就是电气设备的保护接零。 （ ）

4. 据统计，人体的电阻约为800~1000Ω，当皮肤出汗时人体电阻还会增大。 （ ）

5. 采用三相四线制供电时，中性线可以接开关，以便灵活控制线路。 （ ）

6. 对称三相交流电路的中性线上电流等于零。 （ ）

7. 遇到高压线落地时，人不要走近着地点，以防跨步电压触电。 （ ）

8. 保护接地最简单的方法是借用自来水管作为接地极。 （ ）

9. 触电者能否获救，决定于尽快脱离电源和正确的紧急救护。 （ ）

10. 电击伤人的程度主要决定于流过人体电流的频率大小。 （ ）

11. 尽量避免带电操作，手湿时更应避免带电操作，在进行必要的带电操作时，应尽量单手操作，同时最好有人监护。 （ ）

12. 对于中性点接地的三相四线制系统，采用保护接地能有效防止触电事故。 （ ）

13. 在保护接零的中性线上装设熔断器之类的切断装置是行之有效的保护措施。 （ ）

14. 有了正确的接地或接零保护措施，就能杜绝一切触电事故。 （ ）

15. 电事故的处理顺序是急救—切断电源—打电话援助。 （ ）

二、填空题

1. 实践证明，频率为50~100Hz的电流对人体最_____，随频率的提高危险性_____。

2. 三相四线制电源，可以提供_____种电压，分别叫_____和_____。

3. 为了防止供电系统零线的断裂，在交流电路中广泛使用重复_____。

4. 不对称三相负载作星形联结时（如照明电路），必须采用三相_____线制供电。

5. 在三相三线制电源或中性线不直接接地的电网中，把电气设备不带电的金属外壳用足够粗的导线与_____可靠地连接起来，称_____；在三相四线制的中性线直接接地的电网中，将电气设备不带电的金属外壳与_____可靠地连接起来，称_____。

6. 在同一供电线路中，_____一部分电气设备采用保护接地，另一部分电气设备采用保护接零。

7. 常见的人体触电方式有_____相触电，人体两端是_____电压；_____相触电，人体两端是_____电压。其中_____相触电方式对人体更危险。

8. 规定人体的安全电压为低于_____，环境潮湿时应该低于_____或_____。

三、选择题

1. 供电系统工作接地和重复接地时，其接地电阻分别应不大于（ ）。

    A. 10Ω、4Ω   B. 4Ω、10Ω   C. 8Ω、20Ω   D. 20Ω、8Ω

2. 发生电火警时，不应选用的灭火器是（   ）。

　　A. 二氧化碳灭火器　　B. 1211 灭火器　　　C. 普通灭火器

3. 在三相交流电源的中性点不接地的系统中，常用的电气设备保护措施是（   ）。

　　A. 保护接零　　　　　B. 保护接地　　　　　C. 既保护接零又保护接地

4. 用足够粗的导线将电气设备的金属外壳与大地连接起来，叫做（   ）。

　　A. 工作接地　　　　　B. 重复接地　　　　　C. 保护接地

5. 如果三相电炉的额定电压为380V，当三相交流电源线电压也是380V时，电炉应接成（   ）。

　　A. 三角形　　　　　　B. 星形　　　　　　　C. 不能接在该电源上使用

6. 下列有关中性线的描述中正确的结论是（   ）。

　　A. 三相负载作星形联结时，中性线可以去掉

　　B. 中性线的作用是保证不对称三相负载的相电流对称

　　C. 三相照明线路作星形联结时的中性线不可以去掉

7. 如果三相电动机每个绕组的额定电压为220V，当该三个绕组接成△时，电源线电压应为（   ）。

　　A. 220V　　　　　　　B. 380V　　　　　　　C. 660V

8. 下列负载中不适合三相三线制输电线路的是（   ）。

　　A. 三相交流电动机　　　　　　　B. 高压输电线路

　　C. 三相照明电路　　　　　　　　D. 三相变压器

9. 为了保证三相四线制的低压供电系统的中性线有良好的接地，措施是（   ）。

　　A. 既作工作接地又作保护接地

　　B. 既作保护接地又作重复接地

　　C. 既作保护接零又作保护接地

　　D. 既作工作接地又作重复接地

10. 如图 1-290 所示，用电器所选用的安全防护措施是（   ）。

　　A. 左图是保护接零，右图是保护接地

　　B. 左图是保护接地，右图是保护接零

　　C. 两图都是保护接地

　　D. 两图都是保护接零

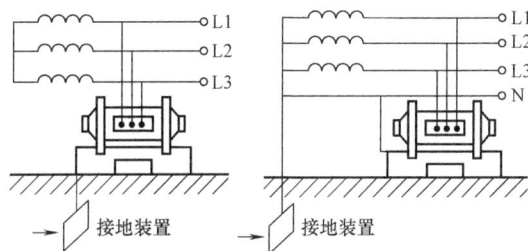

图 1-290　题 10 图

11. 图 1-291 中正确接线的电路是 (　　)。

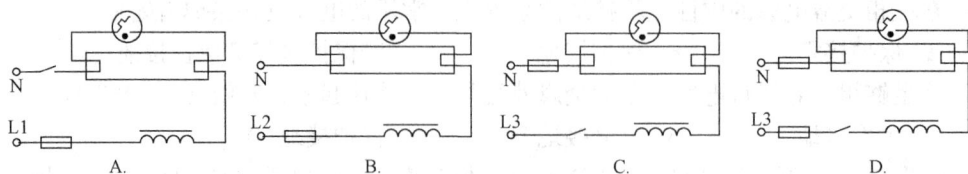

图 1-291　题 11 图

12. 如果发现有人发生触电事故，首先必须 (　　)。
    A. 尽快使触电者脱离电源
    B. 立即进行现场紧急救护
    C. 迅速打电话叫救护车
13. 发生电火警时，正确的紧急处理方法是 (　　)。
    A. 首先切断电源，然后救火，同时报警
    B. 首先报警，然后救火，最后切断电源
    C. 首先救火，然后报警，最后切断电源

三相交流电路——复习卷

班级_____ 学号_____ 姓名_____ 成绩_____

一、三相交流电源

1. 对称三相交流电源电动势的瞬时值表达式为：$e_U = $ _____，
$e_V = $ _____，$e_W = $ _____。

2. 三相四线制电源输出电压的特点：①能输出_____，即_____和_____；②两种电压的大小关系_____；③两种电压的相位关系_____。

3. 三相交流电的正序是_____，负序是_____。

4. 对称三相交流电源是指电源的各相电动势的_____相等、_____相同、相位_____。

5. 三相四线制电源的相电压在数值上等于三相发电机（忽略内阻）各相绕组的_____，照明电路必须采用_____制。

二、三相负载的连接

1. 负载的星形接法：

1）对称三相负载作星形联结时的相电压与线电压的关系：$U_{YP} = $ _____。

2）对称三相负载作星形联结时的相电流与线电流的关系：$I_{YL} = $ _____。

3）对称三相负载作星形联结时的相电流计算：$I_{YP} = $ _____。

4）对称三相负载作星形联结时中性线上的电流：$I_N = $ _____。

5）不对称三相负载作星形联结时中性线上的电流计算：_____。

2. 在三相交流电路中，中性线的作用是_____，应注意的问题是_____。

3. 负载的三角形接法：

1）对称三相负载作三角形联结时的相电压与线电压的关系：$U_{\triangle P} = $ _____；

2）对称三相负载作三角形联结时的相电流与线电流的关系：$I_{\triangle L} = $ _____；

3）对称三相负载作三角形联结时的相电流计算：$I_{\triangle P} = $ _____。

4. 星形联结的对称三相负载，各相的电阻均为 $R = 24\Omega$，感抗均为 $X_L = 32\Omega$，接到线电压为 380V 的三相交流电源上。试求：负载的相电压、相电流和线电流。

三、三相交流电路的功率

1. 对称三相交流电路的总有功功率：$P = $ _____ = _____。总无功功率：$Q = $ _____。总视在功率：$S = $ _____。

2. 有一组对称三相负载，每相电阻 $R = 3\Omega$，感抗 $X_L = 4\Omega$，分别接成星形、三角形后接到线电压为 380V 的对称三相交流电源上。试求：

1）负载作星形联结时的相电流、线电流和三相总有功功率；

2）负载作三角形联结时的相电流、线电流和三相总有功功率。

*3. 如图 1-292 所示，已知三相交流电源的电压为 380V，三个负载电阻、电感和电容分别接在 L1、L2、L3 三相上，且 $R = X_L = X_C = 10\Omega$。试问：

1）是否可以说三相负载是对称的？

2）求各相负载的相电流、线电流以及三相有功功率；

3）用电压、电流的相量图计算中性线上的电流。

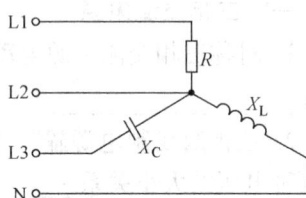

图 1-292　题 3 图

四、安全用电

1. 对人体最危险的电源频率为＿＿＿＿＿＿＿＿＿。

2. 安全电压为低于＿＿＿＿＿，环境潮湿时为低于＿＿＿＿＿或低于＿＿＿＿＿。

3. 触电方式有＿＿＿＿＿＿＿＿＿、＿＿＿＿＿＿＿＿＿和＿＿＿＿＿＿＿＿＿。

4. 电气设备的保护措施有＿＿＿＿＿＿＿＿＿和＿＿＿＿＿＿＿＿＿。

5. 在安装线路时，必须把开关接在＿＿＿＿＿线上；中性线上不能接＿＿＿＿＿和＿＿＿＿＿。

6. 影响人体触电伤害程度的主要因素是＿＿＿＿＿＿＿＿＿＿＿＿＿＿＿。

三相交流电路（综合）——测验卷

班级_____　学号_____　姓名_____　成绩_____

一、判断题（每小题 2 分，共 20 分）

1. 相序是指三相电动势达到最大值（或零值）的顺序。　　　　　　　　（　　）
2. 对称三相负载作星形联结时多采用三相三线制供电。　　　　　　　　（　　）
3. 在三相交流电路中计算三相负载的总有功功率可以用公式 $P = \sqrt{3}\,U_\mathrm{P}I_\mathrm{P}\cos\varphi$。（　　）
4. 不对称三相负载作星形联结时，为保证各相电压对称，必须采用三相四线制。

　　　　　　　　　　　　　　　　　　　　　　　　　　　　　　（　　）

5. 三相四线制供电线路中，中性线电流为三相负载上电流的代数和。　　（　　）
6. 所谓三相负载对称，是指每一相负载的阻抗大小都应该相等。　　　　（　　）
7. 电力工程上常采用黄、绿、红三种颜色分别表示 U、V、W 三根相线。　（　　）
8. 三相四线制电源的线电压在数值上等于发电机（忽略内阻）各相绕组的电动势。

　　　　　　　　　　　　　　　　　　　　　　　　　　　　　　（　　）

9. 同一个对称三相交流电源，同一组对称三相负载，负载作星形联结时的线电流是作三角形联结时的线电流的 3 倍。　　　　　　　　　　　　　　　　　　（　　）

10. 当对称三相交流电源的相电压一定时，Y—Y 与 △—△ 联结的对称三相交流电路的功率相同。　　　　　　　　　　　　　　　　　　　　　　　　　　　　　　（　　）

二、选择题（每小题 2 分，共 20 分）

1. 已知对称三相交流电源的 V 相电压为 $E_\mathrm{V} = 380\sin 314t$ V，则 U 相和 W 相为（　　）。
   A. $E_\mathrm{U} = 380\sin(314t + \pi/3)$ V，$E_\mathrm{W} = 380\sin(314t - \pi/3)$ V
   B. $E_\mathrm{U} = 380\sin(314t - \pi/3)$ V，$E_\mathrm{W} = 380\sin(314t + \pi/3)$ V
   C. $E_\mathrm{U} = 380\sin(314t + 2/3\pi)$ V，$E_\mathrm{W} = 380\sin(314t - 2/3\pi)$ V

2. 若要求三相负载互不影响，则三相负载应连接成（　　）。
   A. 星形有中性线　　　　　　　B. 星形无中性线　　　　　　　C. 三角形

3. 下列关于对称三相交流电路的描述正确的是（　　）。
   A. 三相交流电源对称的三相交流电路
   B. 三相负载对称的三相交流电路
   C. 三相交流电源和三相负载都是对称的三相交流电路

4. 在三相四线制交流电路中，每一相都接一盏白炽灯，且每盏灯都能正常发光，如果断开中性线，则（　　）。
   A. 三个灯都将变暗　　　　　　B. 三个灯仍能正常发光
   C. 三个灯都将因过亮而烧毁　　D. 三个灯立即熄灭

5. 在上题中，如果中性线断开，有一相也断开，那么（　　）。
   A. 两个灯仍能正常发光　　　　B. 两个灯都将变暗
   C. 两个灯都将因过亮而烧毁　　D. 两个灯立即熄灭

6. 在第 4 题中，如果中性线断开，有一相短路，那么其他（   ）。
    A. 两个灯仍能正常发光   B. 两个灯都将变暗
    C. 两个灯都将因过亮而烧毁   D. 两个灯立即熄灭

7. 如图 1-293 所示，电源为对称三相交流电源，三个电阻 R_1、R_2 和 R_3 的阻值相等，电压表读数为 220V，当负载 R_3 发生短路时，电压表读数为（   ）。
    A. 380V   B. 220V
    C. 0   D. 160V

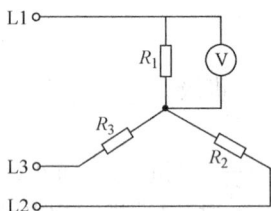

图 1-293　题 7 图

8. 指出图 1-294 中三相负载作星形联结的是（   ）。

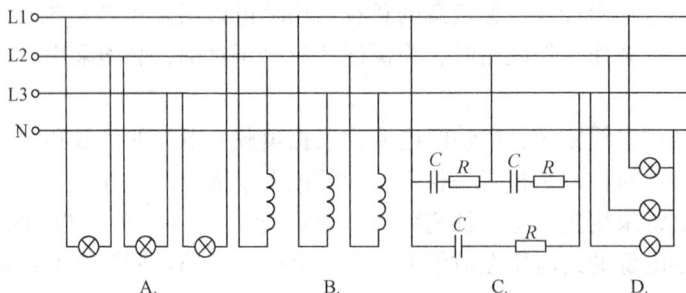

图 1-294　题 8 图

9. 在图 1-295 所示的各三相交流电路中，$R_1 = R_2 = R_3$，电源线电压为 380V，其中 R_3 上电压最高的图是（   ）。

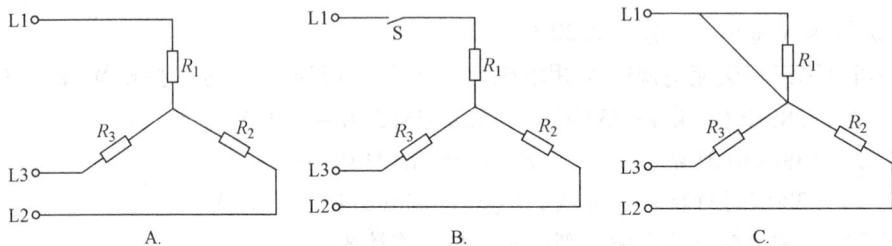

图 1-295　题 9 图

10. 某三相电器的铭牌上写有 220/380—△/Ｙ，这表明该电器可在（   ）。
    A. 电源线电压 220V 下接成△形，或者在线电压 380V 下接成Ｙ形，两者功率相等
    B. 电源相电压 220V 下接成△形，或者在相电压 380V 下接成Ｙ形，两者功率相等
    C. 既可接成△形，也可接成Ｙ形，但两者功率不相等

三、填空题（每空 1 分，共 20 分）

1. 通常三相负载可分为＿＿＿＿＿＿三相负载和＿＿＿＿＿＿＿三相负载两种。如果三相负载的＿＿＿＿＿和＿＿＿＿＿＿完全相同，称为对称三相负载；三相照明电路的负载是典型的＿＿＿＿＿三相负载。因此，照明电路必须采用＿＿＿＿＿＿制，而且开关要接在＿＿＿＿线上；更要注意的是中性线上不能安装＿＿＿＿＿、＿＿＿＿＿，中性线的安装一定要牢固、可靠。

2. 负载作星形联结又具有中性线，并且输电线的电阻可以被忽略时，负载的相电压与电源的相电压_____，负载的线电压与电源的线电压_____。负载的线电压与相电压的大小关系为_____，相位关系为_____。

3. 在三相交流电路中，三相交流发电机的三个绕组中的对称三相电动势达到最大值的时间依次落后_____周期。

4. 星形联结的对称三相负载，当电源的线电压为220V时，负载的相电压等于_____V。

5. 若已知某一三相动力供电线路的电压是380 V，则该线路中，任意两根相线之间的电压称为_____，它的有效值是_____。

6. 三相电动机接在三相交流电路中，若其额定电压等于电源的线电压，应作_____联结，若其额定电压等于电源线电压的 $1/\sqrt{3}$，则应作_____联结。

7. 负载作△形联结时只能形成_____制电路。

四、综合应用题 （任选四题，每小题10分，共40分）

1. 有 "220V 100W" 的电灯66盏，应如何合理地接入线电压为380V的三相四线制电路中？当66盏电灯全部正常使用时的线电流有多大？

2. 请回答下列问题：

1）有三根额定电压为220V，功率为1kW的电热丝，接到线电压是380V的三相交流电源上，应采用何种接法？

2）如果另有三根电热丝，每根的额定值为 "380V、1kW"，又该采用何种接法？

3）把上述六根电热丝接成一只电热器，接到线电压为380V的三相交流电源上，应如何连接（画出电路图），这只电热器的功率是多大？

3. 星形联结的对称三相负载，各相负载的阻抗为 $R = 303\Omega$，$X = 230\Omega$，接到线电压为380V的三相交流电源上。试求：负载的相电压、相电流、线电流及三相总有功功率、无功功率和视在功率（提示：$303^2 + 230^2 \approx 380^2$）。

*4. 某建筑物有三层楼，每一层的照明分别由三相交流电源的各相供电，电源电压为380/220V，每层楼装有220V\100W 的白炽灯 10 只。

1）画出各灯接到电源的电路图。

2）该建筑物电灯全部开亮时的线电流和中性线上的电流各为多少？

3）若第一层电灯全部关闭，第二层电灯全部开亮，第三层开了一只灯，而电源中性线因故断掉，这时第二、第三层楼的电灯两端电压各为多少？

*5. 三相对称交流电路如图 1-296 所示，已知电源线电压为 220V，当两只开关都闭合时，三只电流表的读数均为 17.32A，三相总有功功率为 $P = 4.5kW$。求：

1）每相负载的电阻和感抗；

2）当 S_1 闭合、S_2 断开时，各电流表的读数和三相总有功功率；

3）当 S_1 断开、S_2 闭合时，各电流表的读数和三相总有功功率。

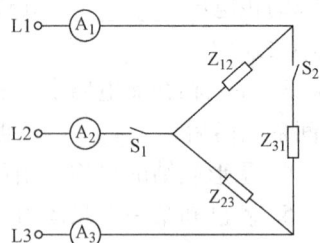

图 1-296　题 5 图

*6. 要做一个 12kW 的三相电阻加热炉，已知电源线电压为 380V，能供给的最大电流为 20A，而库存的电阻丝的额定电流为 12A，问若采用这种库存电阻丝做 12kW 的三相电阻加热炉时，有几种连接方法？采用不同的连接方法时，每相电阻值为多少？并说明哪种接法最省材料。

变压器和交流电动机

知识范围和学习目标

1. 知识范围

1）变压器的构造。

2）变压器的工作原理。

3）变压器的功率和效率。

4）三相异步电动机的构造。

5）三相异步电动机的工作原理。

6）三相异步电动机的控制。

2. 学习目标

1）了解变压器和交流电动机的工作原理。

2）了解变压器的分类、结构、额定参数的意义。

3）理解电压比的概念。

4）能利用变压器的电压变换、电流变换和阻抗变换的关系进行相应的计算，解决实际问题。

5）了解三相异步电动机的结构和工作原理。

6）掌握三相异步电动机同步转速与磁极对数的关系。

7）知道三相异步电动机起动、反转、调速和制动的方法。

知识要点和分析

【知识要点一】 变压器的构造

1）变压器的表示：字母代号为 T；图形符号如图 1-297 所示。

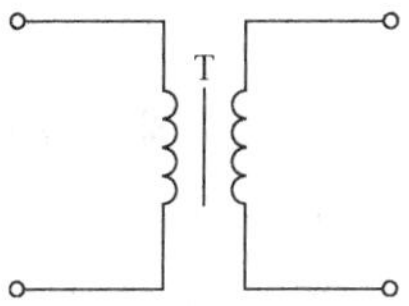

2）变压器的用途：变压器除了可变换电压外，还可变换电流、变换阻抗。

3）变压器的分类（可按用途、结构和相数分）：

① 按用途分：电力变压器、专用电源变压器和调压变压器等；

② 按结构分：双绕组变压器、三绕组变压器、多绕组变压器和自

图 1-297 变压器的
图形符号

耦变压器等；

③ 按相数分：单相变压器和三相变压器等。

三相变压器就是三个相同的单相变压器的组合，如图 1-298 所示，常用于三相供电系统中。

根据三相交流电源和负载的不同，三相变压器一次和二次绕组可接成星形或三角形。

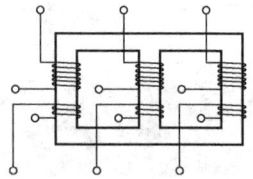
图 1-298　三相变压器

4）变压器的构造：主要是由铁心和绕组两个部分组成。

① 铁心是变压器的磁路通道，用磁导率较高且相互绝缘的硅钢片制成，可以减少涡流和磁滞损耗。其形状为 E 字形，装配后成日字形；或 C 字形，装配后成口字形。

② 绕组是变压器的电路部分，材料为漆包线、纱包线和丝包线，需要良好的绝缘。

绕组名称：与电源相接的绕组称一次绕组；与负载相接的绕组称二次绕组。

★ **常见题型**

铁心是变压器的磁路部分，为了（　　），铁心采用表面涂有绝缘漆或氧化膜的硅铜片叠装而成。

A. 减小涡流和磁滞损耗　　　　　　　　B. 减小磁阻增大磁通

C. 减小体积减轻质量　　　　　　　　　D. 增加磁阻减少磁通

【知识要点二】　变压器的工作原理（图 1-299）

1）变压器工作原理：是根据电磁感应原理制成的静止电器设备。

2）变压器的功用：

① 变换交流电压；

② 变换交流电流；

③ 变换阻抗（不能变换阻抗的性质）。

3）对于只有一个二次绕组的理想变压器，其一、二次电压，一、二次电流和阻抗变换的计算公式

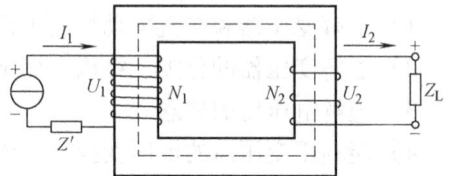
图 1-299　变压器的原理

① 变压器的电压比公式为

$$\frac{U_1}{U_2} = \frac{N_1}{N_2} = n$$

② 变压器的电流比公式为

$$\frac{I_1}{I_2} = \frac{U_2}{U_1} = \frac{N_2}{N_1} = \frac{1}{n}$$

③ 变压器的阻抗变换公式为

$$\frac{|Z'|}{|Z_L|} = n^2$$

4）变压器的额定值：

① 额定容量：二次绕组输出的最大视在功率；

② 一次额定电压：一次绕组的最大正常工作电压；

③ 二次额定电压：一次绕组额定电压时，二次绕组接上额定负载时的输出电压。

5）变压器注意事项：

① 分清一、二次绕组，按一、二次绕组的额定电压正确安装，防止损坏绝缘或过载；

② 防止变压器绕组短路，烧毁变压器；

③ 防止工作温度过高，尤其是电力变压器要有良好的冷却设备。

★ **常见题型**

1）变压器一、二次绕组的电压变换公式：_____，电流变换公式：

_____。

2）某一理想变压器的电压比为4，若在一次绕组上加800V的交流电压，则在二次绕组的两端用交流电压表测得的电压是（　　　）。

A. 250V　　　　　　B. 353.5V　　　　　　C. 200V　　　　　　D. 500V

3）有一台额定电压为220V/110V的理想降压变压器，如果次级绕组接上55Ω的电阻，求变压器初级绕组的输入阻抗。

【知识要点三】　变压器的功率和效率

1）变压器的输入功率：$P_1 = U_1 I_1 \cos\varphi_1$。

2）变压器的输出功率：$P_2 = U_2 I_2 \cos\varphi_2$。

对理想变压器，即忽略了变压器的内耗，变压器的一、二次绕组的功率是守恒的；对实际变压器，必须考虑功率损失。

3）变压器的功率损失包括铜损和铁损两个部分：

① 铜损：由于一、二次绕组导线上的电阻所消耗的功率；

② 铁损：由于一、二次绕组上的交变磁通而引起的磁滞损耗和涡流损耗的功率；

③ 变压器的功率损失：$\Delta P = P_{Cu} + P_{Fe} = P_1 - P_2$。

4）变压器的效率：输出功率和输入功率之比，即

$$\eta = \frac{P_2}{P_1} \times 100\%$$

★ **常见题型**

1）有一台额定电压为220V/110V的变压器，$N_1 = 2000$ 匝，$N_2 = 1000$ 匝，有人想节省线材，将匝数改为400匝和200匝，问是否可以？为什么？

2）有一变压器一次电压为2200V，二次电压为220V，在接上纯电阻性负载时，测得二次电流为10A，变压器的效率为95%。试求：变压器的损耗功率、一次功率和一次电流。

3）变压器的二次电压为 $U_2 = 20V$，在接有电阻性负载时，测得二次电流 $I_2 = 5.5A$，变压器的输入功率为132W。试求：变压器的效率及损耗功率。

4）如图 1-300 所示，已知 $R_1 = 25\text{k}\Omega$，$R_\text{L} = 10\Omega$，一次电压为 100V。求：

① 负载 R_L 获得最大功率时的电压比；

② 负载 R_L 获得的最大功率。

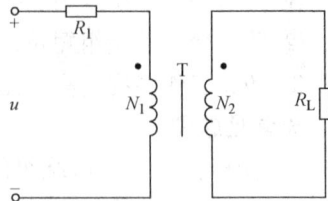

图 1-300　题 4）图

【知识要点四】　三相异步电动机

1）三相异步电动机是按电磁感应原理工作的。

2）三相异步电动机的基本组成：定子和转子两个部分。

3）三相异步电动机的定子由机座、铁心和定子绕组组成。

4）定子绕组是电动机的电路部分，由三相对称绕组组成，有 6 个出线端。如图 1-301 所示，图 a 是定子绕组的星形联结图；图 b 是定子绕组的三角形联结图。

5）转子是异步电动机的旋转部分，由转轴、转子铁心和转子绕组三部分组成，其作用是输出机械转矩。

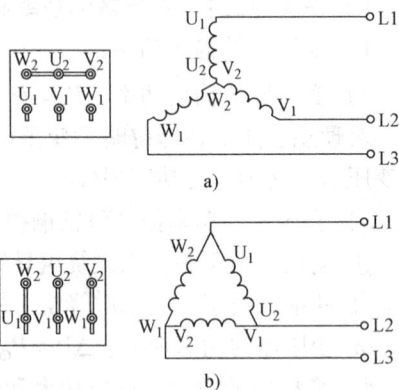

图 1-301　定子绕组

6）旋转磁场的转速（又称为同步转速 n_0）：当交流电的频率为 f，磁极对数为 p 时，计算公式为

$$n_0 = \frac{60f}{p}$$

式中　n_0——同步转速，单位为 r/min。

7）三相异步电动机的转差率：电动机总是以低于旋转磁场的转速转动，那么异步电动机的同步转速 n_0 与转子转速（也就是电动机的转速）n 之差，即（$n_0 - n$）称为电动机的转速差。

转速差（$n_0 - n$）与同步转速 n_0 之比称为转差率，用代号 s 表示，即

$$s = \frac{n_0 - n}{n_0} \times 100\%$$

或写成

$$n = (1 - s)\, n_0$$

转差率是异步电动机的一个重要参数，一般在 2% ~ 6% 左右。

8）三相异步电动机的铭牌：在电动机的铭牌上标有其主要技术数据，如：

三相异步电动机						
型号	Y132M—4	功率	7.5kW	频率	50Hz	
电压	380V	电流	15.4A	接法	△	
转速	1440r/min	绝缘等级	B	工作方式	连续	
	年 月 日 编号				××电机厂	

注：这里的电压是指线电压，电流是指线电流。

9）三相异步电动机的起动：分为全压起动和降压起动两种。

① 全压起动：加在定子绕组的起动电压是电动机的额定电压，这样的起动叫全压起动。

② 降压起动：在起动时降低加在电动机定子绕组上的电压，待起动结束时恢复到额定值运行。其目的是减小起动电流，常用的有串联电阻降压起动、丫—△换接起动和自耦降压起动等。

10）三相异步电动机的调速：在负载不变的条件下改变异步电动机的转速 n 称为调速。由转速公式 $n = (1-s)n_0 = (1-s)\dfrac{60f}{p}$ 可知，调速有变频调速、变转差率调速和变极调速（改变磁极对数）三种方法。

11）三相异步电动机的反转：异步电动机的转向与旋转磁场的方向一致，而旋转磁场的方向取决于三相交流电源的相序。所以，只要将三根相线中任意两根对调，即可使电动机反转。

12）三相异步电动机的制动：为克服惯性，保证电动机在断电时迅速停车，需要对电动机进行制动。异步电动机的制动常采用反接制动和能耗制动。

★ 常见题型

1）三相异步电动机的接线如图1-302所示，若：a图电动机是顺时针旋转的，则：b图电动机为_____旋转；c图电动机为_____旋转。

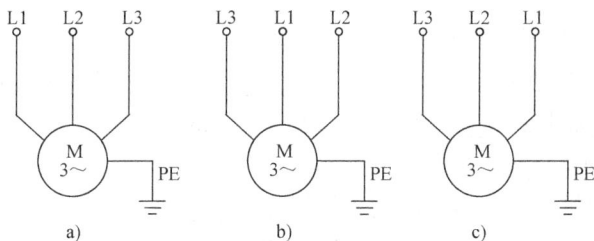

图1-302 题1）图

2）某三相异步电动机在额定状态下运行，转速是1430r/min，电源频率是50Hz，它的旋转磁场转速是_____，磁极对数是_____，额定转差率是_____。

变压器和交流电动机（综合）——练习卷

班级_____ 学号_____ 姓名_____ 成绩_____

一、填空题

1. 变压器主要由_____和_____两部分组成。_____是变压器的磁路通道，一般用磁导率较高而且相互绝缘的_____片叠装而成，是为了减小_____和磁滞损耗；线圈是变压器的_____部分，工作时，与电源相连的线圈称为_____绕组，与负载相连的线圈称为_____绕组。变压器的绕组必须有良好的_____。

2. 变压器是利用_____原理工作的。

3. 理想变压器的功用及计算公式：

1）能变换交流_____：公式为_____；

2）能变换交流_____：公式为_____；

3）能变换_____：公式为_____。

4. 一般变压器的高压线圈的匝数多而通过的电流较_____，可用较_____的导线绕制；低压线圈匝数少而通过的电流较_____，应当用较_____的导线绕制。

5. 变压器的效率是指变压器的_____和_____的百分比。变压器的效率公式为 $\eta =$ _____。

6. 变压器的额定值有_____，_____和_____。

7. 三相异步电动机由_____和_____两个部分组成。三相异步电动机是利用_____原理，把_____能转换为_____能，输出机械转矩的原动机。

8. 三相异步电动机的旋转磁场的转速 n_0，也叫_____，它取决于交流电的_____和磁极_____，公式为 $n_0 =$ _____。

9. 三相异步电动机的转子转速 n，也叫做_____，一般 n 略小于 n_0，它们相差的程度用转差率 s 来表示，公式为 $s =$ _____；转差率 s 可以表明异步电动机的运行速度，其变化范围在 ___ $< s \leqslant$ _____ 之间，通常在 $2\% \sim$ ___% 左右。

10. 三相异步电动机铭牌上的数据：

1）电压是指电动机在额定运行时定子绕组上的_____电压；

2）电流是指电动机在额定运行时定子绕组的_____电流；

3）功率是指电动机在额定运行时轴上输出的_____功率；

4）效率是指电动机在额定运行时_____功率和_____功率的百分比；

5）接法是指定子绕组的接法。若某电动机铭牌上标明："电压220V/380V，接法△/Y,"这个符号的含义是：当定子绕组接成△形时，应接在线电压为_____的供电网上使用；当定子绕组接成Y形时，则应接在线电压为_____的供电网上使用。若该电动机采用Y—△换接起动，则电动机的起动电压为_____，正常运行时的电压为_____。

11. 三相异步电动机的起动有_____起动和_____起动两种。其中___起动方法又有＿＿＿＿＿起动、＿＿＿＿＿起动和自耦降压起动等，目的是＿＿＿＿＿。

12. 三相异步电动机常用的调速方法有＿＿＿＿、＿＿＿＿和＿＿＿＿调速三种。

13. 要使三相异步电动机反转，只需将三根＿＿＿＿线中任意＿＿＿＿＿＿即可。

14. 三相异步电动机常用的制动方法有＿＿＿＿制动和＿＿＿＿制动两种。

15. 如图 1-303 所示是三相异步电动机的接线盒：

1）a 的连接方法是＿＿＿＿；

2）b 的连接方法是＿＿＿＿。

16. 某理想变压器一次绕组接到 220V 电源上，二次绕组匝数为 165 匝，输出电压为 5.5V，电流为 20mA，则一次绕组的匝数等于＿＿＿，一次绕组中的电流等于＿＿＿。

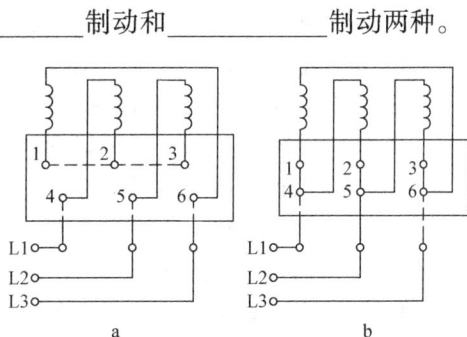

图 1-303 三相异步电动机的接线盒

17. 一台额定电压为 220V/15V 的理想变压器，则其一次绕组额定电压为＿＿＿，二次绕组额定电压为＿＿＿。

18. 某理想变压器的一次绕组为 880 匝，接在 220V 的交流电源上，要在二次绕组得到 6V 的电压，则二次绕组的匝数应是＿＿＿，若二次绕组上接有 2Ω 的电阻，则一次绕组的电流为＿＿＿。

19. 将 220V 的交流电压加在一个理想变压器的一次绕组上，在二次绕组上接一个标有 "6V，3.6W" 的指示灯，可以正常发光。变压器一次绕组与二次绕组的匝数比为＿＿＿，一次绕组的电流为＿＿＿。

20. 有一个电压比为 $n = 10$ 的理想变压器，一次绕组上接 $E = 10V$ 的直流电源，则二次绕组两端的电压为＿＿＿；一次绕组上接 $U = 10V$ 的交流电源，则二次绕组两端的电压为＿＿＿。如果负载电阻 $R_L = 2Ω$，那么一次绕组的等效电阻为＿＿＿。

二、选择题

1. 三相电动机每个绕组的额定电压为 380V，当接成Y形时，所需电源线电压的数值为（　　）。

　　A. 220V　　　　　　B. 380V　　　　　　C. 660V

2. 三相电动机每个绕组的额定电压为 220V，当电源线电压为 220V 时，电动机绕组应接成（　　）。

　　A. 三角形　　　　　B. 星形　　　　　　C. 不能接在电源上使用

3. 关于变压器的功能，正确的说法是（　　）。

　　A. 变压器能改变一次绕组交流电压的大小

　　B. 变压器能增大交流电的功率

　　C. 变压器能实现负载的阻抗变换

　　D. 变压器能够改变稳恒电流的大小

4. 有关变压器的构造，正确的说法是（　　）。

　　A. 一次绕组的匝数一定比二次绕组的匝数多

    B. 二次绕组的匝数一定比一次绕组的匝数多

    C. 匝数多的绕组，电压一定高，绕制的导线一定比低压绕组的粗

    D. 低压绕组的电流比高压绕组的电流大，高压绕组的导线一般比低压绕组的导线细

5. 理想变压器遵从的规律是（　　　）。

    A. 输入电压与输出电压之比等于一次绕组、二次绕组匝数之比

    B. 输入功率与输出功率之比等于一次绕组、二次绕组匝数之比

    C. 输入电流与输出电流之比等于电压比

    D. 一次绕组电路的等效阻抗与二次绕组电路的阻抗之比等于电压比

6. 对于理想变压器来说，下列叙述中正确的是（　　　）。

    A. 变压器可以改变各种电源的电压

    B. 变压器一次绕组的输入功率由二次绕组的输出功率决定

    C. 变压器不仅能改变电压，还能改变电流和电功率

    D. 抽去变压器铁心，互感现象依然存在，变压器仍然正常工作

7. 用理想变压器给负载供电，在（　　　）的情况下，变压器的输入功率将增加。

    A. 减小负载电阻 R 的阻值，其他条件不变

    B. 增大一次绕组匝数，其他条件不变

    C. 减少二次绕组匝数，其他条件不变

    D. 把一次绕组两端的电压降低一些，其他条件不变

8. 变压器一次绕组 100 匝，二次绕组 1200 匝，在一次绕组两端接有电动势为 10V 的蓄电池组，则二次绕组的输出电压是（　　　）。

    A. 120V   B. 12V   C. 约 0.8V   D. 0

9. 一个理想变压器一次绕组、二次绕组的匝数比为 100:1，它能正常地向接在二次绕组两端的一个 "20V，100W" 的负载供电，则变压器的输入电压和输入电流应分别为（　　　）。

    A. 2000V，0.05A   B. 200V，0.5A

    C. 20V，5A   D. 大于 2000V，大于 0.05A

三、计算题

1. 有一台电压为 220V/36V 的理想降压变压器，二次绕组接一盏 "36V、40W" 的灯泡。试求：

1）若变压器一次绕组 $N_1 = 1100$ 匝，二次绕组应是多少匝？

2）灯泡点亮后，一次、二次电流各为多少？

2. 理想变压器的一次绕组电压 $U_1 = 3000V$，电压比 $n = 10$，求二次绕组电压 U_2。如果二次绕组所接负载 $R_L = 6\Omega$，那么一次绕组的等效电阻 R 是多少？

3. 某容量为 2200V·A 的理想变压器，一次绕组的额定电压 $U_1 = 220V$，二次绕组的额定电压 $U_2 = 110V$。试求：一次绕组、二次绕组的额定电流值。

4. 有一个理想变压器的一次电压为 220V，电压比为 20，二次绕组接入 10Ω 的负载。求一、二次绕组的电流及负载的功率。

5. 有一收音机的输出变压器，一次绕组的匝数是 600 匝，二次绕组的匝数是 150 匝，求该变压器的电压比。如果在二次绕组接上音圈阻抗为 8Ω 的扬声器，求此时变压器的输入阻抗。

6. 有一信号源的电动势为 1V，内阻为 600Ω，负载电阻为 150Ω。欲使负载获得最大功率，必须在信号源和负载之间接一匹配变压器，使变压器的输入电阻等于信号源的内阻，如图 1-304 所示。问：变压器电压比和一、二次电流各为多少?

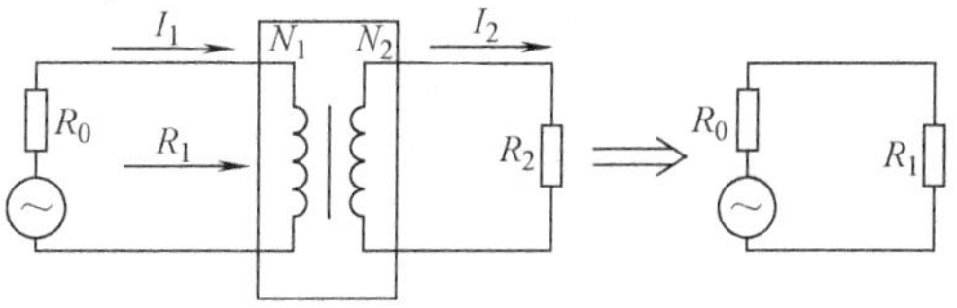

图 1-304　题 6 图

7. 有一理想变压器，已知一次绕组匝数是 1000 匝，二次绕组匝数是 200 匝，将一次绕组接在 220V 的交流电路中，如二次绕组负载阻抗是 440Ω。求：
1）二次绕组的输出电压；
2）一次绕组中的电流和二次绕组中的电流。

8. 在 220V 的交流电路中，接入一个变压器，它的一次绕组有 500 匝，二次绕组有 100 匝，二次绕组电路接一个阻值是 11Ω 的电阻负载。如果电压器的效率是 80%，求：

1）变压器的损耗功率；

2）一次绕组中的电流。

*9. 如图 1-305 所示，已知 $R_1 = 200\Omega$，$R_2 = 200\Omega$，$R_L = 4\Omega$，$U_S = 20V$。求：

1）负载 R_L 获得最大功率时的理想变压器的电压比；

2）负载 R_L 获得的最大功率。

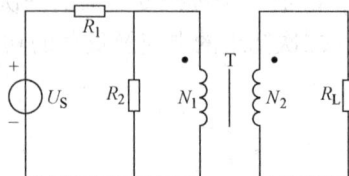

图 1-305　题 9 图

10. 三相异步电动机的磁极对数 $p = 2$，转差率 $s = 4\%$，电源频率 $f = 50\text{Hz}$。试求：

1）电动机的同步转速；

2）电动机的转速。

第二部分

统测过关

统测总复习卷

直流电路基础知识

班级_____ 学号_____ 姓名_____ 成绩_____

一、填空题

1. 填表：

物理量名称	电压	电位	电动势	电流	电阻	电荷量	电能	电功率
代号								
国际单位名称								
国际单位符号								

2. 单位换算：

$6k\Omega$ = _____ Ω；$5mV$ = _____ V；$10kV$ = _____ V；$3mA$ = _____ A = _____ μA；$17\mu A$ = _____ mA = _____ A；$0.42kW$ = _____ W；1 度 = ___ $kW \cdot h$ = _____ J。

3. 电荷的定向运动形成_____，电流的定义式 I = _____，方向规定为_____的方向。在通电金属导体中，电流方向与电子的运动方向_____。

4. 若某一电阻在 2min 内，通过该电阻横截面的电荷量是 600C，则通过该电阻的电流是_____。

5. 电路中两点间的电位差称为_____。电压是_____值，它的大小与参考点的选择_____；电位是_____值，它的大小与参考点的选择_____。电压的正方向规定为_____。

6. 衡量电场力做功本领大小的物理量称为_____，定义式为 U_{AB} = _____。

7. 电源是把_____的能转换成_____能的装置。在电源内部，电源力做了 20J 的功，将 10C 电荷量的正电荷由负极移到正极，则电源的电动势是_____；若要将 2C 电荷量的电荷由负极移到正极，则电源力需做_____的功。

8. 导体对_____的阻碍作用称为_____，它的字母代号用_____表示，它是导体本身的一种_____。导体电阻的大小决定于导体材料的_____、_____和_____，还跟_____有关系。在温度一定时，公式为 R = _____。

9. 两根同种材料的电阻丝，长度之比为 3∶2，横截面积之比为 4∶1，在同一温度下，它们的电阻之比为_____。

10. 一定温度下，一根导体要使其电阻值变为原来的 9 倍，应把它均匀拉长到原来的___倍。若把原电阻剪成相等的两段，再将它们的两端并接在一起，其电阻值变为原来的___。

11. 一段导体两端的电压是 6V，通过导体的电流是 2A，则电阻 R = _____；若导体两端电压增加到9V，则通过导体的电流 $I =$ _____。

12. 有一闭合电路，电源电动势 $E = 15V$，内阻 $r = 1.5\Omega$，负载电阻 $R = 13.5\Omega$，则通过电路的电流为_____，负载两端的电压为_____，电源上的电压为_____。负载短路时，通过电路的电流为 $I =$ _____，负载两端的电压为 $U =$ _____；负载开路时，通过电路的电流为 $I =$ _____，电路的端电压为 $U =$ _____。

13. 额定值为"220V，100W"的白炽灯，灯丝的热态电阻为_____。如果把它接到110V的电源上，它实际消耗的功率为_____。

14. 一个标有"220V，1000W"的电烤箱，其电热丝阻值为_____，正常工作时的电流 $I =$ _____，电烤箱消耗的功率为 $P =$ _____。若连续使用4h，所消耗的电能是_____度，它所产生的热量是_____J。

15. 某一用户电能表允许通过的额定电流是25A，已经装了40W的电灯50盏，60W的电灯20盏，还想再装些电灯，最多还可再装_____盏60W的电灯。

16. 如图2-1所示电路，电源电动势 $E = 20V$，内阻 $r = 1\Omega$，$R_1 = 4\Omega$，R_P 为滑动变阻器，当 $R_P =$ _____时，它可以获得最大功率为 $P_m =$ _____。

图2-1　题16图

二、选择题

1. 电源电动势的大小与下列哪个因素有关（　　）。
   A. 外接负载的大小　　　　　　B. 外接电路的状态
   C. 电路的复杂程度　　　　　　D. 电源自身的性质

2. 如图2-2所示电路，A、B 两点间的电压 U_{BA} 为（　　）。
   A. 9V　　　　　　　　　　　　B. 3V
   C. -9V　　　　　　　　　　　 D. -3V

图2-2　题2图

3. 电路中两点间的电压高，则（　　）。
   A. 这两点的电位都高　　　　　B. 这两点的电位差大
   C. 这两点的电位都大于零　　　D. 无法判断

4. 关于电动势的说法，正确的是（　　）。
   A. 电动势反映了不同电源的做功能力
   B. 电源内部非静电力维持电荷的定向移动
   C. 电动势的方向由正极经电源内部指向负极
   D. 电动势是矢量

5. 长度为 L，截面积为 S 的铜导体，若保持温度与横截面积不变，将 L 增加一倍时（　　）。
   A. 电阻增加到原来的4倍　　　B. 电阻增加到原来的2倍
   C. 电阻减少到原来的1/2　　　 D. 电阻减少到原来的1/4

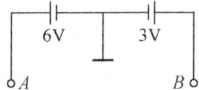

6. 如图2-3所示，安培表读数为1A，伏特表读数为10V，电源内阻为 2Ω，电源电动势为（　　）。
   A. 8V　　　　　　　　　　　　B. 12V
   C. 10V　　　　　　　　　　　 D. 2V

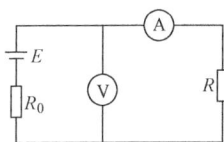

图2-3　题6图

7. 在全电路中，端电压的高低是随着负载电流的增大而（　　）。
   A. 减小　　　　　　　　　　　B. 增大

    C. 不变　　　　　　　　　　　　D. 无法判断

8. 用电压表测得电路端电压的值与电源电动势大小相等，说明（　　　）。

    A. 外电路断路　　　　　　　　　B. 外电路短路

    C. 外电路上电流较小　　　　　　D. 电源内阻为零

9. 一太阳能电池板，测得它的开路电压为 8V，短路电流为 400mA。若将该电池板与一阻值为 80Ω 的电阻器连成一闭合电路，则它的路端电压是（　　　）。

    A. 0.08V　　　　　B. 1.6V　　　　　C. 6.4V　　　　　D. 8V

10. 如图 2-4 所示电路用来测定电池组的电动势和内电阻。V 为电压表，$R = 7\Omega$。在开关 S 未接通时，电压表的读数为 6.0V；开关 S 接通后，电压表的读数变为 5.6V。那么，电池组的电动势和内电阻分别等于（　　　）。

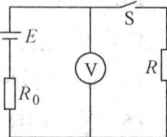

    A. 6.0V、0.5Ω　　　　　　　　B. 6.0V、1.25Ω

    C. 5.6V、1.25Ω　　　　　　　　D. 5.6V、0.5Ω

图 2-4　题 10 图

11. 一台直流电动机，运行时消耗功率为 1.5kW，每天运行 5h，10 天消耗的能量为（　　　）。

    A. 7.5kW·h　　　　B. 75kW·h　　　　C. 15kW·h　　　　D. 750kW·h

12. "12V、6W" 的灯泡接入 6V 电路中，通过灯丝的实际电流是（　　　）。

    A. 1A　　　　　　B. 0.5A　　　　　C. 0.25A　　　　　D. 0A

13. 下列 4 只可等效为纯电阻的用电器，电阻最大的是（　　　）。

    A. 220V、40W　　　　　　　　　B. 220V、100W

    C. 36V、100W　　　　　　　　　D. 110V、100W

14. 远距离输电，若输送的电功率一定，那么输电线上损失的电功率（　　　）。

    A. 与输电电压成正比　　　　　　B. 与输电电压的平方成正比

    C. 与输电电压成反比　　　　　　D. 与输电电压的平方成反比

15. 如图 2-5 所示电路中，要使 R_2 获得最大功率，R_2 的值应等于（　　　）。

    A. R_0　　　　　　　　　　　　B. R_1

    C. $R_1 + R_0$　　　　　　　　　D. $R_1 - R_0$

16. 全电路欧姆定律的公式为（　　　）。

    A. $R = U/I$　　　　　　　　　　B. $R = E/(I + r)$

    C. $I = E/(R + r)$　　　　　　　D. $r = E/(I + R)$

图 2-5　题 15 图

直 流 电 路

班级_____ 学号_____ 姓名_____ 成绩_____

一、填空题

1. 当 4 个 100Ω 的电阻串联时，等效电阻是_____，若将它们并联，则等效电阻是____。

2. 利用串联电阻的_____原理可以扩大电压表的量程，利用并联电阻的_____原理可以扩大电流表的量程。

3. 一个 6Ω 电阻和一个 4Ω 电阻串联，已知 6Ω 电阻两端的电压是 1.2V，则 4Ω 电阻两端的电压是_____，总电压是_____，通过 6Ω 电阻的电流是_____。

4. 一个阻值为 15Ω 的电阻与另一个电阻 R 串联后总电阻为 25Ω，那么这两个电阻并联后的总电阻为_____。

5. 有两个电阻 R_1 和 R_2，它们的阻值关系是 $R_1 = 2R_2$，若把它们并联起来的等效电阻是 4Ω，则：$R_1 = $_____，$R_2 = $_____。

6. 已知 $R_1 = 10\Omega$，$R_2 = 20\Omega$，把 R_1、R_2 串联起来，并在其两端加 15V 的电压，通过电路的电流是_____，R_1 所消耗的功率是_____，R_2 所消耗的功率是_____。若将 R_1 和 R_2 改成并联，如果要使 R_1 消耗的功率不变，应在它们的两端加_____的电压，此时 R_2 所消耗的功率是_____。

7. 如图 2-6a 所示电路中，每个电阻的阻值均为 15Ω，则等效电阻 $R_{ab} = $_____。

8. 如图 2-6b 所示电路，已知 $E = 50V$，$R_1 = 30\Omega$，$R_2 = 30\Omega$，$R_3 = 60\Omega$，则通过 R_1 的电流为_____，R_2 的电流为_____，R_2 的两端的电压为_____，R_3 消耗的功率为_____，电源提供的总功率为_____。

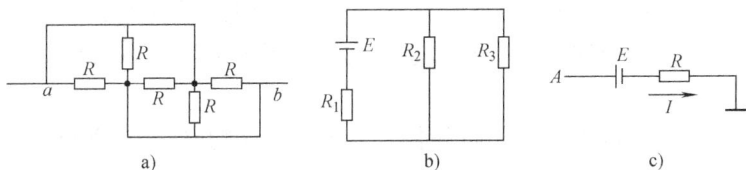

图 2-6 题 7、8、9 图

9. 如图 2-6c 所示电路，已知 $E = 5V$，$I = 2A$，$R = 5\Omega$，则 A 点的电位是_____。

10. 如果把一个 10V 电源的负极接地，则正极的电位是_____。

11. 基尔霍夫定律的数学表达式为：对任一节点_____，对任一回路_____。

12. 如图 2-7 所示的电路中，有_____个节点，有_____条支路，有_____个回路。

13. 如图 2-8 所示电路，$I_1 = $_____，$I_2 = $_____，$U_{ab} = $_____。

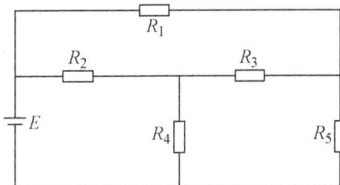

图 2-7 题 12 图

14. 对有 m 条支路、n 个节点的复杂电路，只能列出_____个独立的节点电流方程和_____个独立的回路电压方程。

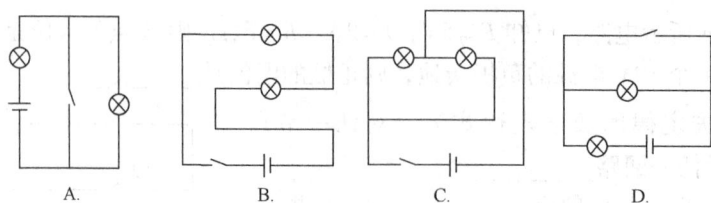

图 2-8 题 13 图

15. 某线性含源二端网络的开路电压为 30V，如果在网络两端接 10Ω 的电阻，二端网络端电压为 15V，则此网络的等效电动势 $E_0 =$ _____，内阻 $r_0 =$ _____。

16. 支路电流法是以_____为未知量，应用_____列出方程式组，求出各支路电流的方法。

17. 理想电压源和理想电流源之间不可以_____。理想电压源不允许_____，理想电流源不允许_____。电压源和电流源的等效变换，只对_____等效，对_____不等效。

18. 应用戴维南定理将有源二端网络变成无源二端网络时，应将电压源作_____处理，电流源作_____处理。

二、选择题

1. 三个阻值相同的电阻，并联接入电路中，总电阻是 5Ω，每一个电阻的阻值是（　　）。
   A. 67Ω　　　　　B. 5Ω　　　　　C. 15Ω　　　　　D. 75Ω

2. 两个阻值相等的电阻，若并联后的总阻值是 10Ω，则将它们串联后，总电阻是（　　）。
   A. 5Ω　　　　　B. 10Ω　　　　　C. 20Ω　　　　　D. 40Ω

3. "220V、40W" 的灯甲与 "220V、100W" 的灯乙串联后接到 220V 的电源上，结果（　　）。
   A. 甲比乙亮　　　B. 无法判断　　　C. 甲比乙暗　　　D. 甲、乙一样亮

4. 对于学校照明电路的总电阻来说，当（　　）。
   A. 全校电灯开关都闭合时最大　　　　B. 全校电灯开关都闭合时最小
   C. 全校电灯开关都断开时最小　　　　D. 全校电灯少用时最小

5. 修理电器需要一只 150Ω 的电阻，但手头只有阻值分别为 100Ω、200Ω、600Ω 的电阻各一只，可代用的办法是（　　）。
   A. 200Ω 的电阻与 600Ω 的电阻并联　　　B. 100Ω 的电阻与 200Ω 的电阻并联
   C. 100Ω 的电阻与 200Ω 的电阻串联　　　D. 200Ω 的电阻与 600Ω 的电阻串联

6. 如图 2-9 所示的四个电路中，两个灯泡组成并联电路的是（　　）。

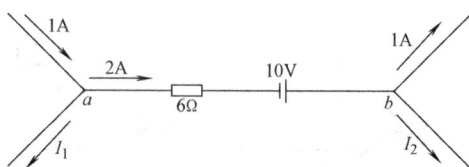

图 2-9 题 6 图

7. 把一个 1.5V、0.3A 的小灯泡接到 6V 的电源上，要使灯泡正常发光，应串联一只降压电阻，阻值为（　　）。

A. 20Ω　　　　　　　B. 15Ω　　　　　　　C. 5Ω　　　　　　　D. 10Ω

8. 两只额定电压相同的电阻，串联在适当电压的电路上，则功率较大的电阻（　　　）。

　　A. 发热量较小　　　　　　　　　B. 发热量较大

　　C. 跟功率较小的电阻发热量相同　　D. 无法判断

9. 两只额定电压相同的电阻器并联时，功率较大的电阻器（　　　）。

　　A. 发热量较大　　　　　　　　　B. 发热量较小

　　C. 跟功率较小的电阻发热量相同　　D. 无法判断

10. 如图 2-10 所示，若电源电压保持不变，开关 S 由闭合到断开时，安培表的读数将（　　　）。

　　A. 不变　　　　　　　　　　　　B. 变小

　　C. 变大　　　　　　　　　　　　D. 无法判断

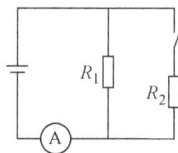

图 2-10　题 10 图

11. 有人将"110V、15W"的电烙铁与"110V、40W"的灯泡串联后，接在 220V 的电源上，则（　　　）。

　　A. 烙铁工作温度正常　　　　　　B. 烙铁工作温度不够

　　C. 烙铁将被烧毁　　　　　　　　D. 无法判断

12. 标明"100Ω、4W"和"100Ω、25W"的两个电阻串联时允许加的最大电压是（　　　）。

　　A. 40V　　　　　　　B. 70V　　　　　　　C. 200V　　　　　　　D. 140V

13. 标明"100Ω、4W"和"100Ω、25W"的两个电阻并联时允许加的最大电流是（　　　）。

　　A. 0.4A　　　　　　B. 0.7A　　　　　　　C. 1A　　　　　　　D. 2A

14. 如图 2-11 所示的电路中，各灯的规格相同，当 L2 因故障断开时，（　　　）。

　　A. 其他各灯不变

　　B. L3、L4 变亮，L1 变暗

　　C. 其他各灯变亮

　　D. L1 变亮，L3、L4 变暗

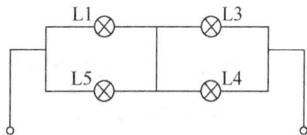

图 2-11　题 14 图

15. 如图 2-12 所示的电路中，A、B、C 为三个相同的灯泡，其阻值大于电源内阻，当滑动变阻器的滑动触点向上移动时（　　　）。

　　A. A 灯变亮，B 灯和 C 灯都变暗

　　B. A 灯变亮，B 灯变暗，C 灯变亮

　　C. A 灯变暗，B 灯和 C 灯都变亮

　　D. A 灯变暗，B 灯变暗，C 灯变亮

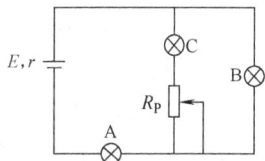

图 2-12　题 15 图

16. 如图 2-13 所示电路中，A 点电位 $V_A = E - RI$ 对应的电路是（　　　）。

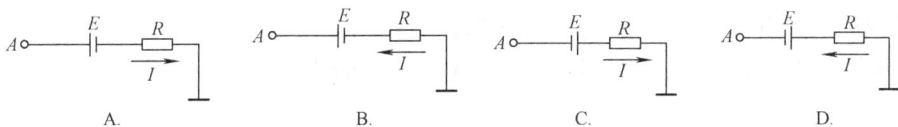

图 2-13　题 16 图

17. 某电路有 3 个节点和 5 条支路，采用支路电流法求解各支路电流时，能列出独立的电流方程和电压方程的个数分别为（　　）。

    A. 2，3　　　　　　B. 4，5　　　　　　C. 3，2　　　　　　D. 4，1

18. 在图 2-14 所示电路中，电源电压是 12V，四只功率相同的白炽灯工作电压都是 6V，要使白炽灯正常工作，接法正确的是（　　）。

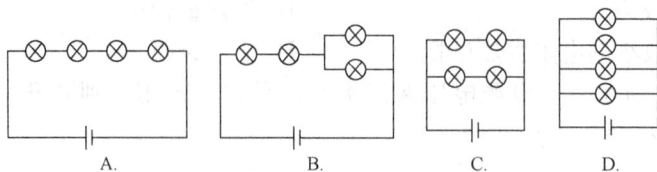

图 2-14　题 18 图

19. 如图 2-15 所示电路，正确的关系式是（　　）。

    A. $I_5 = I_3 = -I_6$

    B. $I_1 R_1 - E_1 + I_3 R_3 + E_2 - I_2 R_2 = 0$

    C. $-I_4 + I_1 + I_2 = 0$

    D. $U_{AB} = I_4 R_4 + I_1 R_1 + E_1 - I_5 R_5$

20. 某有源二端网络，测得其开路电压为 10V，短路电流为 2A，当外接 5Ω 负载时，负载电流为（　　）。

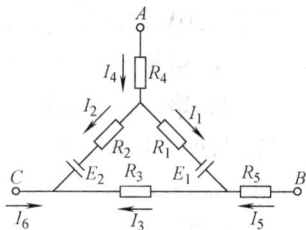

图 2-15　题 19 图

    A. 0A　　　　　　　　　　　　　　　B. 0.1A

    C. 1A　　　　　　　　　　　　　　　D. 0.5A

21. 用戴维南定理进行电源的等效变换时，（　　）。

    A. 对外电路、内电路均等效

    B. 对各点电压、电流均等效

    C. 等效电源的电动势等于有源二端网络的端电压，内阻等于有源二端网络的等效电阻

    D. 只对外电路等效，对内电路不等效

三、计算题

1. 某电阻器的额定电压 $U_1 = 140V$，正常工作时通过的电流 $I = 0.2A$。现已知电源电压为 $U = 220V$，问应该怎样连接才能使该电阻器正常工作。

2. 如图 2-16 所示，有一个表头，量程是 200μA，内阻 r_g 为 1kΩ。如果把它改装为一个量程为 5V 的伏特表，求 R 的值。

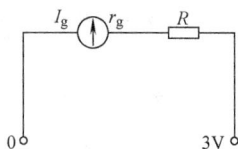

图 2-16　题 2 图

3. 如图 2-17 所示各电路中，各电阻值均为
12Ω。求：电路的等效电阻 R_{AB}。

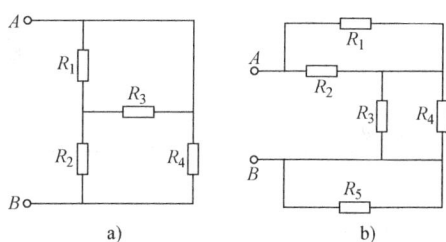

1）图 a 中，R_{AB} = _____；
2）图 b 中，R_{AB} = _____。

图 2-17 题 3 图

4. 电路如图 2-18 所示，已知 $E_1 = 12V$，$E_2 = 15V$，$R_1 = 6Ω$，$R_2 = 3Ω$，$R_3 = 2Ω$。求：通过 R_3 的电流 I_3。

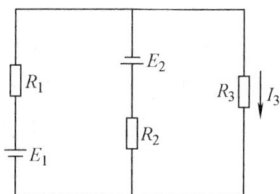

图 2-18 题 4 图

5. 如图 2-19 所示电路中，已知 $E_1 = 120V$，$E_2 = 130V$，$R_1 = 10Ω$，$R_2 = 2Ω$，$R_3 = 10Ω$。求：各支路电流和 U_{AB}。

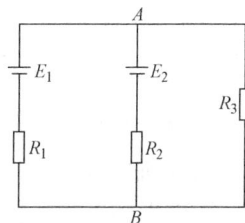

图 2-19 题 5 图

6. 如图 2-20 所示电路，已知 $E_1 = 16V$，$E_2 = 12V$，$R_1 = 2Ω$，$R_2 = 6Ω$，$R_3 = 3Ω$。求：
1）各支路电流 I_1、I_2、I_3；
2）E_1、E_2 和 R_3 的功率，并说明是发出功率还是吸收功率。

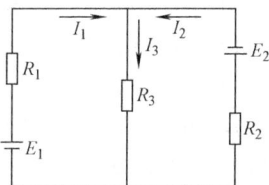

图 2-20 题 6 图

电 容 器

班级_____ 学号_____ 姓名_____ 成绩_____

一、填空题

1. 电容器的基本特性是能够_____，它的主要参数有_____和_____。

2. 电容量是表示电容器_____的物理量，是_____与_____的比值，即 $C =$ _____。

3. 电容量的国际单位是_____，符号为____，常用单位有_____，符号为____，还有_____，符号为____。

4. 平行板电容器的电容量与_____成正比，与_____成反比，还与电介质的介电常数有关，计算公式为 $C =$ _____。

5. 电容器 C_1、C_2 两端加的电压相同，若 $C_1 > C_2$，则它们所带电荷量的大小关系是 Q_1 _____ Q_2。

6. 当一个电容器带电荷量为 Q 时，两极板间的电压为 U，当它的电荷量减少 3×10^{-4}C 时，两极板间电压降低了 200V，则此电容器的电容为_____。

7. 有一个电容器，当带电荷量为 2×10^{-3}C 时，两极板间电压为 200V，如果使它的带电荷量再增加 1×10^{-3}C，这时该电容器的电容量是_____，两极板间的电压是_____。

8. 有一个 330μF 的电容器，接到直流电源上对它充电，这时它的电容为_____；当它充电结束后，对它进行放电，这时它的电容为_____；当它不带电时，它的电容为_____。

9. 两只电容 C_1、C_2 串联时等效电容 $C =$ _____；并联时等效电容 $C =$ _____。

10. 串联电容器的等效电容量总是_____其中任一电容器的电容量。串联电容器越多，总的等效电容量越_____，且每只电容器两端的电压与自身的电容成_____。

11. 并联电容器的等效电容量总是_____其中任一电容器的电容量。并联电容器越多，总的等效电容量越_____，且每只电容器两端的电压_____。

12. 当单独一只电容器的_____不能满足电路要求，且它的_____足够大时，可将电容器串联起来使用。

13. 当单独一只电容器的_____不能满足电路要求，且它的_____足够大时，可将电容器并联起来使用。

14. 电容量为 $C_1 = 300\mu$F 和 $C_2 = 600\mu$F 的两只电容器，并联后等效电容为_____，串联后等效电容为_____。

15. 有 5 只 "10μF、25V" 的电容器，如将它们全部串联后等效电容为_____，耐压为_____；如将它们全部并联后等效电容为_____，耐压为_____。

16. 将 0.1μF 的电容器充电到 100V，这时电容器储存的电场能是_____，若将该电容器继续充电到 200V，电容器内又增加了_____电场能。

17. 一个电容为 50μF 的电容器，当它的极板上带上 5×10^{-6}C 的电荷量时，电容器两极板间的电压 $U =$ _____，电容器储存的电场能是 $W_C =$ _____。

二、选择题

1. 任何两个相互靠近又彼此绝缘的导体，都可以看成是一个（　　）。

    A. 电阻器　　　　　　B. 开关　　　　　　C. 电容器　　　　　　D. 电感器

2. 一只电容器接到 20V 电源上，它的电容量是 50μF，当接到 10V 电源上时，其电容量为（　　）。

    A. 25μF　　　　　　B. 75μF　　　　　　C. 100μF　　　　　　D. 50μF

3. 关于电容器和电容，以下说法中正确的是（　　）。

    A. 电容器带电荷量越多，它的电容就越大

    B. 任何两个彼此绝缘又互相靠近的导体都可以看成是一个电容器

    C. 电容器两极板电压越高，它的电容越大

    D. 电源对平行板电容器充电后，电容器所带的电荷量与充电的电压无关

4. 平行板电容器的电容（　　）。

    A. 与两极板间的距离成正比　　　　　　B. 与极板间电介质的介电常数成反比

    C. 与加在两极板间的电压成正比　　　　D. 与两极板的正对面积成正比

5. 平行板电容器始终与电源相连，现将一块均匀的电介质板插进电容器，恰好充满两极板间的空间，与未插电介质时相比，（　　）。

    A. 电容器所带的电荷量减小　　　　　　B. 两极板间的电压减小

    C. 电容器所带的电荷量不变　　　　　　D. 电容器的电容增大

6. 云母电介质的平行板电容器，充电后与电源断开，若将电介质换为空气，电容量将（　　）。

    A. 变大　　　　　　　　　　　　　　　B. 变小

    C. 不变　　　　　　　　　　　　　　　D. 无法判断

7. 两块平行金属板带等量异种电荷，要使两极板间的电压加倍，采用的办法有（　　）。

    A. 两板的电荷量加倍，而距离变为原来的 4 倍

    B. 两板的电荷量加倍，而距离变为原来的 2 倍

    C. 两板的电荷量减半，而距离变为原来的 4 倍

    D. 两板的电荷量减半，而距离变为原来的 2 倍

8. 如图 2-21 所示，已知 $E = 12V$，$R_1 = 1\Omega$，$R_2 = 2\Omega$，$R_3 = 5\Omega$，那么电容器 C 两端的电压是（　　）。

    A. 8V　　　　　　　　　　　　　　　　B. 0V

    C. 12V　　　　　　　　　　　　　　　　D. 4V

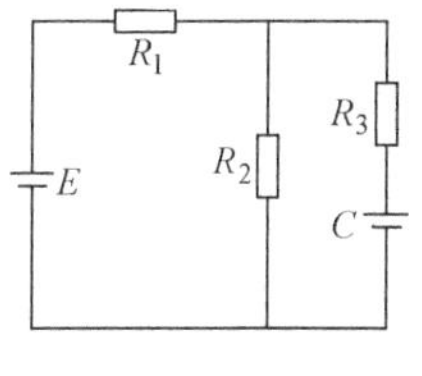

图 2-21 题 8 图

9. 电容 C_1、C_2 串联后接在直流电路中，若 $C_1 = 4C_2$，则 C_1 上的电压是 C_2 上电压的（　　）。

    A. 4 倍　　　　　　B. 1/4　　　　　　C. 16 倍　　　　　　D. 1/16

10. 一只电容为 $C\mu F$ 的电容器和一个电容为 $4\mu F$ 的电容器串联，总电容为 $C\mu F$ 电容器的 1/3，则电容 C 是（　　）。

    A. 4μF　　　　　　B. 8μF　　　　　　C. 12μF　　　　　　D. 16μF

11. 两电容 C_1 "0.25μF，200V"，C_2 "0.5μF，300V"，串联后接到 450V 的电源上，则（　　）。

A. 能正常使用

B. 其中一只电容器击穿

C. 两只电容器均被击穿

D. 无法判断

12. 如图 2-22 所示，每个电容器的电容都是 $3\mu F$，额定工作电压都是 100V，那么整个电容器组的等效电容和额定工作电压分别是（   ）。

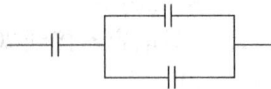

图 2-22 题 12 图

A. $4.5\mu F$，200V

B. $4.5\mu F$，150V

C. $2\mu F$，200V

D. $2\mu F$，150V

三、实验题

某人做实验时，第一次需要耐压 50V、电容是 $10\mu F$ 的电容器，第二次需要耐压 10V、电容是 $20\mu F$ 的电容器，第三次需要耐压 20V、电容是 $50\mu F$ 的电容器。如果他手头只有 "$50\mu F$，10V" 的电容器若干个，那么他分别怎样做才能满足实验要求。

磁与电磁感应

班级_____ 学号_____ 姓名_____ 成绩_____

一、填空题

1. 磁体是具有_____的物体，常见的磁体有_____、_____两种。

2. 磁极之间存在的相互作用力是通过_____传递的，磁体周围存在的特殊物质是_____。

3. 在磁场中某点放一个能自由转动的小磁针，小磁针静止时_____所指的方向，就是该点磁场的方向。

4. 磁导率是一个用来表示物质_____性能强弱的物理量，符号为_____，国际单位是_____。在相同条件下，磁导率值越大，磁感应强度就越_____，磁场就越_____。

5. 按相对磁导率的大小，物质可分为_____物质、_____物质和_____物质三类；而铁磁性材料按磁滞回线的不同又可分为_____材料、_____材料和_____材料三类。

6. 通过与磁场方向垂直的某一面积上的磁感线的总数，叫做通过该面积的_____，其国际单位是_____，单位符号为_____。

7. 任何磁铁都有一对_____，一个称_____，用字母_____表示；另一个称_____，用字母_____表示。

8. 一个与磁场方向垂直的单位面积上的磁通，就是_____，又称_____，简称_____，其国际单位是_____，单位符号为_____。

9. 闭合回路中的一部分导体相对于磁场作_____运动时，回路中就有电流流过。

10. 由电磁感应产生的电动势称为_____，由感应电动势在闭合回路的导体中引起的电流称为_____。

11. 由于线圈本身电流发生_____而产生电磁感应的现象叫自感现象，在自感现象中产生的感应电动势，称为_____。

12. 电感线圈是一个_____元件，具有阻碍_____变化的特点。线圈中储存的磁场能量与通过线圈的_____成正比，与_____成正比，用公式表示为 $W_L =$ _____。

13. 为了工作方便，电路图中常用小圆点标出互感线圈的极性，极性_____的端称为同名端。同名端既反映出了互感线圈的_____，又反映了互感线圈的_____。

二、选择题

1. 有一条形磁铁被摔断后变为两段，这两段将（   ）。
   A. 都没有磁性   B. 每段只有一个磁极
   C. 都仍然具有 N 极和 S 极   D. 无法判断

2. 条形磁铁中的磁感应强度最强的位置是（   ）。
   A. 磁铁两极   B. 磁铁中心点

C. 闭合磁力线中间位置　　　　　　　　D. 磁力线交汇处

3. 关于磁感线的描述，正确的说法有（　　　）。

　　A. 磁感线可以形象地表现磁场的强弱与方向

　　B. 磁感线就是细铁屑在磁铁周围排列出的曲线，没有细铁屑的地方就没有磁感线

　　C. 磁感线总是从磁铁的北极出发，到南极终止

4. 下列装置工作时，利用电流磁效应原理的是（　　　）。

　　A. 电镀　　　　　　B. 白炽灯　　　　　　C. 电磁铁　　　　　　D. 干电池

5. 发现电流周围存在磁场的物理学家是（　　　）。

　　A. 奥斯特　　　　　B. 焦耳　　　　　　　C. 法拉第　　　　　　D. 安培

6. 判断电流的磁场方向时，用（　　　）。

　　A. 安培定则　　　　　　　　　　　　　　B. 左手定则

　　C. 右手定则　　　　　　　　　　　　　　D. 上述三个定则均可以

7. 判断磁场对通电导体的作用力方向是用（　　　）。

　　A. 右手定则　　　　B. 右手螺旋定则　　　C. 左手定则　　　　　D. 楞次定律

8. 磁场中某点的磁感应强度的方向就是（　　　）。

　　A. 通电直导线所受的磁场力方向　　　　　B. 正检验电荷所受的磁场力方向

　　C. 小磁针静止时南极所指的方向　　　　　D. 通过该点磁感线的切线方向

9. 电动机、变压器、继电器等铁心常用的硅钢片是（　　　）。

　　A. 软磁材料　　　　B. 硬磁材料　　　　　C. 矩磁材料　　　　　D. 导电材料

10. 产生感应电流的条件是（　　　）。

　　A. 导体作切割磁感线运动

　　B. 闭合电路的一部分导体在磁场中作切割磁感线运动

　　C. 闭合电路的全部导体在磁场中作切割磁感线运动

　　D. 闭合电路的一部分导体在磁场中沿磁感线运动

正弦交流电路

班级_____ 学号_____ 姓名_____ 成绩_____

一、填空题

1. 填表：

物理量名称	周期	频率	角频率	相位	初相	电感	感抗	电容	容抗
代号									
国际单位名称									
国际单位符号									

物理量名称	电抗	阻抗	有功功率	无功功率	视在功率	功率因数	品质因数
代号							
国际单位名称							
国际单位符号							

2. 在电路中，大小和方向随时间作_____变化，且一个周期内的平均值为零的电流和电压，分别称为交变电流和交变电压，统称交流电。大小和方向随时间按_____变化的电压和电流，称为正弦交流电，其三要素是_____、_____、_____。

3. 利用_____原理，交流发电机的工作可以产生正弦_____。

4. 用三角函数式表示正弦交流电随时间变化的关系的方法称为_____法。

5. 用交流电压表测得交流电压的数值是_____。电容器的耐压是指电压的_____。正弦交流电的最大值是有效值的_____倍。

6. 某一正弦交流电流的有效值为 50A，则它的最大值等于_____，用电流表测量它，则电流表的读数为_____。

7. 最大值为_____的正弦交流电压就其热效应而言，相当于一个 220V 的直流电压。

8. 交流电在 1s 内完成周期性变化的次数叫做交流电的_____，国际单位是_____；完成一次周期性变化所用的时间叫做交流电的_____，国际单位是_____。两者之间的关系为 $T =$ _____，它们与角频率之间的关系式为 $\omega =$ _____ $=$ _____。

9. 我国交流电的频率为 $f =$ _____，周期为 $T =$ _____，角频率为 $\omega =$ _____。

10. 某一正弦交流电压在 5s 的时间内变化了两周，则它的周期 $T =$ _____，频率 $f =$ _____，角频率 $\omega =$ _____。

11. 已知某正弦交流电流的最大值 $I_m = 2A$，频率 $f = 50Hz$，初相 $\varphi = \pi/6$，则有效值 $I =$ _____，角频率 $\omega =$ _____，周期 $T =$ _____，解析式为 $i =$ _____。

12. 某正弦交流电压 $u = 311\sin(314t - \pi/4)V$，则最大值 $U_m =$ _____，有效值 $U =$ _____，角频率 $\omega =$ _____，频率 $f =$ _____，周期 $T =$ _____，初相位 $\varphi_0 =$ _____。$t = 0$ 时，电压的瞬时值 $u(0) =$ _____。

13. 某一工频正弦交流电的电流为 6A，初相位 $\varphi = -\pi/3$，则解析式为 $i =$ _____。

14. 两个正弦交流电，周期相同，已知 u_1 的初相位 $\varphi_{01} = \pi/3$，u_2 的初相位 $\varphi_{02} = \pi/6$，

则它们的相位差是 $\varphi =$ _____ = _____，是____滞后_____。

15. 某正弦交流电流 $i_1 = 10\sin(200\pi t - 30°)\,\text{A}$，$i_2 = 20\sin(200\pi t + 60°)\,\text{A}$，则 $I_{1m} =$ _____，$I_{2m} =$ _____，频率 $f =$ _____，i_1 的初相位 $\varphi_1 =$ _____，i_2 的初相位 φ_2 _____，i_2 相位比 i_1 _____。

16. 某正弦交流电压如图 2-23 所示，从图上能直接看出的参数有 _____、_____、_____则该电压的频率 $f =$ _____，角频率 $\omega =$ _____，有效值 $U =$ _____，解析式为 $u =$ _____。

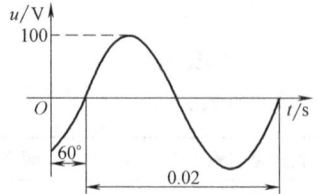

图 2-23 题 16 图

17. 有一个线圈的电感 $L = 3\text{mH}$，当频率 $f = 50\text{Hz}$ 时，感抗 $X_L =$ _____；当频率 $f' = 200\text{Hz}$ 时，感抗变为 $X'_L =$ _____，说明感抗与频率成_____。

18. 已知电容器的 $C = 80\mu\text{F}$，当频率 $f = 50\text{Hz}$ 时，容抗 $X_C =$ _____；当频率 $f' = 200\text{Hz}$ 时，容抗变为 $X'_C =$ _____，说明容抗与频率成_____。

19. 在单一参数的正弦交流电路中，_____元件两端的电压超前电流 $\pi/2$，_____元件两端的电压滞后电流 $\pi/2$，_____元件两端的电压与电流同相。

20. 在纯电感电路中，其他条件不变，电源频率提高一倍，则电感中的电流 I 将_____。

21. 在纯电容电路中，其他条件不变，减小电源频率 f，电容中电流 I 将_____。

22. 功率因数的定义公式为 $\lambda =$ _____，其大小由 _____ 和 _____ 决定。纯电阻电路的功率因数 $\lambda =$ _____，纯电感电路 $\lambda =$ _____，纯电容电路 $\lambda =$ _____。

23. 数学表达式为 $i = 4\sin(314t - 60°)\,\text{A}$ 的交流电流通过 $R = 4\Omega$ 的电阻，则电阻上的电压的数学表达式 $u =$ _____，消耗的功率 $P =$ _____。

24. 已知电感线圈两端的电压 $u_1 = 50\sqrt{2}\sin(1000t + 105°)\,\text{V}$，电感 $L = 0.02\text{H}$，则流过线圈的电流 $I =$ _____，有功功率 $P =$ _____，无功功率 $Q =$ _____。

25. 纯电容交流电路中，电容两端的电压为 $u = 100\sqrt{2}\sin(100\pi t + \pi/4)\,\text{V}$，$C = 40\mu\text{F}$，则通过的电流有效值 $I =$ _____，瞬时功率最大值为 _____，一个周期内的平均功率为 _____。

26. 正弦交流电压 $u = 220\sqrt{2}\sin(1000t + \pi/3)\,\text{V}$，将它加在 10Ω 电阻的两端，通过电阻的电流瞬时值表达式 $i =$ _____；将它加在 $C = 100\mu\text{F}$ 的电容器两端，通过该电容器的电流瞬时值表达式 $i =$ _____；将它加在 $L = 0.01\text{H}$ 的电感器两端，通过该电感的电流瞬时值表达式 $i =$ _____。

27. 在 RL 串联正弦交流电路中，电压三角形由 U_R、_____ 和 _____ 组成。三个电压之间的关系式为 _____。

28. 在 RL 串联正弦交流电路中，电压有效值与电流有效值的关系为 $I =$ _____，电压与电流的相位关系为 _____，$\varphi =$ _____，电路的有功功率 $P =$ _____，无功功率 $Q =$ _____，视在功率 $S =$ _____。

29. 在 RL 串联正弦交流电路中，用电压表测量电阻 R 两端的电压为 3V，电感 L 两端的电压为 4V，则电路的总电压 $U =$ _____。

30. 在 RC 串联正弦交流电路中，电压三角形由 U_C、_____ 和 _____ 组成。三个电压之间的关系式为_____。

31. 在 RC 串联正弦交流电路中，用电压表测量电阻 R 两端的电压为 12V，电容 C 两端的电压为 5V，则电路的总电压 $U = $ _____。

32. 在 RLC 串联正弦交流电路中，当 $X_L > X_C$ 时，电路呈_____性；当 $X_L < X_C$ 时，电路呈_____性；当 $X_L = X_C$，电路呈_____性。

33. 在 RC 串联正弦交流电路中，电压有效值与电流有效值的关系为_____，电压与电流的相位关系为_____，$\tan\varphi = $ _____。电路的有功功率 $P = $ _____，无功功率 $Q = $ _____，视在功率 $S = $ _____。

34. 视在功率表示_____的能力，即交流电源的容量，用字母____表示，它等于总电压与总电流的_____。它与有功功率、无功功率之间的关系式为_____。

35. 阻抗角 φ 的大小决定于_____和_____，与电压、电流大小无关。阻抗角的计算公式是 $\tan\varphi = $ _____ = _____ = _____。

36. 电抗的字母代号为_____，计算公式为_____，国际单位是_____。若 $X > 0$，表示_____。

37. 阻抗的字母代号为____，在 RLC 串联电路中，计算公式为_____，国际单位是_____。

38. 在 RLC 串联正弦交流电路中，当电源电压和电流同相时，电路呈_____性，电路的这种现象称为_____。

39. 串联谐振的条件为_____，谐振频率 $f = $ _____，品质因数 $Q = $ _____。

40. RLC 串联谐振电路中，总阻抗最_____，$Z = $ _____，电流最_____，$I = $ _____。

41. 在 RLC 串联谐振电路中，当电源电压不变时，若增大电容量，则电路将呈_____性。

42. RLC 串联电路发生谐振时，若电容两端电压为 200V，电阻两端电压为 10V，则电感两端电压 $U_L = $ _____，品质因数 $Q = $ _____。

43. 在 RLC 串联谐振电路中，可以通过增大品质因数，以提高电路的_____；但若品质因数过大，会使_____变窄，接收的信号就容易失真。

二、选择题

1. 大小和方向随时间作周期性变化且一个周期内平均值为零的电流和电压，统称为（　　）。

    A. 交流电　　　　B. 正弦交流电　　　　C. 单相交流电　　　　D. 非正弦交流电

2. 正弦交流电的有效值等于最大值的（　　）倍。

    A. 1/2　　　　B. 1/3　　　　C. $1/\sqrt{2}$　　　　D. $1/\sqrt{3}$

3. 两个同频率的正弦交流电的相位差等于 180° 时，它们的相位关系是（　　）。

    A. 相等　　　　B. 反相　　　　C. 同相　　　　D. 正交

4. 关于正弦交流电的有效值，下列说法正确的是（　　）。

    A. 有效值是最大值的 $\sqrt{2}$ 倍

    B. 最大值为 311V 的交流电，可以用 220V 的直流电代替

    C. 最大值是有效值的 $\sqrt{3}$ 倍

D. 最大值为 311V 的正弦交流电压就其热效应而言，相当于一个 220V 的直流电压

5. 一个电容器的耐压为 250V，把它接到正弦交流电路中使用时，加在电容器上的交流电压有效值可以是（　　）。

　　A. 250V　　　　　　B. 200V　　　　　　　C. 178V　　　　　　D. 150V

6. 一个电热器接在 10V 的直流电源上，产生一定的热效率。把它改接到正弦交流电源上，使产生的热效率与直流时相等，则交流电源电压最大值应是（　　）。

　　A. 7.07V　　　　　　B. 5V　　　　　　　　C. 10V　　　　　　D. 14V

7. 两个电流是 $i_1 = 20\sqrt{2}\sin(100\pi t + \pi/6)\,\text{A}$，$i_2 = 20\sin(100\pi t + \pi/4)\,\text{A}$ 这两个交流电流相同的量是（　　）。

　　A. 最大值　　　　　　B. 有效值　　　　　　C. 周期　　　　　　D. 初相位

8. 有三个正弦交流电压，分别为 $u_1 = 20\sin(100\pi t + 30°)\,\text{V}$，$u_2 = 10\sin(100\pi t + 90°)\,\text{V}$，$u_3 = 30\sin(100\pi t - 120°)\,\text{V}$，则（　　）。

　　A. u_1 滞后 u_2 为 60°　　　　　　　　B. u_1 超前 u_2 为 60°

　　C. u_1 滞后 u_3 为 150°　　　　　　　D. u_1 超前 u_3 为 90°

9. 在纯电感正弦交流电路中，计算电流的公式是（　　）。

　　A. $i = \dfrac{U}{L}$　　　　B. $I = \dfrac{U}{\omega L}$　　　　C. $I = \dfrac{u}{\omega L}$　　　　D. $I_\text{m} = \dfrac{U}{\omega L}$

10. 在纯电容正弦交流电路中，计算电流的公式是（　　）。

　　A. $i = \dfrac{U}{C}$　　　　B. $I = \omega C U$　　　　C. $I_\text{m} = \dfrac{U}{\omega C}$　　　　D. $I = \dfrac{U}{\omega C}$

11. 在阻值为 $R = 10\Omega$ 的纯电阻电路两端加上正弦交流电流 $i = 5\sin(100\pi t + \pi/6)\,\text{V}$，通过它的电压瞬时值表达式为（　　）。

　　A. $u = 0.5\sin(100\pi t + \pi/6)\,\text{A}$　　　　　B. $u = 50\sin(100\pi t + \pi/6)\,\text{A}$

　　C. $u = 50\sin(100\pi t - \pi/3)\,\text{A}$　　　　　D. $u = 50\sin(100\pi t + 2\pi/3)\,\text{A}$

12. 若电路中某元件两端的电压 $u = 36\sin(314t - 180°)\,\text{V}$，电流 $i = 4\sin(314t + 180°)\,\text{A}$，则该元件是（　　）。

　　A. 电阻　　　　　　B. 电感　　　　　　C. 电容　　　　　　D. 无法判断

13. 在容抗为 $X_\text{C} = 10\Omega$ 的纯电容电路两端加上正弦交流电压 $u = 50\sin(100\pi t + \pi/6)\,\text{V}$，通过它的电流瞬时值表达式为（　　）。

　　A. $i = 0.2\sin(100\pi t + \pi/6)\,\text{A}$　　　　　B. $i = 5\sin(100\pi t + \pi/6)\,\text{A}$

　　C. $i = 5\sin(100\pi t - \pi/3)\,\text{A}$　　　　　D. $i = 5\sin(100\pi t + 2\pi/3)\,\text{A}$

14. 在 RL 串联正弦交流电路中，下列阻抗表达式正确的是（　　）。

　　A. $Z = \sqrt{R^2 + L^2}$　　　　　　　　B. $Z = \sqrt{R^2 + X_\text{L}^2}$

　　C. $Z = \sqrt{R + X_\text{L}}$　　　　　　　　D. $Z = R + X_\text{L}$

15. 在 RL 串联电路中，若电源电压不变，当电源频率增加时，电路中的总电流将（　　）。

　　A. 变小　　　　　　B. 变大　　　　　　C. 不变　　　　　　D. 不能确定

16. 在 RL 串联电路中，已知 $u = 10\sin 1000t\,\text{V}$，$R = 3\Omega$，$L = 4\text{mH}$，电流 i 等于（　　）。

　　A. $2\sin(1000t - 53.1°)\,\text{A}$　　　　　　B. $2\sqrt{2}\sin(1000t + 53.1°)\,\text{A}$

C. $2\sin(1000t + 53.1°)$A   D. $2\sqrt{2}\sin(1000t - 53.1°)$A

17. 在 RC 串联的正弦交流电路中，电流的计算公式正确的是（   ）。

A. $I = \dfrac{U}{R}$ B. $i = \dfrac{U}{Z}$，$Z = \sqrt{R^2 + X_C^2}$

C. $I = \dfrac{U}{X_C}$ D. $I = \dfrac{U}{Z}$，$Z = \sqrt{R^2 + X_C^2}$

18. 把 $R = 6\Omega$ 的电阻和 $X_C = 8\Omega$ 的电容器串联后接到 110V 的正弦交流电压上，电路阻抗为（   ）。

A. 6Ω B. 8Ω C. 10Ω D. 14Ω

19. RLC 串联正弦交流电路，$U_R = 40$V，$U_L = 70$V，$U_C = 40$V，总电压 U 为（   ）。

A. 40V   B. 50V   C. 70V   D. 150V

20. 在 RLC 串联正弦交流电路中，已知 $R = 20\Omega$，$X_L = 80\Omega$，$X_C = 40\Omega$，则该电路呈（   ）。

A. 电阻性   B. 中性   C. 电容性   D. 电感性

21. 在 RLC 串联谐振电路中，当 $f < f_0$ 时，电路呈（   ）。

A. 电阻性   B. 电感性   C. 电容性   D. 中性

22. 在 RLC 串联电路中，已知 R、L、C 元件两端的电压均为 100V，则电路总电压是（   ）。

A. 0V   B. 100V   C. 200V   D. 300V

23. 在 RLC 串联谐振电路中，电阻 R 减小，其影响是（   ）。

A. 谐振频率增大   B. 谐振频率减小   C. 电路电流增大   D. 电路电流减小

24. 品质因数 Q 的公式为（   ）。

A. $\sqrt{L/C}$ B. $(1/R)\sqrt{L/C}$ C. $R\sqrt{L/C}$ D. $(1/R)\sqrt{LC}$

25. 在 RLC 串联谐振回路中，已知品质因数 $Q = 50$，输入信号电压为 10mV，则电容和电感两端的电压为（   ）。

A. 10mV   B. 0.2mV   C. 5V   D. 0.5V

26. 在 RLC 串联电路中，$X_L = X_C = 40\Omega$，$R = 10\Omega$，总电压 $U = 220$V，则电容两端的电压为（   ）。

A. 0V   B. 55V   C. 220V   D. 880V

27. 在感性负载的两端并联电容可以（   ）。

A. 提高负载的功率因数   B. 减小负载电流
C. 提高线路的功率因数   D. 减小负载有功功率

28. 在日光灯电路实验中，我们在感性负载（日光灯）的两端并联一只电容器之后，线路的功率因数由原来的 0.6 提高到 0.9，则电路的总电流将（   ）。

A. 减小   B. 不变   C. 增大   D. 无法判断

三、计算题

1. 将 "220V、30W" 的电烙铁，接在交流电压为 $u = 311\sin314t$V 的电源上。求：

1）电烙铁的电阻和通过电烙铁的电流；

2）若将这电烙铁接在 110V 的交流电源上，它实际的电流是多少？实际消耗的功率是多少？

2. 有一只 $L = 0.127H$ 的线圈，内阻不计，接在 $f = 50Hz$、$U = 220V$ 初相位为零的正弦交流电源上。求：

1）通过线圈的电流；
2）电压、电流的瞬时值表达式；
3）电路的无功功率；
4）电压、电流的相量图。

3. 有一只电容量为 $20\mu F$ 的电容器，接在 $f = 50Hz$、$U = 220V$ 初相位为零的正弦交流电源上。求：

1）通过电容器的电流；
2）电压、电流的瞬时值表达式；
3）电路的无功功率；
4）电压、电流的相量图。

4. 将电感为 $63.5mH$、电阻为 20Ω 的线圈接到 $u = 220\sqrt{2}\sin(314t + 15°)$ V 的电源上，组成 RL 串联电路。求：

1）线圈的阻抗；
2）电路中电流有效值；
3）电路的有功功率；
4）电路的无功功率；
5）阻抗角；
6）电路的功率因数。

5. 把一个线圈接到电压为 36V 的直流电源上，测得流过线圈的电流为 0.6A。当把它改接到频率为 50Hz，电压有效值为 220V 的正弦交流电源上时，测得流过线圈的电流为 2.2A。求线圈的参数 R 和 L。

6. 将阻值为 80Ω 的电阻和电容量为 53μF 的电容串联起来，接到"220V、50Hz"的正弦交流电源上，组成 RC 串联电路。求：
   1）电路的总阻抗；
   2）电路中电流的有效值；
   3）电路的有功功率；
   4）电路的无功功率；
   5）电路的阻抗角；
   6）电路的功率因数。

7. 在 RLC 串联电路中，已知 $R = 4Ω$，$L = 31.8\text{mH}$，$C = 455μF$，电路两端的交流电压 $u = 311\sin314t\text{V}$。求：
   1）电路的总阻抗；
   2）电路中电流有效值；
   3）电路中各元件两端的电压有效值；
   4）电路的有功功率、无功功率、视在功率；
   5）电路的功率因数。

8. 在 RLC 串联正弦交流电路中，已知 $R = 2Ω$，$L = 100\text{mH}$，$C = 0.01μF$，外加电压 $U = 18\text{mV}$。当电路发生谐振时，求：
   1）谐振频率 f_0；
   2）电路的电流 I_0；
   3）品质因数 Q；
   4）谐振时电阻、电感和电容元件上的电压 U_R、U_L、U_C。

三相交流电路

班级 _____ 学号 _____ 姓名 _____ 成绩 _____

一、填空题

1. 有一对称三相电动势，若 U 相电动势为 $u_u = 311\sin(314t - 30°)$ V，则 V 相和 W 相电动势分别为 u_V = _____ ，u_W = _____ 。

2. 采用三相四线制输电时可以获得两种电压，即 _____ 和 _____ ，它们之间的数量关系是：U_L = _____ ；相位关系是： _____ 的相位超前相应的相电压 _____ 。

3. 将三相发电机绕组的三个末端 U_2、V_2、W_2 连接成一个公共点，三个首端 U_1、V_1、W_1 分别与负载连接，这种连接方式称 _____ 。三个末端 U_2、V_2、W_2 连接成的公共点称 _____ ，也称 _____ ，用字母 ____ 表示；从该点引出的导线称为 _____ ，也称 _____ ；从三相绕组首端引出的三根导线称 _____ ，俗称 _____ 。

4. 我国供电系统中，低压配电系统通常采用 _____ 制输电，而高压输电系统则通常采用 _____ 制。

5. 在工程上，U、V、W 三根相线通常分别用 _____ 、 _____ 、 _____ 三种颜色区分，中性线一般用 _____ 或 _____ 颜色表示。

6. 各相负载的大小和性质都相等的三相负载称为 _____ ，如三相异步电动机等；否则，称为 _____ ，如 _____ 。

7. 三相负载的连接方式有 _____ 和 _____ 两种，符号分别为 _____ 和 _____ 。

8. 用三相四线制供电，线电流等于相电流 _____ 倍，线电压等于相电压的 _____ 倍。如果三相负载是对称的，则中性线上的电流等于 _____ ；如果三相负载是不对称的，则中性线可以保证 _____ ，以防止发生事故。因此，中性线上不允许安装 _____ 和 _____ 。

9. 有一台三相异步电动机，每相绕组的额定电压是 220V，当它们接成星形时，应接到线电压为 _____ 的三相交流电源上才能正常工作；当它们接成三角形时，应接到线电压为 _____ 的三相交流电源上才能正常工作。

10. 在同一供电线路上，不允许一部分电气设备 _____ ，另一部分电气设备 _____ 。

11. 在同一个对称三相交流电源的作用下，同一组对称三相负载作三角形联结时的线电流是作星形联结时的线电流的 _____ 倍。同样，在同一个对称三相交流电源的作用下，同一组对称三相负载作三角形联结时的三相有功功率是作星形联结时的三相有功功率的 _____ 倍。

12. 触电对人体的伤害程度，主要是由通过人体的 _____ 来决定的。实践证明，频率为 _____ 的电流最危险。若人体通过 _____ mA 的工频电流就会有生命危险。

13. 常见的触电方式有 _____ 和 _____ 。 _____ 后果更严重。

14. 为防止发生触电事故，除应注意火线必须进开关、合理选择导线与熔丝外，还必须采取_____、_____或_____、_____等措施。

15. 三相异步电动机主要由_____和_____两个基本部分组成，是将_____能转化为_____能的动力设备。要使电动机反转，只要将三根____线中的_____线_____即可。

16. 如图 2- 24 所示四个电路中，星形接法的是_____和_____；三角形接法的是_____和_____。

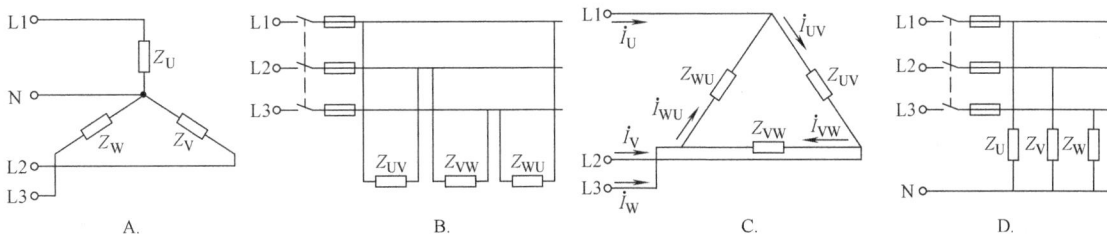

图 2- 24 题 16 图

二、选择题

1. 三相交流电 U- V- W- U 的相序属 （　　　）。
   A. 正序　　　　　　B. 无法判断　　　　　　C. 零序　　　　　　D. 负序

2. 在三相四线制供电系统中，线电压与相电压的关系是 （　　　）。
   A. 线电压与相电压相等　　　　　　B. 线电压是相电压的$\sqrt{2}$倍
   C. 线电压是相电压的$\sqrt{3}$倍　　　　D. 相电压是线电压的$\sqrt{3}$倍

3. 三相四线制供电系统中，相电压为220V，则火线与火线间的电压为 （　　　）。
   A. 127V　　　　　B. 380V　　　　　C. 311V　　　　　D. 220V

4. 不适合用于三相三线制供电系统的是 （　　　）。
   A. 高压输电线路　B. 三相交流电动机　C. 三相照明电路　D. 对称三相交流电路

5. 关于对称三相交流电路，下列说法正确的是 （　　　）。
   A. 三相交流电源对称的电路　　　　　B. 三相负载对称的交流电路
   C. 三相交流电源和三相负载都对称的电路　D. 以上说法都可以

6. 三相异步电动机每相绕组的额定电压为220V，为保证电动机接入线电压为380V 的三相交流电路中能正常工作，电动机应接成 （　　　）。
   A. 并联　　　　　B. 星形　　　　　C. 串联　　　　　D. 三角形

7. 对同一个对称三相交流电源，对称三相负载作三角形联结时的三相有功功率为作星形联结时的三相有功功率的 （　　　）。
   A. 1 倍　　　　　B. $\sqrt{3}$倍　　　　　C. 3 倍　　　　　D. 2 倍

8. 三相有功功率、无功功率及视在功率国际单位正确的是 （　　　）。
   A. W、var、V·A　　　　　　B. W、V·A、var
   C. V·A、var、W　　　　　　D. W、V·A、W

9. 被电击的人能否获救，关键在于（　　　）。
   A. 触电的方式
   B. 人体电阻的大小
   C. 触电电压的高低
   D. 能否尽快脱离电源和施行正确的救护

10. 一般情况下，规定安全电压是（　　）V 以下。
   A. 220
   B. 50
   C. 36
   D. 12

三、计算题

1. 有一组对称三相负载，每相的电阻为 55Ω。如果负载连接成星形，接到线电压为 380V 的三相交流电源上，求负载的相电流、线电流及三相有功功率。

2. 有一个对称三相交流电路，电源电压为 380V，负载作三角形联结，各相电阻为 4Ω，容抗为 3Ω。求：每相负载的阻抗、相电压、相电流、线电流和三相有功功率。

3. 对称三相负载作三角形联结，各相负载的电阻 $R = 6\Omega$，感抗 $X_L = 8\Omega$，将它们接到线电压为 380V 的对称三相交流电源上。求：

1）相电流 $I_{\triangle P}$ 和线电流 $I_{\triangle L}$；

2）功率因数 λ；

3）三相负载的有功功率 $P_{\triangle}$。

变压器和交流电动机

班级_____ 学号_____ 姓名_____ 成绩_____

一、填空题

1. 变压器是利用_____原理制成的静止电气设备。

2. 变压器主要由_____和_____两个部分组成。铁心通常是采用_____制成的。

3. 若理想变压器的电压比为 $n = 20$，当一次绕组的电流为 $I_1 = 1A$ 时，则二次绕组流过负载的电流是 $I_2 =$ _____。此变压器为_____变压器。

4. 某理想变压器一次绕组接到 220V 电源上，二次绕组匝数为 165 匝，输出电压为 5.5V，电流为 20mA，则一次绕组的匝数等于_____，一次绕组中的电流等于_____。

二、选择题

1. 某一理想变压器的一次、二次绕组中的电流为 I_1、I_2，电压为 U_1、U_2，功率为 P_1、P_2，关于它们之间的关系，正确的说法是（　　）。

    A. I_2 由 I_1 决定

    B. P_1 由 P_2 决定

    C. U_1 与负载有关

    D. U_2 与负载有关

2. 变压器一次绕组 100 匝，二次绕组 1200 匝，在一次绕组两端接有电动势为 10V 的蓄电池组，则二次绕组的输出电压是（　　）。

    A. 120V

    B. 0.8V

    C. 12V

    D. 0

3. 为了确保安全，工厂内的机床照明电灯的电压通常是 36V，这个电压是把 220V 的交流电压通过变压器降压后得到的。如果这台是理想变压器，它给 40W 的电灯供电，则一次和二次绕组的电流之比是（　　）。

    A. 无法确定

    B. 9 : 55

    C. 1 : 1

    D. 55 : 9

4. 关于变压器的功能，正确的说法是变压器能（　　）。

    A. 增大交流电的功率

    B. 改变稳恒电流的大小

    C. 改变交流电压的大小

    D. 改变阻抗的大小和性质

统测模拟试卷1

题号	一	二	三	四	总分
满分	35	30	30	5	100

考生须知：

1. 本试卷分问卷和答题卷两部分，满分100分。

2. 请在答题卷密封区内写明校名、姓名、准考证号。

3. 全部答案都请做在答题卷标定的位置上，务必注意试题序号与答题序号相对应，题号错号或直接做在问卷上无效。

一、填空题（本大题共有 50 个空格，请选择其中的 35 个空格作答，每空格 1 分，共 35 分，多做按顺序批改，不加分。）

1. 电压的国际单位是＿＿＿＿＿＿＿。

2. 电流的正方向规定为＿＿＿＿＿＿＿＿＿＿＿＿＿＿＿。

3. 有两根同一种材料的电阻丝，横截面积之比为 1:2，长度之比为 2:3，它们的电阻之比为＿＿＿＿＿＿。

4. 额定值为"220V，100W"的白炽灯，灯丝的热态电阻为＿＿＿＿＿＿＿。如果把它接到 110V 的电源上，它实际消耗的功率为＿＿＿＿＿＿＿。

5. 某导体两端电压为 4V，该导体的电阻为 10Ω，则通过导体的电流为＿＿＿＿＿＿。

6. 有一闭合电路，电源电动势 $E = 18V$，内阻 $r = 1\Omega$，负载电阻 $R = 17\Omega$。当负载短路时，通过电路的电流为＿＿＿＿＿，负载两端的电压为＿＿＿＿＿。

7. 如图 2-25 所示，电源电动势 $E = 10V$，内阻 $r = 0.5\Omega$，$R_1 = 1.5\Omega$，当 $R_P = $＿＿＿＿＿＿时，$R_P$ 可以获得的最大功率 $P_m = $＿＿＿＿＿＿。

8. 如图 2-26 所示电路，A 点的电位为＿＿＿＿＿，A、B 两点间的电压为＿＿＿＿＿。

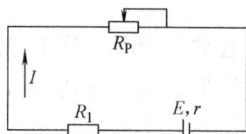

图 2-25　题 7 图

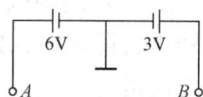

图 2-26　题 8 图

9. 有两个电阻 R_1 和 R_2，$R_1 = 2R_2$，把它们并联起来的等效电阻是 4Ω，则 $R_1 = $＿＿＿＿＿。

10. 基尔霍夫电压定律的数学表达式为＿＿＿＿＿＿＿。

11. 某电路有 3 个节点和 5 条支路，采用支路电流法求解各支路电流时，能列出独立的电流方程为＿＿＿＿＿＿个，独立的电压方程为＿＿＿＿＿＿个。

12. 电压源和电流源的等效变换，只对＿＿＿＿＿＿＿＿＿是等效的。

13. 电容器的基本特性是能够存储电荷，它的主要参数有＿＿＿＿＿＿＿和＿＿＿＿＿。

14. 有一只电容为 $50\mu F$ 的电容器，电容器两极板间的电压是 10V，电容器储存的电场能是_____。

15. 一只电容为 $C\mu F$ 的电容器和一只电容为 $8\mu F$ 的电容器并联，总电容为 $C\mu F$ 电容器的 3 倍，则电容 C 是_____。

16. 有 10 只容量均为 $25\mu F$、耐压均为 $50V$ 的电容器，将它们全部串联后的等效电容为_____，耐压为_____。

17. 在磁场中某点放一个能自由转动的小磁针，小磁针静止时_____所指的方向，就是该点磁场的方向。

18. 通过与磁场方向垂直的某一面积上的磁感线的总数，叫做通过该面积的磁通，其国际单位是_____。

19. 由电磁感应产生的电动势称为_____，在闭合回路中因此而引起的电流称为_____。

20. 通电导体在磁场中所受的电磁力方向由_____判定。

21. 大小和方向随时间作周期性变化，且一个周期内的平均值为零的电流和电压，统称为_____。

22. 某一正弦交流电流 $i = 10\sqrt{2}\sin(314t + \pi/4)$ A，则最大值 I_m 为_____，频率 f 为_____，角频率为_____，初相位 $\varphi =$ _____。

23. 某正弦交流电流 $u_1 = 10\sin(100\pi t - 30°)$ V，$u_2 = 20\sin(100\pi t + 60°)$ V，则它们的相位差 $\phi_{12} =$ _____。

24. 在正弦交流电路中，_____元件两端的电压超前电流 $\pi/2$，_____元件两端的电压滞后电流 $\pi/2$，_____元件两端的电压与电流同相。

25. 在纯电感交流电路中，电容两端电压为 $u = 10\sqrt{2}\sin(100\pi t + \pi/4)$ V，电感 $L = \pi/10$H，则瞬时功率最大值为_____，一个周期内的平均功率为_____。

26. 在 RL 串联正弦交流电路中，用电压表测量电阻 R 两端的电压为 6V，电感 L 两端的电压为 8V，则电路的总电压是_____。

27. 某日光灯接在 220V 的正弦交流电源上，通过日光灯的电流为 0.5A，已知日光灯的有功功率 $P = 55W$，则该日光灯的功率因数 $\lambda =$ _____。

28. 在 RLC 串联正弦交流电路中，当电源电压和电流同相时，电路呈_____性，电路的这种状态称为串联谐振。

29. 在 RLC 串联谐振电路中，电阻 R 减小，其影响是电路的总电流_____。

30. 在工程上，U、V、W 三根相线分别用_____三种颜色来区分，中性线一般则用黑或白颜色来表示。

31. 三相四线制供电系统中，相电压为 220V，则火线与火线间的电压为_____。

32. 对称三相负载作三角形联结，线电压等于相电压的_____倍，线电流等于相电流的_____倍。

33. 把电气设备的金属外壳用导线与供电系统的零线（中性线）连接，称为_____。

34. 变压器主要由_____和_____两个基本部分组成。

二、选择题（将正确答案的序号填入空格内，本大题共 15 个小题，每小题 2 分，共 30 分）

1. 关于电动势的说法，正确的是（   ）。

A. 电动势反映了不同电源的做功能力

B. 电动势是矢量

C. 电动势的方向由正极经电源内部指向负极

D. 电源内部静电力维持电荷的定向移动

2. 把一个 1.5V、0.5A 的小灯泡接到 6V 的电源上，要使灯泡正常发光，应串联一只降压电阻，阻值为（　　）。

    A. 3Ω   B. 12Ω   C. 4.5Ω   D. 9Ω

3. 有人将"110V、40W"的电烙铁与"110V、60W"的灯泡串联后，接在 220V 的电源上，则（　　）。

    A. 烙铁将被烧毁   B. 烙铁工作温度正常

    C. 烙铁工作温度不够   D. 无法判断

4. 标明"100Ω、4W"和"100Ω、25W"的两个电阻串联时允许加的最大电压是（　　）。

    A. 40V   B. 70V   C. 140V   D. 200V

5. 修理电器需要一只 200Ω 的电阻，但手头只有电阻值分别为 100Ω、300Ω、600Ω 的电阻各一只，可代用的办法是（　　）。

    A. 把 300Ω 的电阻与 600Ω 的电阻串联起来

    B. 把 100Ω 的电阻与 300Ω 的电阻串联起来

    C. 把 100Ω 的电阻与 300Ω 的电阻并联起来

    D. 把 300Ω 的电阻与 600Ω 的电阻并联起来

6. 如图 2-27 所示电路，正确的关系式是（　　）。

    A. $I_5 = I_3 = -I_6$

    B. $I_1R_1 - E_1 + I_3R_3 + E_2 - I_2R_2 = 0$

    C. $I_4 + I_1 + I_2 = 0$

    D. $U_{AB} = I_4R_4 + I_1R_1 + E_1 - I_5R_5$

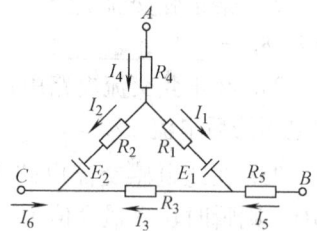

图 2-27　题 6 图

7. 两块平行金属板带等量异种电荷，要使两极板间的电压加倍，采用的办法有（　　）。

    A. 两板的电荷量变为原来的 2 倍，距离加倍

    B. 两板的电荷量变为原来的 2 倍，距离减半

    C. 两板的电荷量变为原来的 4 倍，距离加倍

    D. 两板的电荷量变为原来的 4 倍，距离减半

8. 如图 2-28 所示，每个电容器的电容都是 6μF，额定工作电压都是 100V，那么其等效电容为（　　）。

    A. 9μF   B. 6μF

    C. 4μF   D. 2μF

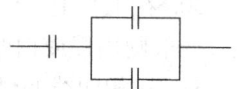

图 2-28　题 8 图

9. 下列装置工作时，利用电流磁效应工作的是（　　）。

    A. 电磁铁   B. 干电池   C. 白炽灯   D. 电镀

10. 两个正弦交流电流的解析式是 $i_1 = 20\sqrt{2}\sin(100\pi t + \pi/6)$A，$i_2 = 20\sin(100\pi t + \pi/4)$A，这两个交流电流相同的量是（　　）。

    A. 周期   B. 初相位   C. 最大值   D. 有效值

11. 在容抗为 $X_C = 100Ω$ 的纯电容电路中，通过的交流电流为 $i = 0.5\sin(100\pi t + \pi/6)$A，

则电容器两端所加的电压瞬时值表达式为（　　）。

    A. $u = 200\sin(100\pi t + \pi/6)\,\text{V}$　　　　B. $u = 50\sin(100\pi t + \pi/6)\,\text{V}$

    C. $u = 50\sin(100\pi t - \pi/3)\,\text{V}$　　　　D. $u = 50\sin(100\pi t + 2\pi/3)\,\text{V}$

12. 在 RC 串联的正弦交流电路中，电流的计算公式正确的是（　　）。

    A. $I = \dfrac{U}{X_\text{C}}$　　　　　　　　　　B. $I = \dfrac{U}{R}$

    C. $i = \dfrac{U}{Z}$，$Z = \sqrt{R^2 + X_\text{C}^2}$　　　　D. $I = \dfrac{U}{Z}$，$Z = \sqrt{R^2 + X_\text{C}^2}$

13. 在 RLC 串联谐振回路中，已知品质因数 $Q = 100$，输入信号电压为 10mV，则电容和电感两端的电压为（　　）。

    A. 1mV　　　　B. 10mV　　　　C. 1V　　　　D. 10V

14. 被电击的人能否获救，关键在于（　　）。

    A. 触电的方式　　　　　　　　B. 人体电阻的大小

    C. 触电电压的高低　　　　　　D. 能否尽快脱离电源和施行正确的救护

15. 变压器一次绕组 100 匝，二次绕组 1500 匝，在一次绕组两端接有电动势为 10V 的蓄电池组，则二次绕组的输出电压是（　　）。

    A. 150V　　　　B. 15V　　　　C. 1.5V　　　　D. 0V

三、计算题（本大题共有 3 个小题，每题 10 分，共 30 分）

1. 如图 2-29 所示电路，已知 $E_1 = 12\text{V}$，$E_2 = 15\text{V}$，$R_1 = 6\Omega$，$R_2 = 3\Omega$，$R_3 = 2\Omega$。求：各支路电流 I_1、I_2、I_3。

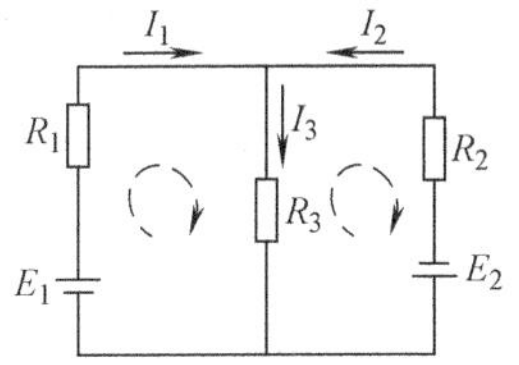

图 2-29　题 1 图

2. 在 RLC 串联交流电路中，已知 $R = 3\Omega$，$L = 14\text{mH}$，$C = 100\mu\text{F}$，电路两端的交流电压 $u = 141.4\sin 1000t\,\text{V}$。求：

    1）电路的阻抗；

    2）电路中电流有效值；

    3）电路中各元件两端电压的有效值；

    4）电路的有功功率、无功功率和视在功率。

3. 对称三相负载作星形联结，各相负载的电阻 $R = 6\Omega$，感抗 $X_L = 8\Omega$，将它们接到线电压为 380V 的对称三相交流电源上。求：

1）电路中相电流 I_{YP} 和线电流 I_{YL}；

2）功率因数 λ；

3）负载的有功功率。

四、综合题（本题共有 2 小题，任选其中的一题作答，共 5 分，多做按顺序批改，不加分）

1. 小灯泡的额定电流 I 为 1A，额定电压 U 为 6V，现有的电源电压 E 为 8V，要把这盏灯接在这个电源上使其正常工作，需怎样接入一个阻值多大的电阻 R？请设计电路，画出电路图。

2. 电容器是常见的电器元件，请你根据所学的知识回答下列问题：

1）电容器的主要参数有哪些？

2）电容器的主要作用有哪些（列举两个以上具体实例来说明）？

3）某同学做实验，他手中只有耐压 10V，电容是 $40\mu F$ 的电容器若干只，请根据下列要求画出电容连接图：

① 需要耐压 40V 电容 $10\mu F$ 的电容器；

② 需要耐压 10V 电容 $160\mu F$ 的电容器。

统测模拟试卷 2

题号	一	二	三	四	总分
满分	40	30	25	5	100

考生须知：

1. 本试卷分问卷和答题卷两部分，满分 100 分。

2. 请在答题卷密封区内写明校名、姓名、准考证号。

3. 全部答案都请做在答题卷标定的位置上，务必注意试题序号与答题序号相对应，题号错号或直接做在问卷上无效。

一、填空题（本大题共有 50 个空格，考生可任选其中 40 个空格作答，多做按顺序批改，不加分。每空格 1 分，共 40 分。）

1. 在白炽灯和电容器串联的正弦交流电路中，当通过电路的交流电源的频率增大时，电路的总阻抗将_____。

2. 一条均匀电阻丝对折后，通以和原来相同的电流，则在相同时间里，电阻丝所产生的热量是原来的_____倍。

3. $R_1 = 5\Omega$，$R_2 = 10\Omega$，把 R_1、R_2 串联起来，并在其两端加 15V 的电压，此时 R_1 所消耗的功率是_____W。

4. 某导体的电阻为 4Ω，在 2min 内通过导体横截面的电荷量为 480C，则该导体两端的电压为_____V。

5. 有两个电阻，当它们串联起来时，其总电阻为 10Ω，当它们并联起来时，其总电阻为 2.4Ω，则这两个电阻的阻值分别是_____Ω 和_____Ω。

6. 额定值为"220V、100W"的白炽灯，灯丝的热态电阻值为_____Ω。如果把它接到 110V 的电源上，它实际所消耗的功率为_____W。

7. 有两只电容器 C_1 和 C_2，并联接在电压为 U 的电源上，已知 $C_1 = 2C_2$，则 C_1 和 C_2 上所带的电荷量 $Q_1 : Q_2 = $_____。

8. 基尔霍夫第一定律的数学表达式为_____。

9. 三相交流异步电动机是利用_____原理制成的。它主要由_____和_____两个基本部分组成。

10. 电容器和电阻器都是构成电路的基本元件，但它们在电路中所起的作用却是不同的，从能量上来看，电容器是一种_____元件，而电阻器则是_____元件。

11. 正弦交流电的三要素是_____、_____、_____。

12. 两个交流电压的解析式分别是：$u_1 = 10\sqrt{2}\sin(100\pi t - 90°)$ V，$u_2 = 10\sin(100\pi t + 90°)$ V，则它们之间的相位关系是_____。

13. 实验测得某线性有源二端网络的开路电压为 6V，短路电流为 2A，当外接负载电阻为 3Ω 时，其端电压为_____V。

14. 在同一个对称三相交流电源作用下，同一组对称三相负载作三角形联结时的总有功功率是作星形联结时的总有功功率的_____倍。

15. 如图 2-30 所示的电路中的节点数为____个，回路数为_____个，网孔数为_____个，支路数为_____条。

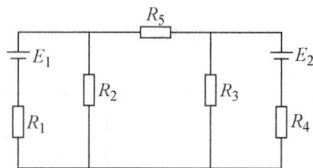

图 2-30　题 15 图

16. 三相四线制供电电源的中性线_____（允许或不允许）装设开关或熔断器。

17. 若把一个电动势为 12V 的电源正极接地，则负极的电位是_____V。

18. 在纯电感正弦交流电路中，电感两端的电压相位_____（超前、滞后）电流 $\pi/2$。

19. 在 RLC 串联电路发生谐振时，若电容两端的电压为 100V，电阻两端的电压为 10V，则电感两端的电压为_____V，品质因数 Q 为_____。

20. 常见的触电方式有_____触电和_____触电。

21. 在 RLC 串联的正弦交流电路中，已知 R、L、C 上的电压均为 10V，则电路两端的总电压应是_____V。

22. 当 $R = 2\Omega$ 的电阻通入交流电，已知交流电流的表达式为 $i = 4\sin(314t - 45°)\,\text{A}$，则电阻上消耗的功率是_____W。

23. 在正弦交流电路中，功率因数的定义式为 $\lambda =$ _____。由于感性负载电路的功率因数往往比较低，通常采用_____的方法来提高线路的功率因数。

24. 若三相交流异步电动机每相绕组的额定电压为 220V，则该电动机应接成____形时才能接入线电压为 220V 的三相交流电路中正常工作。

25. 当 $R = 2\Omega$ 的电阻通入交流电，已知交流电流的表达式为 $i = 4\sqrt{2}\sin(314t - 45°)\,\text{A}$，则电阻两端电压的有效值为_____V。

26. 有两只相同的电容器，并联之后的等效电容与它们串联之后的等效电容之比是_____。

27. 如图 2-31 所示，电源电动势 $E = 20\text{V}$，内阻 $r = 1\Omega$，$R_1 = 3\Omega$，R_P 为滑动变阻器，当 $R_P =$ _____Ω 时，R_P 可获得的最大功率 $P_m =$ _____W。

28. 在交流电源电压不变，内阻不计的情况下，给 RL 串联电路并联一只电容器 C 后，该电路仍为电感性电路，则电路中的总电流_____，电源提供的总有功功率_____（增大、减小、不变）。

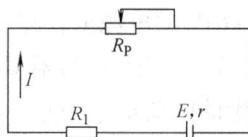

图 2-31　题 27 图

29. 将一段电阻为 R 的导线均匀拉长到原来的两倍，则其电阻值变为_____。

30. 一个电阻接在内阻为 0.1Ω，电动势为 1.5V 的电源上时，流过电阻的电流为 1A，那么该电阻上的电压等于_____V。

31. 在某一电阻 R 上再串联一个电阻 R'，要使 R 上的电压是串联电路总电压的 $1/n$，则串联电阻 R' 的阻值大小应等于 R 的_____倍。

32. 当 RLC 串联电路发生谐振时，总阻抗_____，总电流最大。

33. 三相四线制供电线路可以提供_____种电压。相线与零线之间的电压称为_____，相线与相线之间的电压称为_____。

二、**选择题**（本大题共有 30 个小题，考生可任选其中的 15 个小题作答，多做按顺序批改，不加分。请根据题目的要求选出一个最佳答案，每小题 2 分，共 30 分。）

1. 如图 2-32 所示的电路中，电源电压均为 6V，三只灯泡的额定工作电压均为 6V，接法错误的图是（   ）。

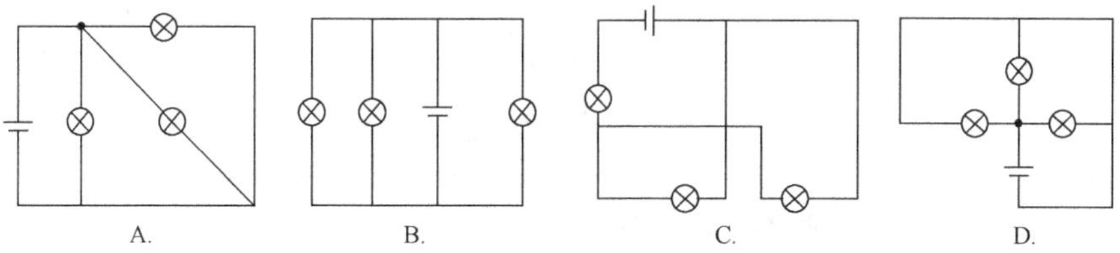

图 2-32 题 1 图

2. 如图 2-33 所示，A、B 间有 4 个电阻串联，并且 $R_2 = R_4$，电压表 V_1 的示数为 8V，V_2 的示数为 12V，则 A、B 间的电压为（   ）。

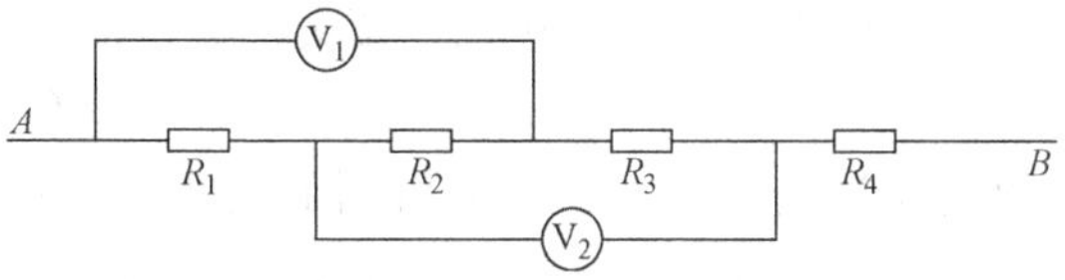

图 2-33 题 2 图

    A. 6V   B. 20V   C. 24V   D. 无法确定

3. 关于磁力线的下列说法中，正确的是（   ）。
    A. 磁力线是磁场中客观存在的有方向的曲线
    B. 磁力线始于磁铁北极而终止于磁铁南极
    C. 磁力线上的箭头表示磁场方向
    D. 磁力线上某点处小磁针静止时北极所指的方向与该点切线方向一致

4. 如图 2-34 所示的电路中，当外接 220V 的正弦交流电源时，灯 A、B、C 的亮度相同。当改接 220V 的直流电源后，下述说法正确的是（   ）。
    A. A 灯比原来亮   B. B 灯比原来亮 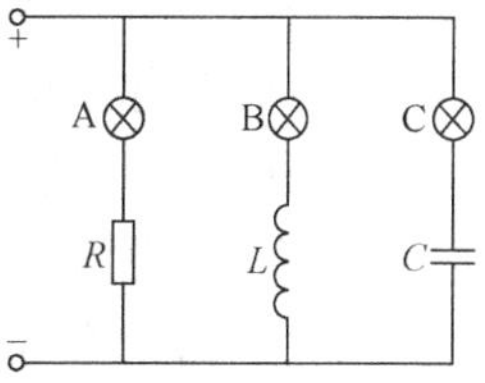
    C. C 灯比原来亮   D. A、B 灯和原来一样亮

图 2-34 题 4 图

5. 一只电容量为 $C\mu F$ 的电容器和一个电容量为 $2\mu F$ 的电容器串联，总电容量为 $C\mu F$ 电容器的 1/3 倍，则电容 C 是（   ）。
    A. $2\mu F$ B. $4\mu F$ C. $6\mu F$ D. $8\mu F$

6. 在工频正弦交流电下应选用（   ）做电动机的铁心。
    A. 铁镍合金   B. 铁铝合金   C. 硅钢片   D. 铁氧体磁性材料

7. 为了确保安全，工厂内的机床照明电灯的电压通常是 36V，这个电压是把 220V 的正弦交流电压通过变压器降压后得到的。如果这台是理想变压器，它给 40W 的电灯供电，则一次绕组和二次绕组的电流之比是（   ）。
    A. 1:1   B. 55:9   C. 9:55   D. 无法确定

8. 关于电位的概念，下列说法正确的是 （　　　）。

  A. 电位就是电压   B. 电位是绝对值

  C. 电位是相对值   D. 电位是没有单位的

9. 如图 2-35 所示，已知 $R_1 = R_2 = R_3 = R_4 = 2\Omega$，则 AB 间的等效电阻为 （　　　）。

  A. 0.5Ω B. 1Ω

  C. 2Ω D. 4Ω

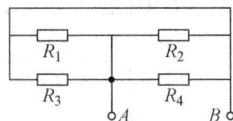

图 2-35　题 9 图

10. 电阻 R_1、R_2、R_3 串联后接在电源上，若电阻上的电压关系是 $U_1 > U_2 > U_3$，则三个电阻值之间的关系是 （　　　）。

  A. $R_1 > R_2 > R_3$ B. $R_1 > R_3 > R_2$

  C. $R_1 < R_2 < R_3$ D. $R_1 < R_3 < R_2$

11. 两只"100W，220V"的白炽灯串联在 220V 的电源上，每盏灯的实际功率是 （　　　）。

  A. 220W   B. 100W   C. 50W   D. 25W

12. 一阻值为 3Ω，感抗为 4Ω 的电感线圈接在正弦交流电路中，其功率因数为 （　　　）。

  A. 0.3   B. 0.6   C. 0.5   D. 0.4

13. 判断通电导体在磁场中所受作用力的方向可用下列哪个定则来判定 （　　　）。

  A. 右手定则   B. 左手定则   C. 安培定则   D. 右手螺旋定则

14. 如果发现有人发生触电事故，首先必须 （　　　）。

  A. 尽快使触电者脱离电源

  B. 立即进行现场紧急救护

  C. 迅速打电话叫救护车

15. 在三相正弦交流电路中，下列四种结论正确的是 （　　　）。

  A. 三相负载作星形联结时，必定有中性线

  B. 三相负载作三角形联结时，其线电流不一定是相电流的 $\sqrt{3}$ 倍

  C. 三相三线制星形联结时，电源线电压必定等于负载相电压的 $\sqrt{3}$ 倍

  D. 对称三相交流电路的总有功功率 $P = \sqrt{3}U_相 I_相 \cos\varphi$

16. 在星形联结的对称三相交流电路中，相电流与线电流的相位关系是 （　　　）。

  A. 相电流超前线电流 30°   B. 相电流滞后线电流 30°

  C. 相电流与线电流同相   D. 相电流滞后线电流 60°

17. 在三相交流异步电动机的定子上布置着结构完全相同的三个绕组，它们在空间位置上互差 （　　　） 电角度。

  A. 60°   B. 90°   C. 120°   D. 180°

18. 在 RLC 串联的正弦交流电路中，（　　　） 是属于电感性电路。

  A. $R = 4\Omega$，$X_L = 1\Omega$，$X_C = 2\Omega$ B. $R = 4\Omega$，$X_L = 0\Omega$，$X_C = 2\Omega$

  C. $R = 4\Omega$，$X_L = 3\Omega$，$X_C = 2\Omega$ D. $R = 4\Omega$，$X_L = 3\Omega$，$X_C = 3\Omega$

19. 如图 2-36 所示的电路中，电流表 A_1、A_2、A_3 的读数均为 2A，则总电流最小的是 （　　　）。

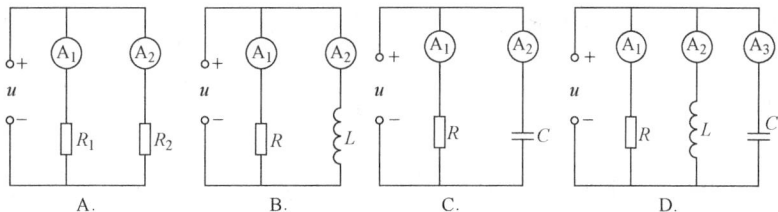

图 2-36 题 19 图

20. 在正弦交流电路中，某负载的有功功率 $P=800\text{W}$，无功功率 $Q=600\text{var}$，则该负载的功率因数为（　　）。

    A. 0.2　　　　　B. 0.6　　　　　C. 0.14　　　　　D. 0.8

21. 如图 2-37 所示的电路中，V_d 等于（　　）。

    A. $IR+E$　　　　B. $IR-E$　　　　C. $-IR+E$　　　　D. $-IR-E$

22. 如图 2-38 所示的直流电路中，$E=15\text{V}$，$I_\text{S}=5\text{A}$，$R=5\Omega$，恒压源 E 的工作状况是（　　）。

图 2-37　题 21 图　　　　　　　　图 2-38　题 22 图

    A. 吸收功率 30W　　　　　　　　B. 发出功率 30W

    C. 吸收功率 75W　　　　　　　　D. 发出功率 75W

23. 有一个铜环和一个木环，它们的形状、尺寸相同。用两块同样的条形磁铁以同样的速度，将 N 极垂直圆环平面分别插入铜环和木环中，则同一时刻这两环的磁通是（　　）。

    A. 铜环磁通大　　　　　　　　B. 木环磁通大

    C. 两环磁通一样大　　　　　　D. 两环磁通无法比较

24. 已知 $u=311\sin(314t-\pi/6)\text{V}$，$i=10\sin(314t-\pi/3)\text{A}$，则 u 和 i 的相位关系是（　　）。

    A. 电流超前电压 $\pi/6$　　　　　　B. 电压超前电流 $\pi/6$

    C. 电压超前电流 $\pi/2$　　　　　　D. 电流超前电压 $\pi/2$

25. 下列哪个量不属于正弦交流电的三要素（　　）。

    A. 时间　　　　B. 最大值　　　　C. 初相　　　　D. 周期

26. 如图 2-39 所示的电路中，电流表的读数是（　　）。

    A. 6A　　　　　　　　　　B. 10A

    C. 22A　　　　　　　　　D. 2A

27. 下面叙述正确的是（　　）。

    A. 电压源和电流源不能等效变换

    B. 电压源和电流源变换前后对内部不等效

    C. 电压源和电流源变换前后对外部不等效

    D. 以上三种说法都不正确

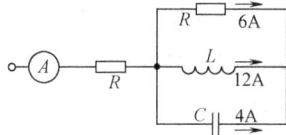

图 2-39　题 26 图

28. 如图 2-40 中的等效电阻 R_{ab} 为（设每一个电阻的阻值均为 20Ω）（　　）。

A. 100Ω　　　　　　　　B. 4Ω

C. 5Ω　　　　　　　　　D. 20Ω

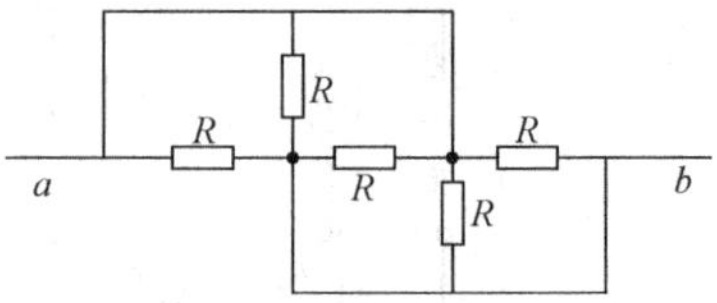

图 2-40　题 28 图

29. "220V，40W"的灯甲与"36V，40W"的灯乙，各正常通电 1h，耗电量（　　）多。

A. 甲灯　　　　B. 乙灯　　　　C. 甲乙一样

30. 在 RLC 串联的正弦交流电路中，已知 $R = 30Ω$，$X_L = 40Ω$，$X_C = 40Ω$，则电路呈（　　）。

A. 电容性　　　B. 电感性　　　C. 电阻性　　　D. 中性

三、计算题（共 25 分，其中第 1 小题为必做题，2、3 小题中任选一题作答，4、5 小题中任选一题作答。多做按顺序批改，不加分）

1.（10 分）如图 2-41 所示，$E_1 = 17V$，$E_2 = 34V$，$R_1 = 1Ω$，$R_2 = 2Ω$，$R_3 = 5Ω$，试求流过电阻 R_3 的电流。

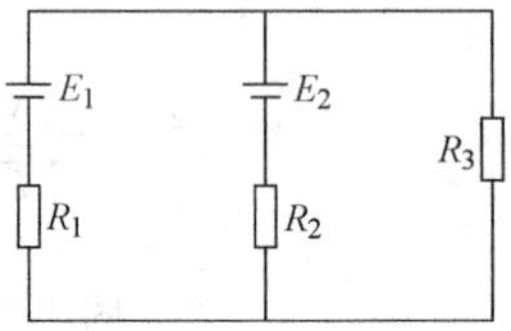

图 2-41　题 1 图

2.（5 分）有一星形联结的对称三相负载，每相电阻 $R = 8Ω$，感抗 $X_L = 6Ω$，接到线电压为 380V 的三相交流电源上。求：

1）每相负载的阻抗；

2）每相负载的相电流、线电流；

3）负载的功率因数和总有功功率。

3.（5 分）在对称三相交流电路中，三相负载作星形联结时，线电流为 2A，三相总有功功率为 50W；若电源电压不变，将负载改接成三角形联结时，求此时的相电流和三相总有功功率。

4. （10分）在 RLC 串联正弦交流电路中，已知交流电流为 6A，$U_R = 80V$，$U_L = 240V$，$U_C = 180V$，电源频率 $f = 50Hz$。求：

1）电源电压的有效值 U；

2）电路参数 R、L、C；

3）电路中电流与总电压的相位差；

4）电路的视在功率 S、有功功率 P 和无功功率 Q。

5. （10分）在 RLC 串联正弦交流电路中，已知电阻 $R = 50\Omega$，$L = 5mH$，$C = 50pF$，外加电压 $U = 40mV$，当电路发生谐振时。求：

1）谐振频率 f_0；

2）电路中的电流 I_0；

3）电路的品质因数 Q；

4）电路中电感、电容器两端的电压 U_L、U_C。

四、综合题（本大题共有 2 小题，任选一题作答，共 5 分。多做按顺序批改，不加分）

1. 日光灯电路是常见的 RL 串联电路，其原理图如图 2-42 所示。若在日光灯两端并联上一只电容器，则能提高线路的功率因数，试分析：

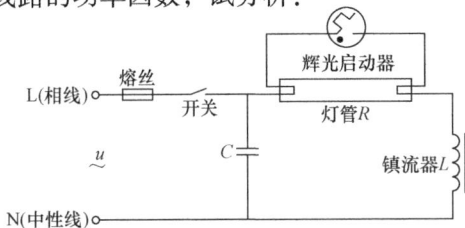

图 2-42　题 1 图

1）并联电容后流过灯管的电流将如何变化？

2）电路总电流将如何变化？

3）若要用指针式万用表测量交流电源的电压，请说明应将万用表选择在什么挡位？

4）用万用表测得镇流器两端的电压为190V，灯管两端的电压为110V，发现 $U \neq U_L + U_R$，其原因是什么？

2. 在实验中，有一同学在三相四线制供电线路上，每相接一个相同的电灯泡，三个灯都能正常发光。试分析：

1）如果中性线断开，则三个电灯泡的工作状况如何？

2）如果中性线断开后又有一相断路，则没有断路的其他两相中的电灯泡工作状况如何？

3）如果中性线断开后又有一相短路，则没有短路的其他两相中的电灯泡工作状况如何？

4）试说明中性线的作用。

统测模拟试卷 3

题号	一	二	三	四	总分
满分	35	30	30	5	100

考生须知：

1. 本试卷分问卷和答题卷两部分，满分 100 分。

2. 请在答题卷密封区内写明校名、姓名、准考证号。

3. 全部答案都请做在答题卷标定的位置上，务必注意试题序号与答题序号相对应，题号错号或直接做在问卷上无效。

一、填空题（本大题共有 50 个空格，请选择其中的 35 个空格作答，每空格 1 分，共 35 分，多做按顺序批改，不加分。）

1. 电路中两点间的电位差称为_____。

2. 一只阻值为 20Ω 的电阻与另一只电阻 R 串联后总电阻为 40Ω，那么这两只电阻并联后的总电阻为_____。

3. 某导体两端电压为 6V，通过导体的电流为 0.5A，导体的电阻为_____，当电压改变为 12V 时，电阻是_____。

4. 额定值为"220V、25W"的白炽灯，灯丝的热态电阻为_____。如果把它接到 110V 的电源上，它实际消耗的功率为_____。

5. 如图 2-43 所示电路，电源电动势 $E = 20V$，内阻 $r = 1Ω$，$R_1 = 4Ω$，R_P 为滑动变阻器，当 $R_P = $_____时，$R_P$ 可以获得的最大功率是 $P_m = $_____。

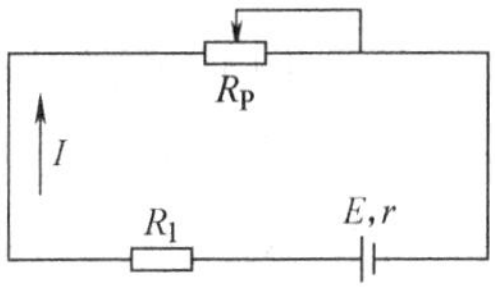

6. 已知 $R_1 = 20Ω$，$R_2 = 30Ω$，把 R_1、R_2 串联起来，并在其两端加 15V 的电压，通过电路的电流是_____，R_1 所消耗的功率是_____，R_2 所消耗的功率是_____。若将 R_1 和 R_2 改成并联，如果要使 R_1 消耗的功率不变，则应在它们两端加_____的电压，此时 R_2 所消耗的功率是_____。

图 2-43 题 5 图

7. 把一根铜导体均匀拉长到原来的 3 倍，其电阻值变为原来的_____倍。

8. 理想的电压源和理想的电流源不可以_____。理想的电压源不允许_____，理想的电流源不允许_____。电压源和电流源的等效变换，对_____不等效。

9. 某线性含源二端网络的开路电压为 10V，如果在网络两端接 10Ω 的电阻，二端网络端电压为 8V，则此网络的等效电动势 $E_0 = $_____，内阻 $r_0 = $_____。

10. 利用串联电阻的_____原理可以扩大电压表的量程，利用并联电阻的_____原理可以扩大电流表的量程。

11. 电容量的国际单位是_____，常用单位有_____和_____。

12. 用交流电表测得交流电的数值是_____，最大值和有效值之间的关系_____。

13. 在 RLC 串联正弦交流电路中，当 $X_L > X_C$ 时，电路呈_____性；当 $X_L < X_C$ 时，

电路呈_____性；$X_L = X_C$，电路呈_____性。

14. 在 RC 串联正弦交流电路中，用电压表测量电阻 R 两端的电压为 12V，电容 C 两端的电压为 5V，则电路的总电压是_____。

15. 与磁场方向垂直的单位面积上的磁通，称为_____，也称_____，其国际单位是_____。

16. 有 10 只容量为 $25\mu F$、耐压为 100V 的电容器，将它们全部串联后的等效电容为_____，耐压为_____。

17. 正弦交流电压在 1/20s 的时间内变化了 5 个周期，则它的周期等于_____，频率等于_____，角频率等于_____。

18. 我国交流电的频率为_____，周期为_____，角频率为_____。

19. 一只电容器当带电荷量为 Q 时，极板间电压为 U，当它的电荷量减少 $3 \times 10^{-4}C$ 时，极板间电压降低 $2 \times 10^{2}V$，则此电容器的电容_____。

20. 某正弦交流电压 $u = 311\sin(314t - \pi/4)$ V，则最大值 U_m 为_____，有效值 U 为_____，角频率 ω 为_____，周期 T 为_____，初相位 φ = _____。$t = 0$ 时，u 的瞬时值为_____。

21. 三相负载作星形联结后接到三相四线制供电线路上，则线电压等于相电压的____倍。

二、选择题（将正确答案的序号填入空格内，本大题共 15 个小题，每小题 2 分，共 30 分）

1. 电流的方向规定为（　　）。
   A. 正电荷定向运动的方向　　　　B. 负电荷定向运动的方向
   C. 带电粒子运动的方向　　　　　D. 无方向

2. 关于电动势的说法，正确的是（　　）。
   A. 电动势的方向由正极经电源内部指向负极
   B. 电动势是矢量
   C. 电动势反映了不同电源的做功能力
   D. 电源内部领先静电力维持电荷的定向移动

3. 额定功率不同，额定电压相同的两只电阻器并联时，功率较大的电阻器（　　）。
   A. 发热量较大　　　　　　　　　B. 发热量较小
   C. 跟功率较小的电阻发热量相同　D. 无法判断

4. 把一个"1.5V，0.5A"的小灯泡接到 4.5V 的电源上，要使灯泡正常发光，应串联降压电阻的阻值为（　　）。
   A. 12Ω　　　　B. 6Ω　　　　C. 12.5Ω　　　　D. 6.5Ω

5. 标明"100Ω，4W"和"100Ω，25W"的两个电阻并联时，允许加的最大电流是（　　）。
   A. 2A　　　　B. 0.7A　　　　C. 1A　　　　D. 0.4A

6. 两个阻值相等的电阻，若并联后的总阻值是 15Ω，则将它们串联的总阻值是（　　）。
   A. 60Ω　　　　B. 10Ω　　　　C. 20Ω　　　　D. 40Ω

7. 修理电器需要一只 150Ω 的电阻，但手头只有电阻值分别为 100Ω、200Ω、600Ω 的电阻各一只，可代用的办法是（ ）。

    A. 把 200Ω 的电阻与 600Ω 的电阻串联起来

    B. 把 100Ω 的电阻与 200Ω 的电阻串联起来

    C. 把 100Ω 的电阻与 200Ω 的电阻并联起来

    D. 把 200Ω 的电阻与 600Ω 的电阻并联起来

8. 一有源二端网络，测得其开路电压为 10V，短路电流为 1A。当外接 10Ω 负载时，负载电流为（ ）。

    A. 0A   B. 0.1A   C. 0.5A   D. 1A

9. 学校照明电路的总电阻，当（ ）。

    A. 全校电灯开关都闭合时最大

    B. 全校电灯开关都闭合时最小

    C. 全校电灯开关都断开时最小

    D. 全校电灯少用时最小

10. 如图 2-44 所示电路中，A 点电位 $V_A = E - RI$ 对应的电路是（ ）。

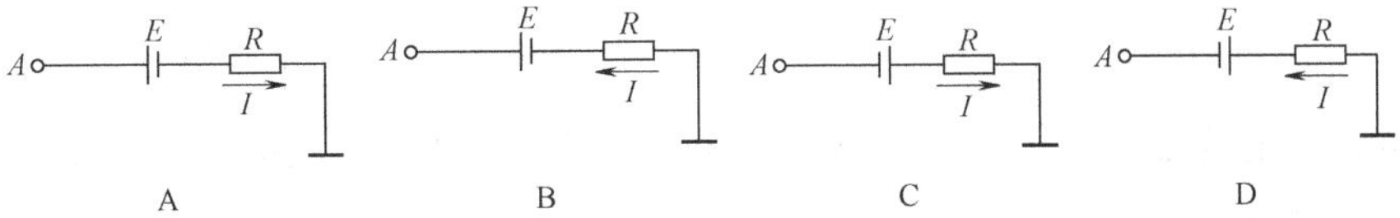

图 2-44　题 10 图

11. 平行板电容器的电容量大小（ ）。

    A. 与两极板间的距离成正比

    B. 与极板间电介质的介电常数成反比

    C. 与两极板的正对面积成正比

    D. 与加在两极板间的电压成正比

12. 判断电流的磁场方向时，用（ ）。

    A. 安培定则   B. 左手定则   C. 右手定则   D. 上述三个定则均可以

13. 两个同频率的正弦交流电的相位差等于 90°时，它们的相位关系是（ ）。

    A. 同相   B. 反相   C. 相等   D. 正交

14. 不适合用于三相三线制供电系统的是（ ）。

    A. 三相交流电动机   B. 对称三相交流电路

    C. 三相照明电路   D. 高压输电线路

15. 被电击的人能否获救，关键在于（ ）。

    A. 触电的方式

    B. 人体电阻的大小

    C. 触电电压的高低

    D. 能否尽快脱离电源和施行正确的救护

三、计算题（本大题共有 3 个小题，每题 10 分，共 30 分）

1. 如图 2-45 所示电路中，已知 $E_1 = 120\text{V}$，$E_2 = 130\text{V}$，$R_1 = 10\Omega$，$R_2 = 2\Omega$，$R_3 = 10\Omega$。

求各支路电流和 U_{ab}。

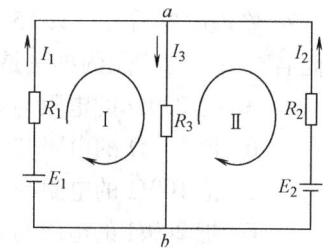

图 2-45　题 1 图

2. 把一个线圈接到电压为 36V 的直流电源上，测得流过线圈的电流为 0.6A。当把它改接到频率为 50Hz，电压有效值为 220V 的正弦交流电源上，测得流过线圈的电流为 2.2A。求线圈的参数 R 和 L。

3. 在对称三相交流电路中三相负载作三角形联结，各相负载的电阻 $R = 6\Omega$，感抗 $X_L = 8\Omega$，电源相电压为 220V。求：

1）电路中负载的相电流和线电流；

2）功率因数；

3）三相总有功功率。

四、综合题（本大题共有 2 个小题，任选其中的一题作答，共 5 分，多做按顺序批改，不加分）

1. 如图 2-46 所示的是为日光灯线路准备的器材，请完成下列要求：

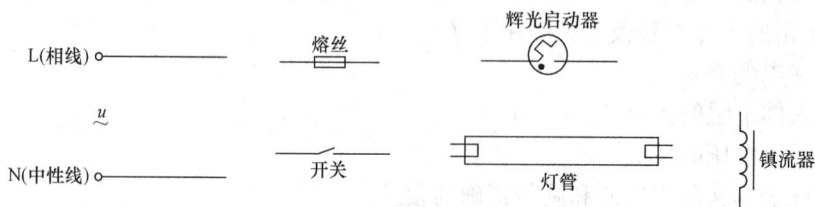

图 2-46　日光灯线路示意图

1）请用笔正确连接好电路（4分）；

2）请在上面的图中表示出你采用的提高功率因数的方法（1分）；

2. 如果给你一个量度范围在400V以上的交流电压表，你能用它确定三相四线制供电线路中的相线和中性线吗？用最少次数判别，简要说明应该怎样做。

第三部分

高职考试

阶段性测试1——直流电路基础知识

班级_____ 学号_____ 姓名_____ 成绩_____

一、填空题（每空1分，共23分）

1. 自然界中存在着_____、_____两种电荷。

2. 电路通常有_____、_____和_____三种状态。

3. 规定_____定向移动的方向为电流的方向。金属导体中自由电子定向移动的方向与电流方向_____（填相同或相反）。

4. 有两个电阻的伏安特性如图3-1所示，则：$R_a =$ _____Ω，R_a 比 R_b _____（填大或小）。

5. 电源电动势的大小与外电路_____关，它是由电源_____所决定的。

6. 如图3-2所示，在一条电力线上有 A、B 两点，_____点电位高；将电荷 $+q$ 由 B 点移到 A 点电场力做_____功（填正或负）。若 $q = 4 \times 10^{-6}C$，由 A 点移到 B 点电场力做的功 $W = 2 \times 10^{-4}J$，则 A、B 两点间的电压 $U_{AB} =$ _____V。

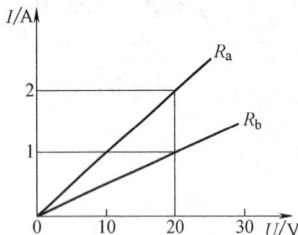

图3-1 题4图

图3-2 题6图

7. 在闭合电路中，电流的大小与电源的_____成正比；与电路的_____成反比。

8. 在电源内部，电源力做了16J的功，将8C的正电荷由负极移到正极，则电源的电动势是_____V；若将12C的正电荷由负极移到正极，则电源力需做功_____J。

9. 在某一电场中，有一个电荷量为 $10^{-9}C$ 的点电荷，在 A 点受到的电场力是 $2 \times 10^{-5}N$，则 A 点电场强度为_____N/C。如果在 A 点放入电荷量为 $4 \times 10^{-9}C$ 的点电荷，那么它在 A 点受到的电场力是_____N。

10. 在图3-3中分别用箭头标明：电动势 E 的方向、电压 U 的方向和电流 I 的方向。

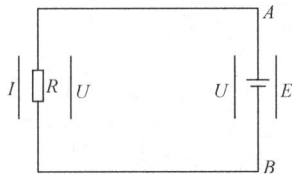

图3-3 题10图

二、填空题（每空2分，共16分）

1. 两同种材料的电阻丝，长度之比为4:1，横截面积之比为2:3，则它们的阻值之比为_____。

2. 1min内通过导体的电荷量是30C，流过导体的电流是_____A，若导体两端的电压是4V，该导体的电阻为_____Ω，该时间内导体产生的热量为_____J。

3. 某直流电源在外部短路时，消耗在内阻上的功率是400W，则此电源能供给外电路的最大功率是_____W，此时外电路负载的电阻与电源内阻_____（填相同或不相同）。

4. 一只"220V，40W"的白炽灯，若不考虑温度的影响，把它接在110V的电源上，实际功率为_____W。若使其正常工作一个月（30天，每天8h）消耗的电能为_____kW·h。

三、选择题（每题3分，共27分）

1. 在真空中有两个点电荷，Q_A、Q_B，它们的相互作用力为F。若将它们的电荷量都增大到原来的2倍，电荷间的距离增加到原来的3倍，则相互作用力为原来的（　　）倍。

　　A. 2/3　　　　　　B. 2/9　　　　　　C. 4/9　　　　　　D. 4/3

2. 设导线的电阻值为R，若将导线对折两次，则电阻为（　　）。

　　A. $R/2$　　　　　B. $R/4$　　　　　C. $R/8$　　　　　D. $R/16$

3. 以下说法哪个是错误的（　　）。

　　A. 在电场中，沿电力线方向电场强度逐渐减弱

　　B. 在电场中，沿电力线方向电位逐渐降低

　　C. 负电荷在电场中所受电场力的方向与该点的电场强度方向相反

　　D. 在外电路中，电流总是从高电位流向低电位

4. 在闭合电路中，用电压表测得电路端电压为0，这说明（　　）。

　　A. 外电路断路　　　　　　　　　　B. 外电路上电流比较小

　　C. 外电路短路　　　　　　　　　　D. 电源内电阻为0

5. 下列说法中正确的是（　　）。

　　A. 导体的电阻与其两端的电压成正比

　　B. 大部分金属导体的电阻随温度升高而增大

　　C. 导体的电压与其流过的电流成正比

　　D. 导体电阻与该导体的横截面积成正比

6. 在某电路中，若$V_A = 6V$，$V_B = -9V$，则U_{BA}为（　　）。

　　A. 3V　　　　　　B. 15V　　　　　　C. −15V　　　　　D. −3V

7. 在闭合电路中，随着负载电阻的减小，电流和端电压的变化情况为（　　）。

　　A. 电流减小，电压增大　　　　　　B. 电流增大，电压减小

　　C. 电流减小，电压减小　　　　　　D. 电流增大，电压增大

8. 已知电源电动势是2V，内阻是0.1Ω，当外电路短路时，电路中的电流和电源端电压分别为（　　）。

　　A. 20A，2V　　　B. 20A，0　　　　C. 0，2V　　　　D. 0，0

9. 有一个直流电源，测得开路电压为100V，短路电流为10A，当外接10Ω负载时，负载电流为（　　）。

　　A. 5A　　　　　　B. 10A　　　　　　C. 20A　　　　　D. 2.5A

四、判断题（每题2分，共12分）

1. 电阻两端电压为10V时，电阻值为10Ω；当电压升至20V时，电阻值将为20Ω。（　　）

2. 改变电路的零电位点时，电路中各点的电位将发生变化，但电路中任意两点间的电压却不会改变。　　　　　　　　　　　　　　　　　　　　　　　　　　（　　）

3. 只要电路中的元件是电阻，欧姆定律就可以应用。 （　　）

4. 根据欧姆定律 $I = \dfrac{U}{R}$ 可知，电阻可以表示为 $R = \dfrac{U}{I}$，因此可以说电阻跟电压成正比，跟电流成反比。 （　　）

5. 万用表测量直流电流时，应将万用表串联在被测电路中；测量直流电压时，应将万用表并联在被测电路中。 （　　）

6. 在同一个电路中，若改变参考点，可能会使电路中某些点的电位升高，某些点的电位降低。 （　　）

五、计算题（共 22 分）

1. 有一闭合电路，电源电动势 $E = 36V$，内阻 $r = 2\Omega$，负载电阻 $R = 10\Omega$。试求：电路中的电流、负载两端的电压、电源内阻上的电压降。（9 分）

2. 有一台直流发电机，端电压 $U = 215V$，内阻 $r = 0.6\Omega$，输出电流 $I = 5A$。试求：发电机的电动势 E 和此时的负载电阻 R。（7 分）

3. 某闭合电路当外电阻为 20Ω 时，电流为 $0.2A$，当外电路短路时，电流为 $1.2A$，求电源电动势和内电阻。（6 分）

阶段性测试2——直流电路（1）

班级_____　学号_____　姓名_____　成绩_____

一、填空题（每空 2 分，共 40 分）

1. 在电阻串联电路中，_____与电阻成正比；_____与电阻成正比。

2. 在电阻并联电路中，电流与电阻成_____比，功率与电阻成_____比。

3. 在图 3-4a 所示电路中，电阻 $R =$ _____Ω，A、B 两端的电压 $U_{AB} =$ _____V。

4. 图 3-4b 所示电路中的等效电阻 $R_{AB} =$ _____Ω。

5. 如图 3-4c 所示电路，已知 $V_A = 9V$，$R_1 = R_2 = 10\Omega$，$R_3 = 20\Omega$，则 $V_P =$ ____V。

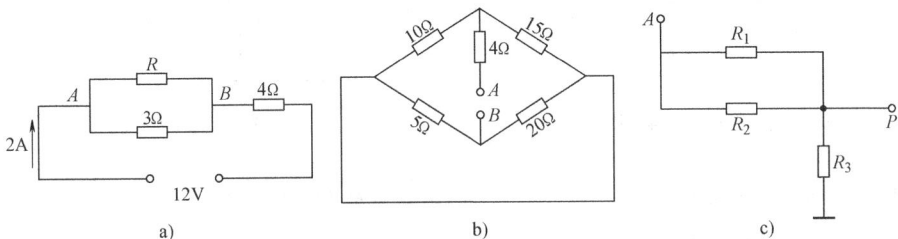

图 3-4　题 3 图

6. 有 4 个相同的电池，每个电池电动势是 1.5V，内阻是 0.1Ω，若把它们并联起来，则总电动势为_____V；若把它们串联起来，则总内阻为_____Ω。

7. 一个标有 "1kΩ，10W" 的电阻，允许通过的最大电流是_____A，允许加在它两端的最大电压是_____V。

8. 已知 $R_1 = 5\Omega$，$R_2 = 10\Omega$，把 R_1、R_2 串联起来，并在其两端加 30V 电压，此时 R_2 上的电压是_____V，R_1 所消耗的功率是_____W。现将 R_1 和 R_2 改成并联，如果要使 R_1 所消耗的功率不变，则应在它们两端加_____V 的电压，此时 R_2 所消耗的功率是_____W。

9. 标明 "100Ω，4W" 和 "100Ω，25W" 的两个电阻串联时，允许加在它们两端的最大电压是_____V。

10. 某电流表的量程为 2A，内阻为 28Ω，①现欲将此电流表改装成量程为 16A 的电流表，需并联上一个_____Ω 的电阻；②现欲将此电流表改装成量程为 200V 的电压表，需串联上一个_____Ω 的电阻。

图 3-5　题 11 图

11. 如图 3-5 所示电路中，$U_{df} =$ _____V。

二、选择题（每题 3 分，共 30 分）

1. 已知 R_1 和 R_2 并联，且 $R_1 = 2R_2$，两个电阻消耗的总功率为 6W，则 R_1 上消耗的功率为（　　）。

　　A. 1W　　　　　B. 2W　　　　　C. 4W　　　　　D. 0.5W

2. 若额定值为 "220V，40W" 和 "220V，60W" 的两白炽灯串联在 220V 的电源上，则（　　）。

A. 两灯亮度相同　　　　　　　B. 40W 灯较亮

C. 60W 灯较亮　　　　　　　　D. 不能确定

3. 有一个内阻为 0.15Ω，最大量程为 1A 的电流表，现给它并联一个 0.05Ω 的分流电阻，则这只电流表的量程将扩大为（　　）。

A. 2A　　　　　B. 3A　　　　　C. 4A　　　　　D. 6A

4. 如图 3-6 所示，电源电动势 $E_1 = E_2 = 6V$，内电阻不计，$R_1 = R_2 = R_3 = 3\Omega$，则 A、B 两点间的电压是（　　）。

A. 0　　　　　B. $-3V$　　　　　C. 6V　　　　　D. 3V

5. 如图 3-7 所示，下列式子正确的是（　　）。

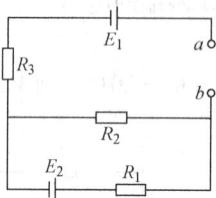

图 3-6　题 4 图

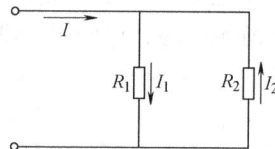

图 3-7　题 5 图

A. $I_2 = R_2 I/(R_1 + R_2)$　　　　　B. $I_2 = -R_1 I/(R_1 + R_2)$

C. $I_2 = R_1 I/(R_1 + R_2)$　　　　　D. $I_1 = R_1 I/(R_1 + R_2)$

6. 电源的输出功率随负载电阻的增大而（　　）。

A. 增大　　　　　B. 减少　　　　　C. 不变　　　　　D. 不能确定

7. 改变电路的零电位点时，会使电路中各点的电位（　　）。

A. 部分升高，部分降低　　　　　B. 都升高或都降低

C. 一定降低　　　　　D. 一定升高

8. 有一只伏特表其内阻 $r_V = 1.8k\Omega$，现在要扩大它的量程为原来的 10 倍，则应（　　）。

A. 用 $18k\Omega$ 的电阻与伏特表串联

B. 用 $18k\Omega$ 的电阻与伏特表并联

C. 用 $16.2k\Omega$ 的电阻与伏特表串联

D. 用 $180k\Omega$ 的电阻与伏特表串联

9. 如图 3-8 所示，滑动变阻器的触点接在中点，$R_P = 5\Omega$，电源电动势 $E = 10V$，内阻 $r = 8\Omega$，要使电源的输出功率增大，需调节 R_P（　　）。

A. 增大　　　　　B. 减少　　　　　C. 不变　　　　　D. 不能确定

10. 在图 3-9 中，电源内阻不计，当开关接通后，灯泡 A 和 B 将（　　）。

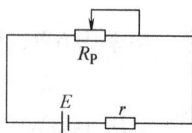

图 3-8　题 9 图

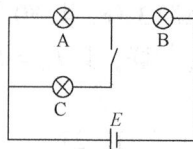

图 3-9　题 10 图

A. A 比原来暗；B 比原来亮　　　　B. A 比原来亮；B 比原来暗

C. 都比原来亮　　　　　　　　　　D. A 比原来亮；B 不变

三、计算题（共 30 分）

1. 如图 3-10 所示，已知电源电动势 $E = 30V$，内阻不计，外电路电阻 $R_1 = 24\Omega$，$R_2 = 80\Omega$，$R_3 = 20\Omega$，$R_4 = 60\Omega$。求：通过电阻 R_1、R_2、R_3 的电流分别是多大？（10 分）

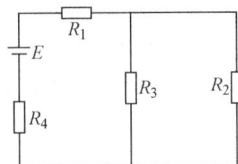

图 3-10　题 1 图

2. 试求如图 3-11 所示的电路中，a、c 两点的电位。（10 分）

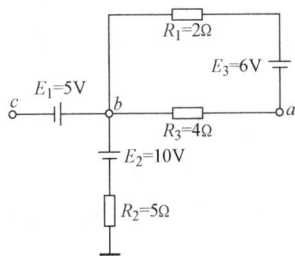

图 3-11　题 2 图

3. 已知 $E_1 = 8V$，$E_2 = 12V$，$R_1 = 2\Omega$，$R_2 = R_3 = 4\Omega$，根据如图 3-12 所示电路，求电流 I_1 和电压 U_{ab}（方法不限）。（10 分）

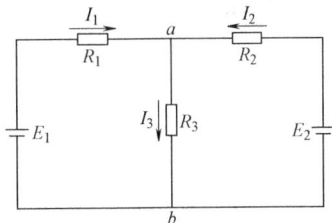

图 3-12　题 3 图

阶段性测试3——直流电路（2）

班级_____ 学号_____ 姓名_____ 成绩_____

一、填空题（每空 1 分，共 13 分）

1. 所谓恒压源不作用，就是将该恒压源_____；恒流源不作用，就是将该恒流源_____。

2. 在电路计算中，叠加定理只适用于多电源的_____电路，利用叠加原理可以计算电路中的_____和_____，不能计算_____。

3. 理想电压源的内阻 $r =$ ____，理想电流源的内阻 $r =$ ____，它们之间_____等效变换。

4. 对外电路来说，一个有源二端网络可以用一个电源来代替，该电源的电动势 E_0 等于_____，其内阻等于有源二端网络内所有电源不起作用，仅保留其内阻时网络两端的_____。

5. 基尔霍夫电流定律指出：流过电路任一节点的各支路_____为零，基尔霍夫电压定律指出：从电路的任一点出发绕任意回路一周回到该点时，沿回路各元件上_____为零。

二、填空题（每空 2 分，共 26 分）

1. 已知 $E_1 = 8V$，$E_2 = 12V$，$R_2 = R_3 = 4\Omega$，根据如图 3-13 所示电路图列出求解各支路电流的节点电流方程和回路电压方程（回路电压方程用数据代入表示）。

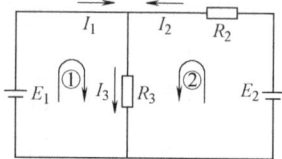

节点电流方程：_____；
回路①电压方程：_____；
回路②电压方程：_____；
从上求得各支路电流：

$I_1 =$ _____A，$I_2 =$ _____A，$I_3 =$ _____A。

图 3-13　题 1 图

2. 电路如图 3-14 所示，已知 $E = 9V$，$R_1 = 3\Omega$，$R_2 = 6\Omega$，当 $R_3 =$ _____Ω 时可获得最大功率，最大功率 $P_m =$ _____W。

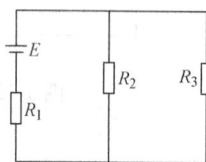

3. 将图 3-15 所示电路等效变换为一个电压源，此电压源的参数 $E_0 =$ _____V，$R_0 =$ _____Ω。

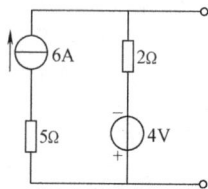

图 3-14　题 2 图

图 3-15　题 3 图

4. 电路如图 3-16 所示，已知 $E = 12V$，$I_S = 3A$，$R_1 = 1\Omega$，$R_2 = 2\Omega$，$R_3 = 5\Omega$，运用叠加定理作图，可以解得 $I_3' =$ _____A，$I_3'' =$ _____A，$I_3 =$ _____A。

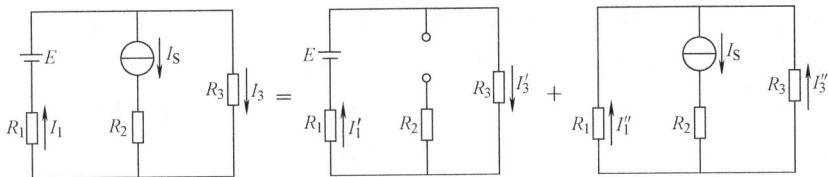

图 3-16　题 4 图

三、选择题（每题 3 分，共 30 分）

1. 如图 3-17 所示，$U = $（　　）。

    A. 20V   B. 40V   C. −20V   D. −40V

2. 如图 3-18 所示电路，下列式子错误的是（　　）。

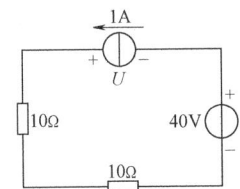
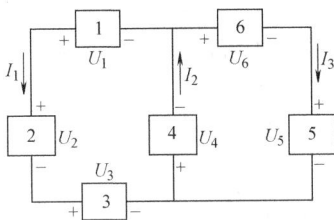

图 3-17　题 1 图   图 3-18　题 2 图

    A. $U_1 - U_4 - U_3 - U_2 = 0$ B. $U_6 + U_5 + U_4 = 0$

    C. $U_1 + U_2 + U_3 + U_4 = 0$ D. $I_1 + I_3 = I_2$

3. 理想电压源、理想电流源的特点正确的是（　　）。

    A. 理想电压源的电压由外电路决定；理想电流源的电流由外电路决定

    B. 理想电压源的电流由外电路决定；理想电流源的电压由外电路决定

    C. 理想电流源的电压和理想电压源的电流是本身决定的

    D. 理想电流源与理想电压源可以等效变换

4. 一含源二端网络，测得其开路电压为 100V，短路电流为 10A。当外接 10Ω 负载电阻时，负载电流为（　　）。

    A. 5A   B. 8A   C. 10A   D. 20A

5. 如图 3-19 所示，$I = $（　　）。

    A. 2A   B. 3A   C. 6A   D. −4A

6. 电路如图 3-20 所示，已知每个电源的电动势为 E，电源内阻不计，每个电阻均为 R，则电压表的读数为（　　）。

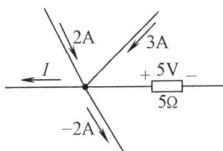
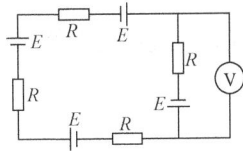

图 3-19　题 5 图   图 3-20　题 6 图

    A. 0   B. E C. $2E$ D. $4E$

7. 部分电路如图 3-21 所示，已知 $V_C = 27V$，$V_D = -3V$，$E_1 = 2V$，$E_2 = 4V$，$E_3 = 12V$，$R_1 = 6\Omega$，$R_2 = 4\Omega$，则 A、B 两点的电压 $U_{AB} = ($ $)$。

　　A. 9.6V　　　　　B. 4V　　　　　C. 1.6V　　　　　D. 12V

8. 如图 3-22 所示电路中，4Ω 电阻上的电流 I 为（   ）

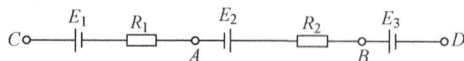

图 3-21　题 7 图

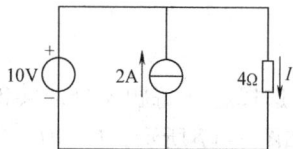

图 3-22　题 8 图

　　A. 4A　　　　　B. 6.5A　　　　　C. 2A　　　　　D. 2.5A

9. 电路如图 3-23 所示，正确的关系式是（   ）。

　　A. $I_1 = \dfrac{E_1 - E_2}{R_1 + R_2}$　　　　　　　B. $I_2 = \dfrac{E_2}{R_2}$

　　C. $I_1 = \dfrac{E_1 - U_{AB}}{R_1 + R_3}$　　　　　　D. $I_2 = \dfrac{E_2 - U_{AB}}{R_2}$

10. 如图 3-24 所示，两个电池完全相同，安培表的内阻不计。当开关 S 闭合后，两只电表的示数将（   ）

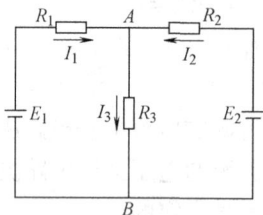

图 3-23　题 9 图

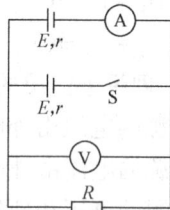

图 3-24　题 10 图

　　A. 都增大　　　　　　　　　　B. 都减少

　　C. 电压表示数减小，安培表示数增大　　D. 电压表示数增大，安培表示数减小

四、实验题（10 分）

如图 3-25 所示，要测定一个未知电阻 R_X 的阻值，现在有一个电流表，一个定值电阻 R，一个不知电动势大小的电源，三个开关和若干导线。

1）正确连接测量电路（4 分）；

2）简要写出实验步骤（设电流表的测量值分别为 I_1、I_2）（2 分）；

3）写出计算 R_X 的表达式和结果式（4 分）。

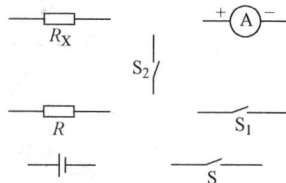

图 3-25　题四图

五、计算题（共 21 分）

1. 如图 3-26 所示的电路中，试用电压源电流源等效变换法求通过电阻 R 的电流 I。（10 分）

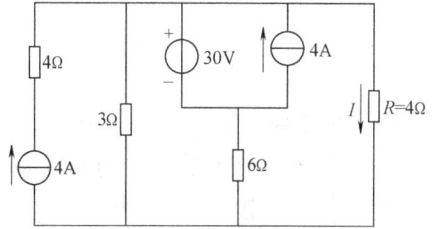

图 3-26　题 1 图

2. 如图 3-27 所示的电路中，已知 $E_1 = 10V$，$E_2 = 20V$，$R_1 = 6\Omega$，$R_2 = 4\Omega$，$R_3 = 8\Omega$，$R_4 = 2\Omega$，$R = 16\Omega$，用戴维南定理求：通过电阻 R 的电流 I（要求画出解题过程的三个电路图）。（11 分）

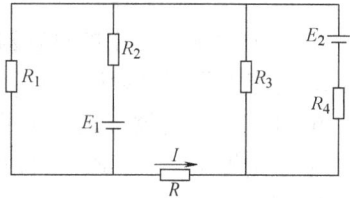

图 3-27　题 2 图

阶段性测试 4——电容器

班级_____　学号_____　姓名_____　成绩_____

一、填空题（每空 2 分，共 36 分）

1. 电容器和电阻器都是电路中的基本元件，但它们在电路中所起的作用却是不同的。从能量上来看，电容器是一种_____元件，而电阻器则是_____元件。

2. $1\mu F$ 与 $2\mu F$ 的电容器串联后接在 45V 的电源上，则 $1\mu F$ 电容器的端电压为_____V。

3. 平行板电容器电容量为 $6\mu F$，将它接到电动势为 100V 的直流电源上，充电结束后，电容器极板上所带电荷量为_____μC；断开电源后将极板间的距离 d 增大一倍，其电容量变为_____μF。

4. 三个 $15uF$ 的电容，耐压都是 50V，其中两个并联后再与另一个串联，则总电容为_____μF，电容的总耐压为_____V。

5. 接到直流电路中的电容器，稳态情况下电容器上的电流为_____；而对高频信号来说，电容器则可以看作为_____路。

6. 平行板电容器极板上所带电荷量为 $2\times 10^{-8}C$ 时，两极板间的电压为 2V，则该电容器的电容量等于_____F；若极板上的电荷量减为原来的一半，则电容器的电容量为_____F；两极板间的电压为_____V。

7. 已知电容器的电容量为 $1000\mu F$，加 10V 电压时，电容器储存的电场能为_____J。

8. 从能量的角度看，电容器电压上升的过程是_____的过程。

9. 串联电容器的总电容比每个电容器的电容_____，每个电容器两端的电压和自身电容量成_____（正比、反比）。

10. "$0.1\mu F$，250V" 的电容，____接在 $U=220V$ 的正弦交流电源两端工作（填能或不能）。不同大小的电容相互串联时，各个极板上所带的电荷量_____（填相同或不相同）。

二、选择题（每题 3 分，共 21 分）

1. 某电容 C 与一个 $10\mu F$ 的电容并联，并联后的电容是 C 的 2 倍，则电容 C 应是（　　）。

　　A. $1\mu F$　　　　　B. $10\mu F$　　　　　C. $20\mu F$　　　　　D. $40\mu F$

2. $100\mu F$ 的电容器原来充电到 100V，若将该电容器继续充电到 200V，电容器的电容量和增加的电场能分别为（　　）。

　　A. $100\mu F$，0.5J　B. $200\mu F$，2J　C. $100\mu F$，1.5J　D. $200\mu F$，3J

3. 有一平行板电容器，其电容量为 C_1，充电后它的带电荷量为 q_1，不断开电源使两极板间的距离加大，则电容变为 C_2，带电荷量为 q_2，则有（　　）。

　　A. $C_1 < C_2$，$q_1 < q_2$　　　　　B. $C_1 > C_2$，$q_1 > q_2$

　　C. $C_1 < C_2$，$q_1 > q_2$　　　　　D. $C_1 > C_2$，$q_1 < q_2$

4. 有两个电容器，$C_1 = 2\mu F$，额定工作电压为 15V；$C_2 = 4\mu F$，额定工作电压为 35V。

现将它们串联后接在 30V 的直流电源上，则（ ）。

    A. C_1 被击穿   B. C_2 被击穿   C. 电路能安全工作   D. C_1、C_2 都被击穿

5. 电路如图 3-28 所示，已知电容器 C_1 的电容量是 C_2 的两倍，C_1 充过电，电压为 U，C_2 未充电。如果将开关合上，那么电容器 C_1 两端的电压将为（ ）。

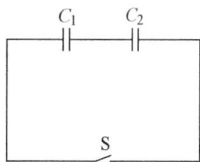

图 3-28 题 5 图

    A. $U/2$ B. $U/3$ C. $2U/3$ D. U

6. 某电容器 C 和一个 $2\mu F$ 的电容器串联，总电容为 C 的 $1/3$，接在电动势为 E 的电源两端，那么电容器 C 上的电压是（ ）。

    A. $2E/3$ B. $E/3$ C. 0   D. E

7. 有一平行板电容器，其电容量为 C_1，充电后两极板间的电压为 U_1，拆去电源后把两极板的距离拉近，则电容变为 C_2，电压为 U_2，则有（ ）。

    A. $C_1 < C_2$，$U_1 < U_2$ B. $C_1 > C_2$，$U_1 > U_2$

    C. $C_1 < C_2$，$U_1 > U_2$ D. $C_1 > C_2$，$U_1 < U_2$

三、判断题（每题 2 分，共 20 分）

1. 接在电路中的任意元件只要无电流通过，则其两端的电压就一定为零。   （ ）

2. 电容器的电容量要随着它所带电荷量的多少而发生变化。   （ ）

3. 两只电容器，一只电容大，一只电容小，如果它们所带的电荷量一样，那么电容较小的电容器两端的电压一定比电容较大的电容器两端的电压高。   （ ）

4. 我们可以用万用表电阻挡任何一个倍率来检测较大容量电容器的质量。   （ ）

5. 电容器上所标明的额定电压通常指的是一定条件下的直流电压值。   （ ）

6. 有电容的并不只有电容器，任何两个导体之间都存在着电容。   （ ）

7. 平行板电容器的电容量只与极板正对面积和极板间的距离有关，而与其他因素无关。   （ ）

8. 某一空气电容器充电后与电源断开，在两极板间充满介电常数为 2 的电介质，可使平行板电容器两极板间电压减为原来的 $1/2$。   （ ）

9. 电解电容器在使用时不可将极性接反，否则会被击穿。   （ ）

10. 电容器具有"通直流阻交流"的性能，所以被广泛应用于电子技术中。   （ ）

四、实验题（6 分）

电路需要一只容量为 $8\mu F$、耐压为 400V 的电容器，现手头有 $4\mu F$、250V 和 $6\mu F$、500V 的电容器若干只，试问如何选择电容，通过最简单的连接来满足使用要求？（画出电路图，并在图中标明各电容值）

五、计算题（共 17 分）

1. 已知两只电容器 $C_1 = 40\mu F$，$C_2 = 60\mu F$，它们的额定工作电压相同，均为 90V。求：

1）C_1 与 C_2 并联的等效电容；最大安全工作电压。（5 分）

2）C_1 与 C_2 串联的等效电容；最大安全工作电压。（5 分）

2. 如图 3-29 所示电路中，$C_1 = 20\mu F$，$C_2 = 5\mu F$。现将 C_1 充电到 50V 电压后，断开电源，然后再将 S 闭合，求 C_1 两端的电压。（7 分）

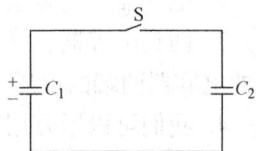

图 3-29　题 2 图

阶段性测试5——正弦交流电路（1）

班级_____　学号_____　姓名_____　成绩_____

一、填空题（1~6题每空1分，7~17题每空2分，共51分）

1. 正弦交流电的三要素是_____、_____和_____。

2. 电阻器、电感器和电容器都是电路中的基本元件，但它们在电路中所起的作用却是不同的。从能量上来看，电容器和_____是储能元件，而_____是耗能元件。

3. 正弦交流电的表示方法有_____法、_____法和_____法。

4. 已知 $i_1 = 10\sin(\omega t + 90°)$ A，$i_2 = 10\sin(\omega t + 120°)$ A，i_1 与 i_2 的相位差是____，i_1 的相位_____ i_2 的相位（填超前或滞后）。

5. 已知某正弦交流电动势为 $e = 311\sqrt{2}\sin(200\pi t + \pi/3)$ V，则该交流电动势的最大值为_____V，有效值为_____V，频率为_____Hz，周期为_____s，初相位为_____。

6. 两个同_____的正弦交流电的相位差，就是它们的_____之差。

7. 交流电流 $i = 5\sqrt{2}\sin(100\pi t + \pi/4)$ A，当 $t = 0$ 时，电流的瞬时值是_____A。

8. 交流电流 $u = 20\sqrt{2}\sin(100t + \pi/3)$ V，接在一个电感为 50mH 的电感器两端，该电感器的瞬时功率在一个周期内的平均值为_____，瞬时功率的最大值为_____。

9. 一个电热器接在 20V 的直流电源上，产生一定的热功率。把它改接到正弦交流电源上，使产生的热功率是直流时的 2 倍，则交流电源电压的有效值是_____V。

10. 已知 $u_1 = 15\sin(314t + \pi/3)$ V，$u_2 = 6\sin(314t + \pi/3)$ V，$u = u_1 + u_2 = $_____V。

11. 已知 $i_1 = 10\sqrt{2}\sin(314t + \pi/4)$ A，$i_2 = 10\sqrt{2}\sin(314t + 3\pi/4)$ A，根据相量图求：$i = i_1 + i_2 = $_____A。

12. 某电路的两端电压 $u = 60\sqrt{2}\sin(314t - 45°)$ V，流过的电流 $i = 2\sqrt{2}\sin(314t - 60°)$ A，则用万用表测得该电路的电压值应为_____V；电压与电流的相位差是_____，该电路为_____负载（填感性、容性或阻性）。

13. 如图 3-30 所示的是正弦交流电电流的波形图，其周期是 0.04s，则电流的瞬时值表达式 $i = $_____A。

14. 交流电 $i = 5\sqrt{2}\sin 1000t$ A，流过某一容量为 20μF 的电容，则电容两端的电压解析式为 $u = $_____V。

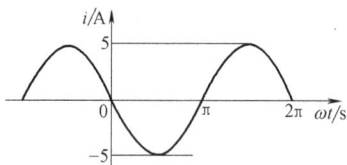

图 3-30　题 13 图

15. *RLC* 串联谐振电路中，外加正弦交流电压有效值 $U = 0.1$V，谐振时测得电容器电压 $U_C = 10$V，则电路的品质因数 $Q = $_____，若 $R = 2\Omega$，则谐振电流 $I_0 = $_____A，该串联电路的容抗 $X_C = $_____Ω。

16. 在 *RLC* 串联电路中，电流谐振曲线如图 3-31 所示，电路的通频带为_____kHz，品质因素为_____。

17. 如图 3-32 所示电路中，电流表 Ⓐ₁、Ⓐ₂、Ⓐ₃ 的读数均为 10A，则电流表 Ⓐ 的读数 $I = \underline{\qquad}$ A。

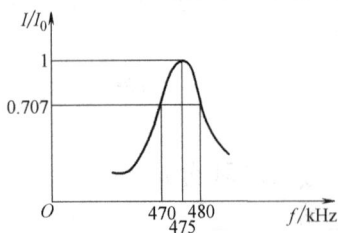

图 3-31 题 16 图

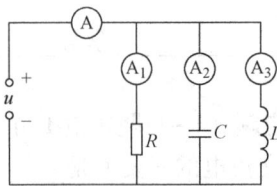

图 3-32 题 17 图

二、选择题（每题 3 分，共 24 分）

1. 已知正弦交流电压 $u = 28.28\sin(100\pi t - \pi/3)$V，则角频率、有效值、初相分别为（　　）。

　　A. 314rad/s、28.28V、π/3　　　　　　B. 100πrad/s、20V、π/3

　　C. 50HZ、20V、π/3　　　　　　　　　D. 100πrad/s、20V、−π/3

2. 一般交流电压表和电流表测量的数值是指（　　）。

　　A. 有效值　　　　　　　　　　　　　B. 最大值

　　C. 瞬时值　　　　　　　　　　　　　D. 平均值

3. 瓦特表和电度表分别用来测量（　　）。

　　A. 有功功率和消耗的电功率　　　　　B. 消耗的电功率和消耗的电能

　　C. 视在功率和消耗的电功率　　　　　D. 视在功率和消耗的电能

4. 某正弦交流电压和电流的旋转矢量图如图 3-33 所示，则电压与电流的相位关系为（　　）。

　　A. 电压超前电流 3π/4　　　　　　　　B. 电压滞后电流 5π/4

　　C. 电压超前电流 5π/4　　　　　　　　D. 电压滞后电流 3π/4

5. 一个电热器接在 10V 的直流电源上，产生一定的热功率。把它改接到正弦交流电源上，使产生的热功率与直流时相等，则交流电源电压的最大值应是（　　）。

　　A. $5\sqrt{2}$V　　　　B. 5V　　　　C. $10\sqrt{2}$V　　　　D. 10V

6. 如图 3-34 所示正弦交流电路中，R_1、R_2、R_3 消耗的有功功率分别为 3W、2W、1W，则 A、B 端口消耗的总有功功率为（　　）。

　　A. 4W　　　　　　B. 6W　　　　　　C. 2W　　　　　　D. $\sqrt{10}$W

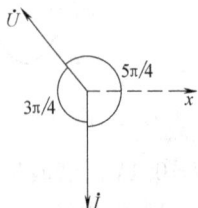

图 3-33 题 4 图

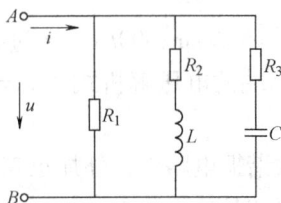

图 3-34 题 6 图

7. 如图 3-35 所示的正弦交流电路中，已知电压表 Ⓥ₁、Ⓥ₂ 的读数均为 10V，则电压表 Ⓥ 的读数近似为（　　）。

A. 0V　　　　　　B. 10V　　　　　　C. 14.14V　　　　　　D. 20V

8. 如图 3-36 所示正弦交流电路，当电源频率为 50Hz 时，电路发生谐振。现改变电源的频率，电压有效值不变，则电流 I 将（　　　）。

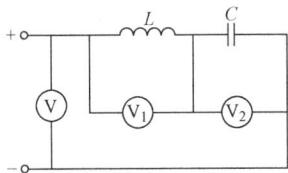

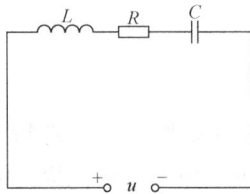

图 3-35　题 7 图　　　　　　　　　　图 3-36　题 8 图

A. 变大　　　　　　B. 变小　　　　　　C. 不变　　　　　　D. 不能确定

三、计算题（共 25 分）

1. （8 分）用万用表的电压挡测得某工频正弦交流电的电压值为 220V，设电压的初相为零，试求该交流电压的：

1）角频率；

2）最大值；

3）周期；

4）瞬时值表达式。

2. （7 分）某交流电流 $i = 5\sqrt{2}\sin(100t + 30°)\,\text{mA}$，流过一只容量为 $2\,\mu\text{F}$ 的电容器。求：

1）电路的容抗 X_C；

2）电路中电容两端的电压有效值 U；

3）电容两端的电压瞬时值表达式。

3. RL 串联电路中，已知 $R = 40\,\Omega$，电路两端的电压 $u = 100\sqrt{2}\sin(200t + 30°)\,\text{V}$，测得通过的电流有效值 $I = 2\text{A}$。试求：

1）电路的阻抗 Z，感抗 X_L；（5 分）

2）电路的功率因数 λ；（2 分）

3）电路中电流的瞬时值表达式（注：$\tan 37° = 3/4$，$\tan 53° = 4/3$）。（3 分）

阶段性测试6——正弦交流电路（2）

班级_____ 学号_____ 姓名_____ 成绩_____

一、判断题（每题2分，共12分）

1. 变压器的初级电流由次级电流决定。 （ ）

2. 通常将电容器并接在感性负载两端来提高电路的功率因数。因而，电路的平均功率 $P = UI\cos\varphi$ 也随之改变。 （ ）

3. 变压器具有变换电压、电流、功率的作用。 （ ）

4. 某电路两端的端电压为 $u = 220\sqrt{2}\sin(314t + 30°)$ V，电路中的总电流为 $i = 10\sqrt{2}\sin(314t - 30°)$ A，则该电路为电感性电路。 （ ）

5. 在 RLC 串联正弦交流电路中，若 $X_L = X_C$，则电压与电流的相位差为零。 （ ）

6. 在 RLC 并联正弦交流电路中，若 $X_L < X_C$，则该电路的总电流超前电压，电路呈电容性。 （ ）

二、填空题（每空2分，共36分）

1. 如图3-37所示，已知 $C_1 = 200$pF，$L_1 = 40\mu$H，$L_2 = 160\mu$H，当两回路发生谐振时，$C_2 = $_____pF。

2. 如图3-38所示，输入电压 $U_S = 1$V，频率 $f = 1$MHz，调节电容 C 使电流表的读数最大为100mA，这时电压表的读数为100V，则电感两端的电压为_____V，电路的品质因数为_____，电阻 R 的值为_____Ω，电路的通频带 $BW = $_____Hz。

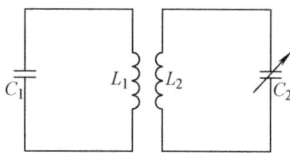

图3-37 题1图

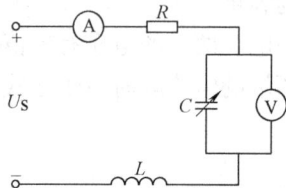

图3-38 题2图

3. 已知在某一交流电路中，电源电压为 $u = 100\sqrt{2}\sin(\omega t - 30°)$ V，电路中通过的电流 $i = \sqrt{2}\sin(\omega t - 90°)$ A，则电压和电流之间的相位差是_____，电路的功率因数为____，电路消耗的功率 $P = $_____W，电路的无功功率 $Q = $_____var，电源输出的视在功率 $S = $_____V·A。

4. 两个同频率正弦交流电流 i_1 和 i_2 的波形图如图3-39所示，它们的相位差_____；瞬时值表达式为：

$i_A = $ _____A；

$i_B = $ _____A。

5. 在图3-40所示的正弦交流电路中，当电路处于谐振时，$I = 12$A，$I_1 = 20$A，$I_2 = $_____A。

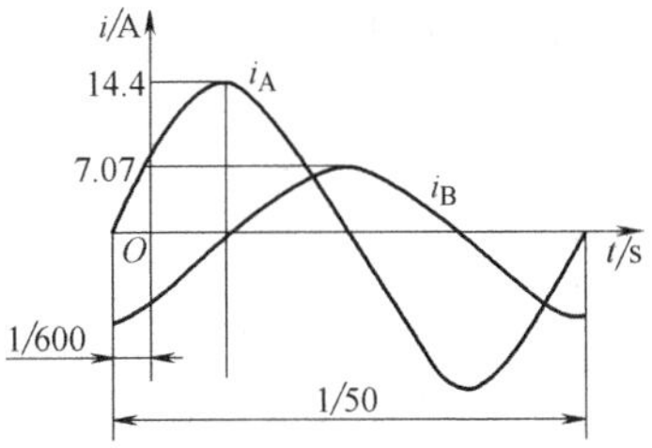

图 3-39 题 4 图

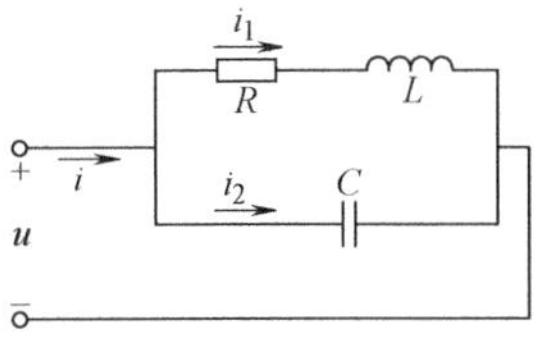

图 3-40 题 5 图

6. 正弦交流电路如图 3-41 所示，已知电压 $u = 20\sin\omega t\text{V}$，电路消耗的功率为 16W，功率因数为 0.8，电阻 $R =$ _____ Ω，容抗 $X_C =$ _____ Ω。

7. 如图 3-42 所示的正弦交流电路，$X_C = 20\Omega$，开关 S 打开和闭合时，电流表的读数都是 5A，则感抗 $X_L =$ _____ Ω。

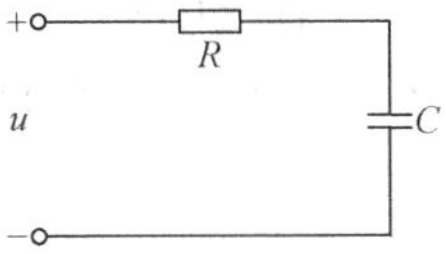

图 3-41 题 6 图

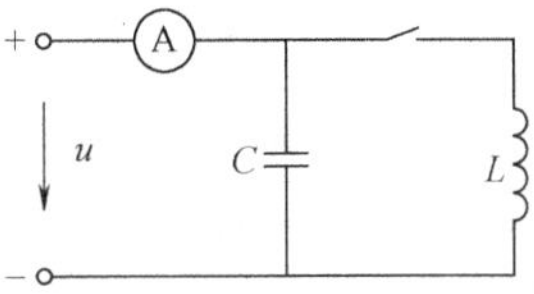

图 3-42 题 7 图

8. 如图 3-43 所示的正弦交流电路，已知感性支路的功率因数为 0.5，当 $I = I_C$ 时，总电路的功率因数为 _____。

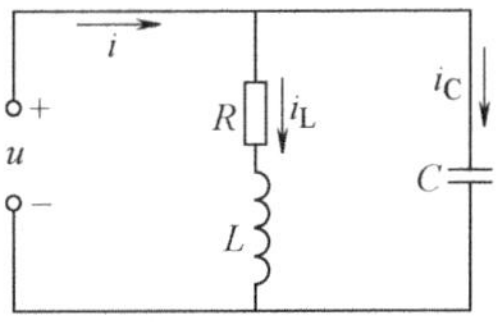

图 3-43 题 8 图

三、选择题（每题 3 分，共 24 分）

1. 在图 3-44 所示的正弦交流电路中，交流电压表的读数分别是 ⓥ 为 10V，ⓥ₁ 为 8V，则 ⓥ₂ 的读数是（   ）。

    A. 6V   B. 2V   C. 10V   D. 4V

2. 如图 3-45 所示的正弦交流电路中，属电感性电路的是（   ）。

    A. $R = 4\Omega$；$X_L = 1\Omega$；$X_C = 2\Omega$

    B. $R = 4\Omega$；$X_L = 0\Omega$；$X_C = 2\Omega$

    C. $R = 4\Omega$；$X_L = 3\Omega$；$X_C = 2\Omega$

    D. $R = 4\Omega$；$X_L = 3\Omega$；$X_C = 3\Omega$

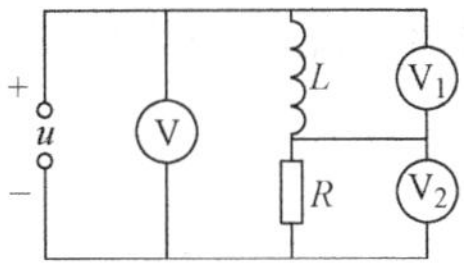

图 3-44 题 1 图

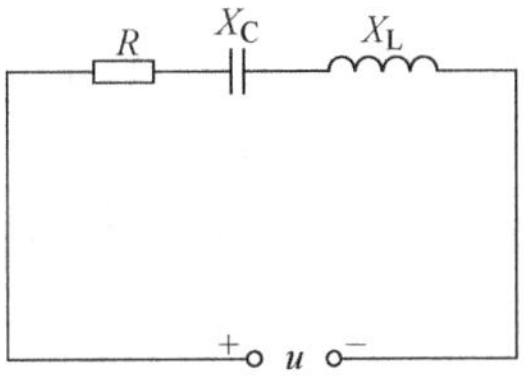

图 3-45 题 2 图

3. 如图 3-46 所示的正弦交流电路中，电阻、电感和电容两端的电压都是 100V，则电路的端电压是（   ）。

    A. 100V   B. 300V   C. 200V   D. $100\sqrt{3}$V

4. 在 RLC 串联正弦交流电路中，端电压与电流的相量图如图 3-47 所示，这个电路是（   ）。

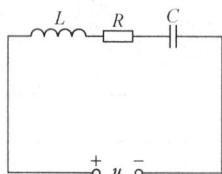

图 3-46 题 3 图

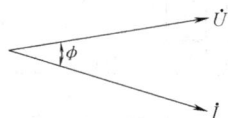

图 3-47 题 4 图

A. 电阻性电路 　　　　　　　B. 电容性电路

C. 电感性电路 　　　　　　　D. 纯电感电路

5. 某无源二端网络的端电压、电流为关联参考方向，其中 $u = 10\sin100\pi t\,V$，$i = 5\sin(100\pi t + 60°)\,A$，则该二端网络的有功功率为（   ）。

A. 10W 　　　B. 12.5W 　　　C. 25W 　　　D. 50W

6. 已知图 3-48 所示网络 N 为电容性，端电压 $u = 100\sin(100\pi t - 15°)\,V$，网络 N 的有功功率 $P = 500W$，$\cos\varphi = 0.5$，则电流 i 应为（   ）。

A. $i = 10\sin(100\pi t - 75°)\,A$ 　　　B. $i = 10\sin(100\pi t + 45°)\,A$

C. $i = 20\sin(100\pi t - 75°)\,A$ 　　　D. $i = 20\sin(100\pi t + 45°)\,A$

7. 如图 3-49 所示为正弦交流电路，$R = X_L = X_C$，且表 Ⓐ 的读数为 10A，则 I 等于（   ）。

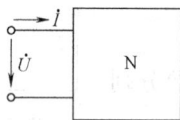

图 3-48 题 6 图

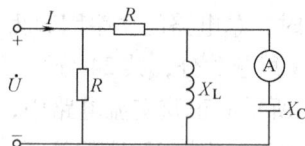

图 3-49 题 7 图

A. 0A 　　　B. 20A 　　　C. 10A 　　　D. 30A

8. 如果两个同频率的正弦电流在任一瞬时都相等，则两者一定是（   ）。

A. 相位相同 　　　　　　　B. 幅值相等

C. 相位相同且幅值相等 　　　D. 无法确定

四、计算题（共 28 分）

1. 在 RC 串联的移相电路中（图 3-50），如果 $C = 1\mu F$，输入电压 $u = \sqrt{2}\sin1000t\,V$，今欲使输出电压 u_C 在相位上后移 60°。问应配多大的电阻 R？此时输出电压的有效值 U_C 等于多少？要求画出旋转矢量图进行分析计算。（9 分）

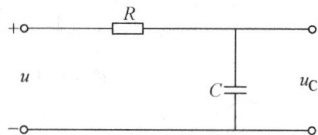

图 3-50 题 1 图

2. 某正弦交流电源额定容量为 500V·A，额定电压为 220V，

1）能接入额定电压 220V，功率 25W，功率因数 0.5 的日光灯多少只？

2）如果要再接入 30W 白炽灯 5 只，需将功率因数提高到多大？

3）需并联容抗多大的电容器？（10 分）

3. 如图 3-51 所示的并联谐振电路中，已知 $C=10\text{pF}$，回路品质因数 $Q=50$，谐振频率 $f_0=20\text{MHz}$，谐振时电路中的电流 $I_0=10\text{mA}$。求：

1）线圈的电感；

2）谐振时电路的等效电阻；

3）电路两端的电压。（9 分）

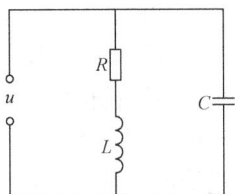

图 3-51 题 3 图

阶段性测试7——三相交流电路

班级_____ 学号_____ 姓名_____ 成绩_____

一、填空题（每空 2 分，共 30 分）

1. 我国低压配电的三相四线制电源中，相电压为_____，彼此相位差为_____。

2. 在对称三相交流电路中，负载星形联结时，线电流为 2A，负载消耗的总功率为 50W，若改为三角形联结时，各相功率应为_____W。

3. 在三相交流电路中，若各相负载的额定电压等于电源的线电压，则负载应作_____联结。

4. 如图 3-52 所示，已知 $u_{UV} = 380\sqrt{2}\sin(\omega t + 30°)$V，$i_U = 38\sqrt{2}\sin(\omega t - 30°)$A，如果负载三角形联结，每相阻抗为_____Ω；如果负载星形联结每相阻抗为____Ω，负载属___性，三相负载有功功率为_____W。

5. 如图 3-53 所示的三相交流电路中，各电阻丝 R_1、R_2、R_3、R_4 的阻值都相同，变压器都是电压比为 2∶1 的降压变压器，这些电阻丝按消耗功率从大到小的顺序排列应为_____。

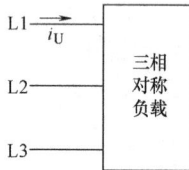

图 3-52　题 4 图

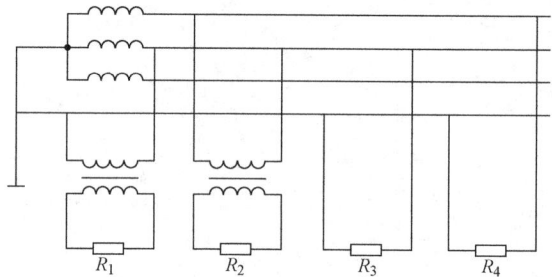

图 3-53　题 5 图

6. 为防止发生触电事故，应注意开关一定要接在_____上。此外，电气设备还常用两种防护措施，它们是保护接地和_____。

7. 接在线电压为 380V 的三相三线制供电线路上的星形联结的对称负载，若发生 U 相负载断路，则 V 相和 W 相负载上的电压均为_____V。

8. 一台Y形联结方式的三相电动机的功率为 3.3kW，相电压为 220V，线电流为 6.1A，则此电动机的功率因数为_____。

9. 在三相四线制电路中，为了安全用电，应在_____上安装熔丝。

10. 如图 3-54 所示的电路中，三相交流电源和三相负载均为对称，则电压表的读数为_____。

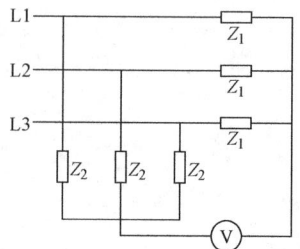

图 3-54　题 10 图

二、选择题（每题 3 分，共 30 分）

1. 三相交流发电机中的三个线圈作星形联结，且三相负载对称，则（   ）。

    A. 三相负载作三角形联结时，每相负载的电压等于线电压

    B. 三相负载作三角形联结时，每相负载的电流等于线电流

    C. 三相负载作星形联结时，每相负载的电压等于线电压

    D. 三相负载作星形联结时，每相负载的电流是线电流 $\dfrac{1}{\sqrt{3}}$

2. 对称三相负载接成星形，然后接到线电压为 380V 的对称三相交流电源上，每相负载流过的电流为 22A。现将负载改接成三角形，电源电压不变，则此时每相负载的电流为（   ）。

    A. 66A   B. 38A   C. 22A

3. 照明电路采用三相四线制供电线路，中线必须（   ）。

    A. 安装牢靠防止断开   B. 安装熔断器防止中线烧毁

    C. 安装开关以控制其通断   D. 装开关或不装开关都可以

4. 下列有关触电事故的说法正确的是（   ）。

    A. 触电对人体的伤害程度与电流流过人体的路径无关

    B. 频率为 50～100Hz 的电流最危险

    C. 单相触电比两相触电危险

    D. 电压为 36V 以下一定安全

5. 电力供电线路中，采用星形联结三相四线制供电，频率为 50Hz，线电压为 380V。则下列选项正确的是（   ）

    A. 线电压为相电压的 $\sqrt{3}$ 倍   B. 线电压的最大值为 380V

    C. 相电压的瞬时值为 220V   D. 交流电的周期为 0.2s

6. 在三相四线制中，中线的作用是（   ）。

    A. 使各相负载获得大小相等的电压   B. 使各相负载获得对称电压

    C. 使各相负载获得大小相等的电流   D. 使各相负载获得大小相等的功率

7. 有关三相电优越性描述错误的是（   ）。

    A. 制造三相发电机和三相变压器更省材料

    B. 三相输电线的金属用量更少

    C. 三相电使用更安全

    D. 三相电能产生旋转磁场，从而能制成三相异步电动机

8. 线电压为 380V 的对称三相交流电源绕组作星形联结，线路出现了故障。现测得 $U_{WU} = 380V$，$U_{UV} = U_{VW} = 220V$，分析故障的原因是（   ）。

    A. U 相电源接反   B. V 相电源接反

    C. W 相电源接反   D. 无法判定

9. 对称三相交流电路负载作△联结，已知相电流 $i_{UV} = 10\sin(100\pi t - 37°)\,\mathrm{A}$，则线电流为（   ）。

    A. $10\sqrt{3}\sin(100\pi t - 67°)\,\mathrm{A}$ B. $10\sqrt{3}\sin(100\pi t + 53°)\,\mathrm{A}$

    C. $10\sqrt{3}\sin(100\pi t + 173°)\,\mathrm{A}$ D. $10\sqrt{3}\sin(100\pi t - 53°)\,\mathrm{A}$

10. 对称三相交流电源丫联结，已知相电压 $u_U = 220\sqrt{2}\sin100\pi t\,V$，则线电压 $u_{WU} = ($ $)$。

A. $380\sqrt{2}\sin(100\pi t + 30°)\,V$

B. $380\sqrt{2}\sin(100\pi t - 90°)\,V$

C. $380\sqrt{2}\sin(100\pi t + 150°)\,V$

D. $380\sqrt{2}\sin(100\pi t - 30°)\,V$

三、计算题（每小题 10 分，共 40 分）

1. 在对称三相四线制交流电路中，电源的线电压为 380V，三相负载是 RLC 串联负载，$R = 44\Omega$，$X_L = 55\Omega$，$X_C = 22\Omega$。试求：

1）每相负载的阻抗、相电流、功率因数、三相总有功功率；

2）若 U、V、W 三相中，V 相断路，画出 U、W 两相的相电压、相电流的相量图，并使用作图法求出中性线的电流值（设 U 相电压的初相位为 0°）。

2. 如图 3-55 所示为三角形联结的对称三相负载，每相阻抗为 100Ω，三相交流电源的线电压为 120V。求：

1）开关 S 闭合时各安培表的读数；

2）开关断开时各安培表的读数 I_U、I_V、I_W。

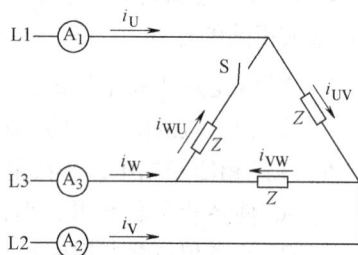

图 3-55　题 2 图

3. 在图 3-56 所示电路中，电源线电压为 380V，各相负载的阻抗都等于 10Ω。求：

1）各相电流；

2）计算中性线电流 I_N；

3）互换 X_C 与 X_L 的位置，中性线电流是否改变？

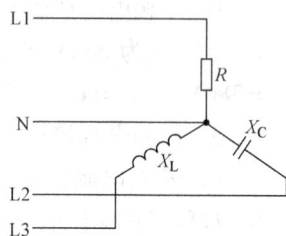

图 3-56　题 3 图

4. 如图3-57所示，已知电源是三相四线制，线电压 $U_L = 380V$，阻抗为感性，$Z = 10\Omega$，阻抗角 $\phi = 30°$，电阻 $R = 10\sqrt{3}\Omega$，设 U 相相电压初相为 0。试求：

1）L1 相的电流 I_U；

2）R 上的电流 I_{UV}；

3）电流表的读数 I_A。

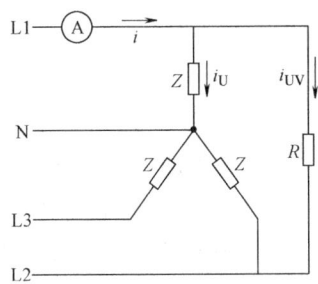

图 3-57   题 4 图

综合测试卷 1

班级_____ 学号_____ 姓名_____ 成绩_____

一、填空题（每空 2 分，共 44 分）

1. 若 2min 内通过导体横截面的电荷量是 12C，则导体中的电流是_____A。

2. 某平行板电容器 $C = 16\mu F$，将它接到电动势为 100V 的直流电源上，充电结束后，电容器极板上所带电荷量为_____μC；若将极板间的距离减为一半，其电容量变为____μF。

3. 某直流电源在外部短路时，消耗在内阻上的功率是 400W，则此电源能供给外电路的最大功率是_____W，此时外电路负载的电阻与电源内阻_____（填相等或不相等）。

4. 已知图 3-58 中电压源吸收 20W 功率，则电流 $I_x =$ _____A。

5. 交流电流 $i = 5\sqrt{2}\sin 1000t A$，流过某一容抗为 20Ω 的电容器，则电容两端的电压解析式为 $u =$ _____V。

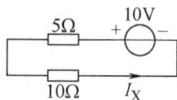

图 3-58 题 4 图

6. 若某电路两端的电压为 $u = 60\sqrt{2}\sin(314t - 45°)$ V，流过的电流为 $i = 2\sqrt{2}\sin(314t - 60°)$ A，则用万用表测得该电路的电压值应为_____V；电压与电流的相位差是_____，该电路为_____负载（填感性、容性或阻性）。

7. 在 RLC 串联正弦交流电路中，外加交流电压 $U = 0.2$V，谐振时测得电容器两端的电压为 $U_C = 10$V，若 $R = 2Ω$，则谐振电流 $I_0 =$ _____A，该串联电路的容抗 $X_C =$ _____Ω。

8. 某一 RLC 串联正弦交流电路，电流谐振曲线如图 3-59 所示，电路的谐振频率为_____kHz，通频带为_____kHz，品质因数为_____。

9. 如图 3-60 所示的正弦交流电路中，电流表Ⓐ、Ⓐ₂、Ⓐ₃的读数均为 15A，则：电流表Ⓐ₁的读数 $I =$ _____A。

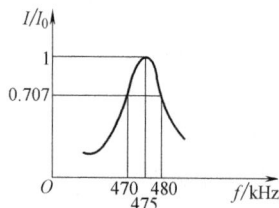

图 3-59 题 8 图

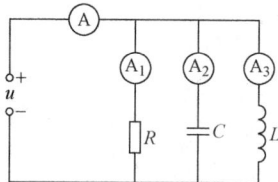

图 3-60 题 9 图

10. 如图 3-61 所示，已知 $U_{UV} = 380\sqrt{2}\sin\omega t$V，$i_U = 22\sqrt{2}\sin\omega t$A，如果负载星形联结，每相阻抗为____Ω，负载属电____性，三相总有功功率_____。

11. 为防止发生触电事故，应注意开关一定要接在_____线上。此外，电气设备还常用两种防护措施，在三相四线制电源中性线接地时采用_____，在三相四线制电源中性线不接地时采用_____。

图 3-61 题 10 图

二、选择题（每题 3 分，共 30 分）

1. 一个电阻的阻值与（　　）。

A. 所加电压成正比　　　　　B. 流过的电流成反比

C. 电压和电流无关　　　　　D. 电路的接法有关

2. 如图 3-62 所示电路中，A、B 两点之间的电压 U_{AB} 为（　　）。

A. $-6V$　　　　B. $6V$　　　　C. $-10V$　　　　D. $10V$

3. 如图 3-63 所示的电路中，A、B 端的等效电阻 R_{AB} 为（　　）。

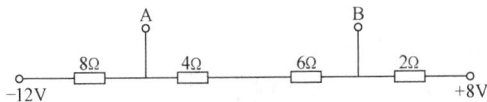

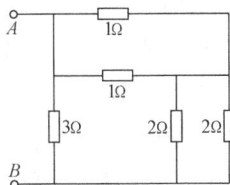

图 3-62　题 2 图　　　　　　　　　　　图 3-63　题 3 图

A. 1Ω　　　　B. 1.5Ω　　　　C. 2Ω　　　　D. 2.5Ω

4. 如图 3-64 所示电路中的电流 I 为（　　）。

A. $24A$　　　　B. $16A$　　　　C. $4A$　　　　D. $20A$

5. 如图 3-65 所示电路中，$C_1 = 15\mu F$，$C_2 = 10\mu F$。现将 C_1 充电到 $50V$ 电压后，断开电源，然后再将 S 闭合，则 C_1 两端的电压变为（　　）。

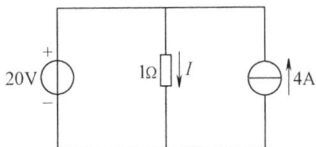

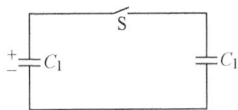

图 3-64　题 4 图　　　　　　　　　　　图 3-65　题 5 图

A. $20V$　　　　B. $25V$　　　　C. $50V$　　　　D. $30V$

6. 一个电热器接在 $20V$ 的直流电源上，产生一定的热功率。把它改接到某一正弦交流电源上，使产生的热功率与直流时相等，则交流电源电压的最大值应是（　　）。

A. $10\sqrt{2}V$　　　　B. $400V$　　　　C. $20\sqrt{2}V$　　　　D. $20V$

7. 如图 3-66 所示的正弦交流电路中，R_1、R_2、R_3 消耗的有功功率分别为 $8W$、$12W$、$6W$，则电路 A、B 端消耗的总有功功率为（　　）。

A. $12W$　　　　B. $26W$　　　　C. $8W$　　　　D. $6W$

8. 如图 3-67 所示的正弦交流电路中，已知电压表 Ⓥ₁、Ⓥ₂的读数均为 $40V$，则电压表 Ⓥ 的读数近似为（　　）。

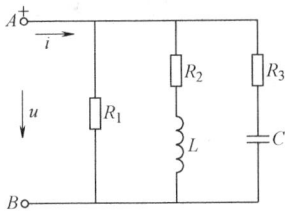

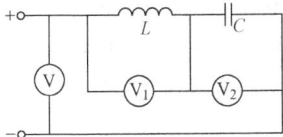

图 3-66　题 7 图　　　　　　　　　　　图 3-67　题 8 图

A. 0V   B. 40V   C. 80V   D. 20V

9. 在如图 3-68 所示的正弦交流电路中，当电源频率为 50Hz 时，电路发生谐振。如果保持电源电压有效值不变，且电源的频率减小，则电流 I 将（   ）。

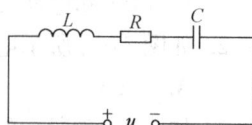

A. 变大   B. 变小

C. 不变   D. 不能确定

图 3-68 题 9 图

10. 三相交流发电机中的三个线圈作星形联结，对于对称三相负载来说，（   ）。

A. 三相负载作三角形联结时，每相负载的电压等于线电压的 3 倍

B. 三相负载作三角形联结时，每相负载的电流等于线电流

C. 三相负载作星形联结时，每相负载的电压等于线电压

D. 三相负载作星形联结时，每相负载的电流等于线电流

三、实验题（10 分）

如图 3-69 所示，要测定一个未知电阻 R_x 的阻值，现在有一个伏特表，一个定值电阻 R，一个不知电动势大小的电源，三个开关和若干导线。

1）正确连接测量电路；（4 分）

2）简要写出实验步骤（设电压表的测量值分别为 U_1、U_2）；（2 分）

3）写出计算 R_x 的表达式和结果式。（4 分）

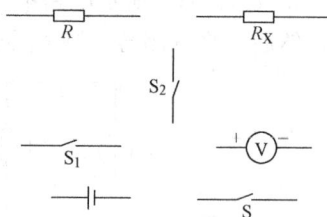

图 3-69 题三图

四、计算题（共 36 分）

1. 在图 3-70 所示电路中：

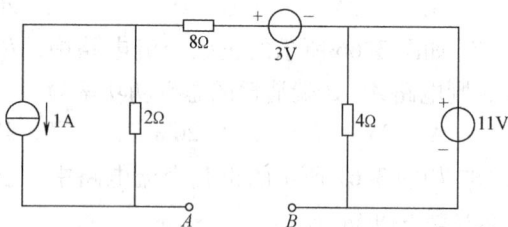

图 3-70 题 1 图

1）试利用电流源与电压源的等效变换求 AB 两端电压 U_{AB}（画出等效变换图）；（7 分）

2）AB 两端加一个多大的电阻 R 才有可能获得最大功率，该电阻上消耗的最大功率为多少？（画出等效电路图）（5 分）

2. 在 *RL* 串联电路中，已知 $R = 80\Omega$，电路两端电压 $u = 200\sqrt{2}\sin(200t + 30°)\text{V}$，测得通过电阻的电流 $I = 2\text{A}$。试求：

1）电路的阻抗 Z 和感抗 X_L；（6分）

2）电路的功率因数 λ；（3分）

3）电路中电流的瞬时值表达式；（3分）

（$\cos37° = 0.8$，$\cos53° = 0.6$）

3. 如图 3-71 所示为负载三角形联结的对称三相交流电路，每相阻抗为 100Ω，三相交流电源的线电压为 380V。求：

1）开关 S 闭合时各安培表的读数 I_U、I_V、I_W；（6分）

2）开关断开时各安培表的读数 I_U、I_V、I_W。（6分）

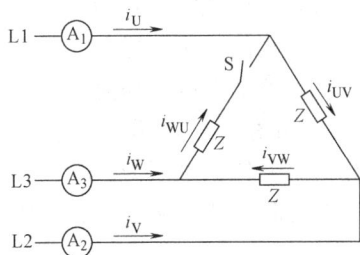

图 3-71 题 3 图

综合测试卷 2

班级_____ 学号_____ 姓名_____ 成绩_____

一、填空题（每格 2 分，共 42 分）

1. 如图 3-72 所示的是两个电阻的伏安特性曲线，由图可知，R_1 _____ R_2（填大于或小于）。

2. 如图 3-73 所示电路中，

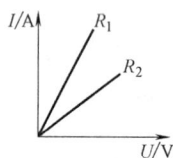

图 3-72　题 1 图

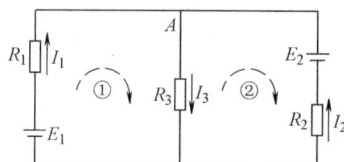

图 3-73　题 2 图

节点 A 的电流方程为_____；

回路①的电压方程为_____；

回路②的电压方程为_____。

3. 如图 3-74 所示，直流有源二端网络 A 在空载时输出电压为 20V，当接入电阻 $R = 10\Omega$ 时，其输出电压为 16V，则该有源二端网络的最大输出功率应为_____W。

4. 如图 3-75 电路所示，已知 $V_A = 45V$，$V_B = -45V$，$R_1 = R_2 = R_3 = 20\Omega$，则 $V_P = $ _____V。

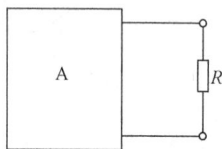

图 3-74　题 3 图

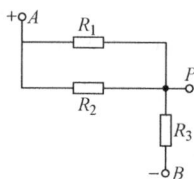

图 3-75　题 4 图

5. 额定值为"100Ω，$16W$"和"100Ω，$25W$"的两个电阻并联时，允许加的最大电压是_____V。

6. 电路如图 3-76 所示，已知 $E = 12V$，$I_S = 3A$，$R_1 = 1\Omega$，$R_2 = 2\Omega$，$R_3 = 5\Omega$，运用叠加定理作图，可以解得 $I_3' = $ _____A，$I_3'' = $ _____A，$I_3 = $ _____A。

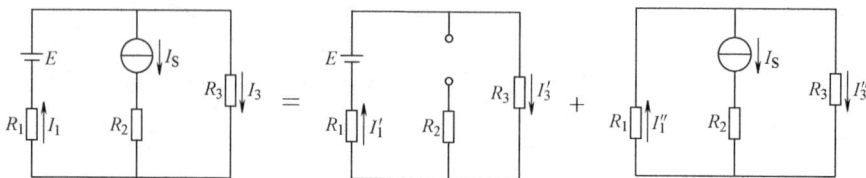

图 3-76　题 6 图

7. $3\mu F$ 与 $2\mu F$ 两电容器串联后接在 $60V$ 的电源上，则 $2\mu F$ 电容器的端电压为 _____ V。

8. _____、_____ 和 _____ 是正弦交流电的三要素。

9. 电容器和电阻器都是电路中的基本元件，但它们在电路中所起的作用却是不同的。从能量上来看，电感器是一种 _____ 元件，而电阻器则是 _____ 元件。

10. 交流电流 $i = 5\sqrt{2}\sin(100\pi t + \pi/4)$ A，$t = 0.02s$ 时电流的瞬时值是 _____ A。

11. 一般交流电压表和电流表测量的数值是指 _____ 值。

12. 一个电热器接在 $10V$ 的直流电源上，产生一定的热功率。把它改接到某一正弦交流电源上，使产生的热功率是直流时的 3 倍，则该交流电源电压的有效值是 _____ V。

13. 已知 $i_1 = 10\sqrt{2}\sin(314t + \pi/4)$ A，$i_2 = 10\sqrt{2}\sin(314t - \pi/4)$ A，根据相量图求得：$i = i_1 + i_2 =$ _____ A。

14. 如图 3-77 所示是正弦交流电流的波形图，它的周期是 $0.02s$，电流的瞬时值表达式为 $i =$ _____ A。

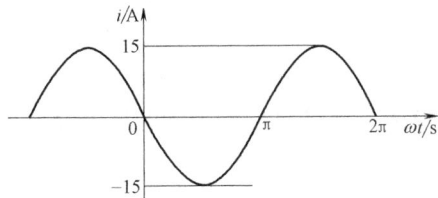

图 3-77　题 14 图

二、选择题（每题 3 分，共 30 分）

1. 有一根阻值为 1Ω 的电阻丝，将它均匀拉长到原来的 3 倍，则拉长后阻值变为（　　）。

A. 1Ω 　　　　B. 3Ω 　　　　C. 6Ω 　　　　D. 9Ω

2. 在闭合的全电路中，端电压的高低是随着负载电阻的增大而（　　）。

A. 减少 　　　　B. 增大 　　　　C. 不变

3. 如图 3-78 所示电路中，$R_1 = R_2 = R_3 = R_4 = 15\Omega$，则 A、B 间的总电阻为（　　）。

A. 20Ω 　　　　B. 15Ω 　　　　C. 18Ω 　　　　D. 60Ω

4. 如图 3-79 所示电路，下列式子错误的是（　　）。

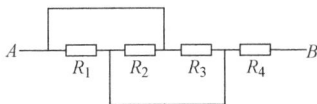

图 3-78　题 3 图

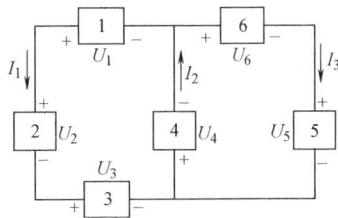

图 3-79　题 4 图

A. $U_1 - U_4 - U_3 - U_2 = 0$ 　　　　B. $U_6 + U_5 + U_4 = 0$

C. $-I_1 - I_3 = I_2$ 　　　　D. $I_1 + I_3 = I_2$

5. 有一平行板电容器，其电容量为 C_1，充电后它两极板间的电压为 U_1，断开电源后使两极板间的距离加大，这时电容变为 C_2，电压变为 U_2，则有（　　）。

A. $C_1 < C_2$，$U_1 < U_2$ 　　　　　　　　B. $C_1 > C_2$，$U_1 > U_2$

C. $C_1 < C_2$，$U_1 > U_2$ 　　　　　　　　D. $C_1 > C_2$，$U_1 < U_2$

6. 有两个电容器，$C_1 = 2\mu F$，额定工作电压为 25V；$C_2 = 4\mu F$，额定工作电压为 15V。现将它们串联后接在 30V 的直流电源上，则（　　）。

A. C_1 被击穿 　　　　　　　　　　　　B. C_2 被击穿

C. 电路能安全工作 　　　　　　　　　　D. C_1、C_2 都被击穿

7. 在正弦交流电路中，负载消耗的功率 $P = IU\cos\phi$，因并联电容器使电路的功率因数提高，负载消耗的功率（　　）。

A. 增加 　　　　　　B. 不变 　　　　　　C. 减小 　　　　　　D. 不能确定

8. 某正弦交流电压和电流的相量图如图 3-80 所示，则电压与电流的相位关系为（　　）。

A. 电压超前电流 $3\pi/4$ 　　　　　　　　　B. 电压滞后电流 $5\pi/4$

C. 电压超前电流 $5\pi/4$ 　　　　　　　　　D. 电压滞后电流 $3\pi/4$

9. 如图 3-81 所示的电路中，要求使通过负载 Z 的信号（1）从信号源中滤除频率为 f_0 的信号电压；（2）从信号源中选出频率为 f_0 的信号电压，分别在 A、B 两点间应接入的谐振电路为（　　）。

A. （1）串联谐振（2）并联谐振 　　　　B. （1）并联谐振（2）串联谐振

C. （1）串联谐振（2）串联谐振 　　　　D. （1）并联谐振（2）并联谐振

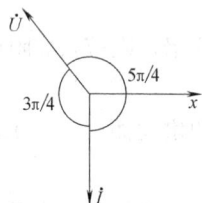

图 3-80　题 8 图

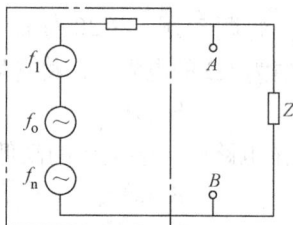

图 3-81　题 9 图

10. 三盏相同的白炽灯按图 3-82 所示接在三相交流电路中都能正常发光，现将 S_2 断开，则 L1、L3 将（　　）。

A. 烧毁其中一个或都烧毁 　　　　　　　B. 不受影响，仍正常发光

C. 都略为变暗些 　　　　　　　　　　　D. 都略为增亮些

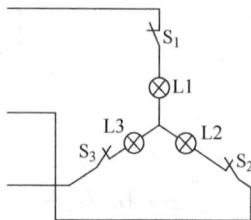

图 3-82　题 10 图

三、实验题（共12分）

1. 正确连接某工厂一个车间的电气线路，除照明电路外，其余均为动力设备，如图3-83所示。（6分）

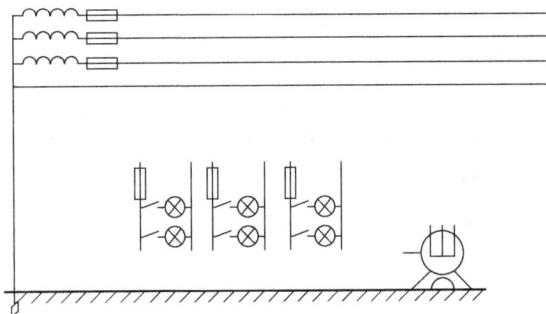

图3-83　题1图

2. 某小区将额定电压220V、额定功率40W的白炽灯作为楼道灯，为了延长楼道灯的寿命，经验丰富的电工想办法让灯的实际电压为200V，但市电的电压为220V，电工的手中只有若干电阻，请你想办法帮电工解决问题。（6分）

1）画出电路图；

2）计算所需电阻的阻值大小。

四、计算题（每小题12分，共36分）

1. 如图3-84所示，已知电流源电流 $I_S = 3A$，电阻 $R_1 = 2\Omega$，$R_2 = 6\Omega$，$R_3 = 10\Omega$，$R_4 = 6\Omega$，$R = 6\Omega$。求通过电阻 R 的电流。

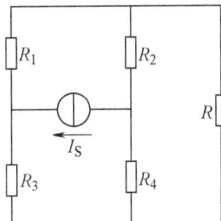

图3-84　题1图

2. 在 *RLC* 串联正弦交流电路中，已知总电压为 $u = 220\sqrt{2}\sin(314t + \pi/3)$ V，电阻为 40Ω，感抗为 40Ω，容抗为 70Ω，求：

1）该电路的性质；

2）电路的总阻抗；

3）电路中电流的有效值和瞬时值表达式；

4）电阻上的电压、电感上的电压和电容上的电压；

5）电路的平均功率、无功功率和视在功率；

6）功率因数 λ；

7）画出总电压和电流的相量图。

3. 有一三相对称负载，每相负载的电阻是 80Ω，电抗是 60Ω，在下列两种情况下，求：

1）负载连接成星形，接于线电压是 380V 的三相交流电源上，相线上的电流和电路消耗的功率；

2）负载连接成三角形，接于线电压是 380V 的三相交流电源上，负载上通过的电流、相线上的电流和电路消耗的功率。

高等职业技术教育招生考试　电工电子类（专业理论）模拟试卷1

电工基础部分（满分100分）

班级_____　学号_____　姓名_____　成绩_____

一、填空题（每格1分，共30分）

1. 在电源内部，电源力做了36J的功，将8C的____（正、负）电荷由正极移到负极，则电源的电动势是_____V。

2. 正弦交流电压$u = 220\sin(100\pi t + \pi/3)$V，将它加在$100\Omega$电阻的两端，每分钟放出的热量为_____J，将它加在$C = (1/\pi)\mu$F的电容器两端，通过该电容器的电流瞬时值的表达式为_____mA，将它加在$L = 1/\pi$H的电感线圈两端，通过该电感的电流瞬时值表达式为_____A。

3. 已知交流电的解析式：$u_1 = 10\sin(100\pi t - 120°)$V，$u_2 = 20\sin(100\pi t + 120°)$V，则在相位上$u_1$_____$u_2$（超前、滞后），相位差为_____。

4. 一个有源二端网络，它的开路电压为50V，短路电流为4A，当外接7.5Ω的负载时，负载电流为_____A，当外接_____Ω的负载时，输出功率最大。

5. 有一个电容器在带了电荷量q后，两板间的电压为U，现在再使它的电荷量增加4×10^{-4}C，两板间的电压就增加20V，这个电容器的电容是_____。

6. 在RLC串联谐振回路中，已知电感$L = 40\mu$H，电容$C = 40$pF，电路的品质因数$Q = 60$，谐振时电路中的电流为0.06A，该谐振回路的谐振角频率为_____rad/s，电路端电压为_____V，电容两端的电压为_____V。

7. U、V、W是三相交流发电机的三个绕组，各绕组的电阻均为2Ω，每相绕组产生的感应电动势可表示为$e_1 = 311\sin 314t$V，$e_2 = 311\sin(314t - 120°)$V，$e_3 = 311\sin(314t + 120°)$。负载由三个相同的白炽灯组成，热态电阻均为$438\Omega$，电路连接如图3-85所示，若灯泡均能正常发光，可知灯泡的实际电压是_____V，相电流为_____A。

8. 如图3-86所示的三相交流电路中，若电压表$\textcircled{V}_1$的读数为380V，则电压表$\textcircled{V}_2$的读数为_____V；若电流表$\textcircled{A}_1$的读数为10A，则电流表$\textcircled{A}_2$的读数为_____A。

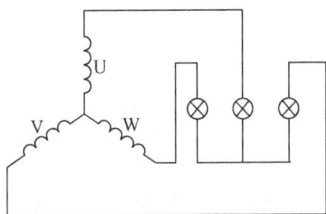

图3-85　题7图

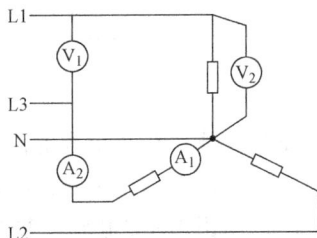

图3-86　题8图

9. 如图 3-87 所示电路中，已知 $R_1 = 16\Omega$，$R_2 = 8\Omega$，$R_3 = 12\Omega$，$E_1 = E_2 = 12V$，当开关 S 打开时，$V_A = $ _____ V；开关 S 闭合时，$V_A = $ _____ V。

10. 如图 3-88 所示，有一个表头，量程 $100\mu A$，内阻 1000Ω。如果改装为一个量程为 3V 和 30V 的多量程伏特表，电阻 $R_1 = $ _____ $k\Omega$，$R_2 = $ _____ $k\Omega$。

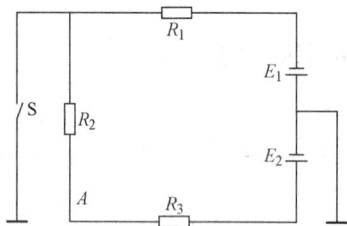 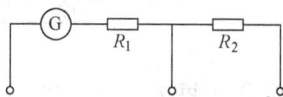

图 3-87　题 9 图　　　　　　　　　　图 3-88　题 10 图

11. 设某段电路电压不变，一电压表测量该段电路电压时，指针刚好指向满刻度 6V 处，若将一个 $2k\Omega$ 电阻串联在电压表上，再测量这段电路的电压时，指针在 4V 处，则该电压表的内阻是_____ $k\Omega$，改装后电压表的量程为_____ V。

12. 如图 3-89 所示，已知 $U_{UV} = 380\sqrt{2}\sin\omega t$，$i_1 = 38\sqrt{2}\sin(\omega t - 30°)$，如果负载作三角形联结，每相阻抗为_____ Ω，负载属_____ 性，三相负载的有功功率为_____ W。

13. 某一 RLC 串联正弦交流电路，电流谐振曲线如图 3-90 所示，电路的通频带为_____ kHz，品质因数为_____。

 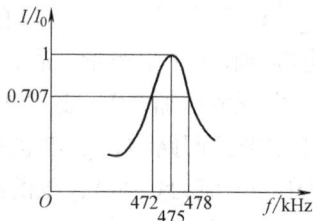

图 3-89　题 12 图　　　　　　　　　图 3-90　题 13 图

14. 将图 3-91 所示的电流源等效变换成最简电流源，则 $I_S = $ _____ A，$R = $ _____ Ω。

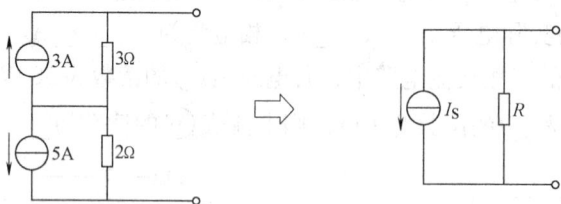

图 3-91　题 14 图

二、单项选择题（在每小题的四个备选答案中，只选一个符合题目要求的，将其号码填写在题中括号内，每小题 3 分，共 30 分）

15. 六个完全相同的旧电池（每个电池的电动势为 E，内阻很大为 r）串联在一起，如图 3-92 所示，在 A、B、C、D、E、F 各点中，正确的是（　　　）。

A. A 点的电位比 B 点高   B. 各点电位都不一样高

C. 无法判断   D. 各点电位一样高

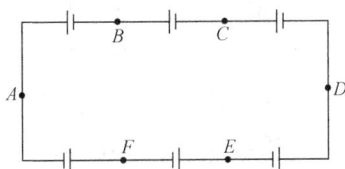

图 3-92 题 15 图

16. R_1 和 R_2 为两个串联电阻，已知 $R_1 = 4R_2$，若 R_1 上消耗的功率为 1W，则 R_2 上消耗的功率为（ ）。

A. W/4   B. 20W   C. 4W   D. W/20

17. 一个电热器接在 10V 的直流电源上，产生一定的热功率。把它改接到某一正弦交流电源上，使产生的热功率是直流时的一半，则交流电源电压的最大值应是（ ）。

A. 7.07V   B. 5V   C. 14V   D. 10V

18. 电路如图 3-93 所示，电源电动势 $E_1 = 30V$，$E_2 = 10V$，内阻均不计，电阻 $R_1 = 26\Omega$，$R_2 = 4\Omega$，$R_3 = 8\Omega$，$R_4 = 2\Omega$，电容 $C = 4\mu F$。下列结论正确的是（ ）。

A. 电容器带电，所带电荷量为 $8 \times 10^{-6}C$ B. 电容器两极间无电位差，也不带电

C. 电容器 N 板的电位比 M 板高   D. 电容器两板电位均为零

19. 如图 3-94 所示的正弦交流电路中，在开关 S 断开时的谐振频率为 f_0，在开关 S 合上后电路的谐振频率为（ ）。

A. $2f_0$ B. $(1/2) f_0$ C. f_0 D. $(1/4) f_0$

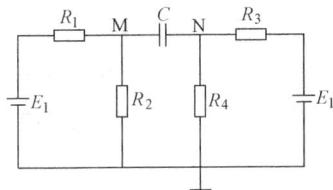

图 3-93 题 18 图

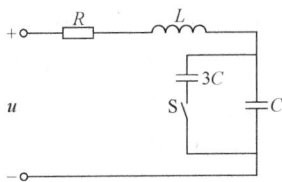

图 3-94 题 19 图

20. 用伏安法测电阻时，若被测电阻 R 的值很大，图 3-95 所示连接方法和判断正确的是（ ）。

A. 如图 a 连接，测量误差较大   B. 如图 b 连接，测量误差较小

C. 如图 a 连接，测得阻值偏大   D. 如图 b 连接，测得阻值偏大

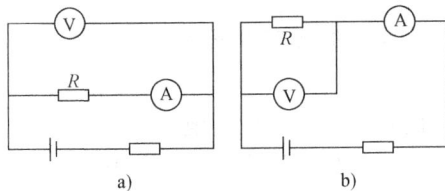

图 3-95 题 20 图

21. 三相交流发电机中的三个线圈作星形联结，若三相负载是对称的，则（　　）。

A. 三相负载作三角形联结时，每相负载的电压等于 U_L

B. 三相负载作三角形联结时，每相负载的电流等于 I_L

C. 三相负载作星形联结时，每相负载的电压等于 U_L

D. 三相负载作星形联结时，每相负载的电流是 $U_L/\sqrt{3}$

22. 直流电路如图3-96所示，$E=15\text{V}$，$I_k=5\text{A}$，$R=5\Omega$，恒压源 E 的工作状况是（　　）。

A. 吸收功率30W　　　　　　　　B. 发出功率30W

C. 吸收功率75W　　　　　　　　D. 发出功率75W

23. 正弦交流电压 u 的波形如图3-97所示，其正确的解析表达式是（　　）。

A. $u = -311\sin\left(250\pi t + \dfrac{\pi}{4}\right)\text{V}$　　　　B. $u = 311\sin\left(250\pi t - \dfrac{\pi}{4}\right)\text{V}$

C. $u = -311\sin\left(500\pi t - \dfrac{3}{4}\pi\right)\text{V}$　　　　D. $u = 311\sin\left(500\pi t - \dfrac{3}{4}\pi\right)\text{V}$

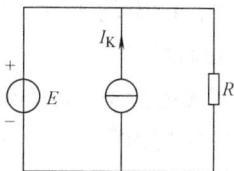

图3-96　题22图

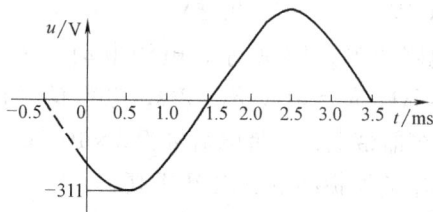

图3-97　题23图

24. 理想电压源，理想电流源的特点正确的是（　　）。

A. 理想电压源电压由外部电路决定　　　B. 理想电流源电压由外电路决定

C. 理想电流源的电流是任意的　　　　　D. 理想电流源与理想电压源可等效变换

三、判断题（你认为题意正确的，请在题后的括号内划上"√"；题意错误的划"×"，每小题1分，共10分）

25. 如果将一只额定电压为220V、额定功率为100W的白炽灯接到电压为220V、输出功率为2000W的电源上，则灯泡会烧坏。　　　　　　　　　　　（　　）

26. 电感性负载并联一只适当数值的电容器后，可使线路中的总电流减小。　（　　）

27. 两个电容器，一个电容较大，另一个电容较小，如果它们所带的电荷量一样，那么电容较大的电容器两端的电压一定比电容较小的电容器两端的电压高。　　（　　）

28. 在三相交流电路中，三相负载作星形联结时，无论负载对称与否，线电压必定为负载相电压的 $\sqrt{3}$ 倍。　　　　　　　　　　　　　　　　　　　　（　　）

29. 一台三相电动机，每个绕组的额定电压是220V，当三相交流电源的线电压是380V时，则这台电动机的绕组应连成三角形。　　　　　　　　　　　　　（　　）

30. 电子在电场力作用下的运动方向是由高电位到低电位。　　　　　　（　　）

31. 改变参考点的选择，不可能使电路中某点电位升高，而同时使另一点电位降低。
　　　　　　　　　　　　　　　　　　　　　　　　　　　　　　　　（　　）

32. 在电路中，当某元件无电流通过时，元件两端的电压一定为零。　　（　　）

33. 用交流电压表测得交流电压是220V，则此交流电压的最大值是 $220\sqrt{3}$V。 （ ）

图3-98 题34图

34. 如图3-98所示电路中，在外电路中，电流方向与电压方向相同，在内电路中，电流方向与电动势方向相同。 （ ）

四、计算题（每小题10分，共30分）

35. 在图3-99所示的电路中，电源内阻均不计，已知电源电动势 $E_2 = 40$V，电阻 $R_1 = 4\Omega$，$R_2 = 10\Omega$，$R_3 = 40\Omega$。求：

1）若使电流 $I_1 = 0$，E_1 应为多大？

2）若使电流 $I_2 = 0$，E_1 又为何值？

3）当 $E_1 = 20$V 时，R_3 中的电流为多大？

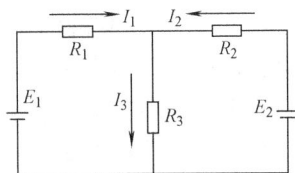

图3-99 题35图

36. 有三个交流电，它们的电压瞬时值表达式分别为 $u_1 = 311\sin 314t$V，$u_2 = 537\sin(314t + \pi/2)$V，$u_3 = 156\sin(314t - \pi/2)$V。

1）这三个交流电有哪些不同之处？又有哪些共同之处？

2）在同一坐标平面内画出它们的相量图。

37. 如图3-100所示电路是作三角形联结的对称三相负载，每相阻抗为 100Ω，当三相交流电源的线电压为120V时。求：开关S闭合和断开时各安培表的读数。

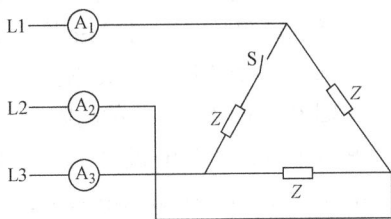

图3-100 题37图

高等职业技术教育招生考试 电工电子类
（专业理论）模拟试卷 2

电工基础部分（满分 100 分）

班级 _____ 学号 _____ 姓名 _____ 成绩 _____

一、填空题（每格 1 分，共 30 分）

1. 把 $q = 10^{-8}$C 的电荷从电场中的 A 点移到电位 $V_B = 100$V 的 B 点，电场力做 3×10^{-8}J 的负功，那么 A 点电位 $V_A =$ _____V；若将电荷从 A 点移至 C 点，电场力做 6×10^{-6}J 的正功，则 C 点电位 $V_C =$ _____V，B，C 间电压 $U_{BC} =$ _____V。

2. 如图 3-101 所示为三个电阻上的电流随电阻两端电压变化的曲线，已知，$R_1 < R_2 < R_3$，则横坐标应为 _____；纵坐标应为 _____（填 U 或 I）。

3. 如图 3-102 所示是正弦交流电电流的波形图，它的周期是 0.02s，那么它的初相位是 _____，电流的最大值是 _____A，$t = 0$ 时电流的瞬时值是 _____A。

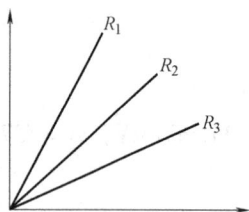

图 3-101 题 2 图

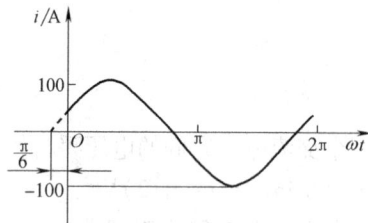

图 3-102 题 3 图

4. 有一个电热器接到 10V 的直流电源上，在时间 t 内能将一壶水煮沸。若将电热器接到 $u = 10\sin\omega t$V 的交流电源上，煮沸同一壶水需要时间 _____。若把电热器接到另一个正弦交流电源上，煮沸同样一壶水需要时间 $t/3$，则这个交流电压的最大值为 _____V。

5. 某直流电源在外部短路时，消耗在内阻上的功率是 400W，则此电源能供给外电路的最大功率是 _____W，此时外电路负载的电阻与电源内阻 _____（相同、不相同）。

6. 为了提高谐振回路的品质因数，如果信号源内阻较小，可以采用 _____谐振电路；如果信号源内阻较大，可以采用 _____谐振电路。

7. 如图 3-103 所示为交流发电机的示意图，线圈在匀强磁场中以一定的角速度匀速转动。线圈电阻 $r = 5\Omega$，负载电阻 $R = 15\Omega$，当开关 S 断开时，交流电压表的示数为 20V；当开关 S 合上时，负载电阻 R 上电压的最大值为 _____V，电流的有效值为 _____A。

8. 在图 3-104 所示的电路中，电容器 A 的电容 $C_A = 30\mu$F，电容器 B 的电容 $C_B = 10\mu$F。在开关 S_1、S_2 都断开的情况下，分别给电容器 A、B 充电。充电后 M 点的电位比 N 点高 5V，O 点的电位比 P 点低 5V。然后把 S_1、S_2 都接通，接通后电容器 A _____（充电、放电），M 点的电位比 N 点高_____V。

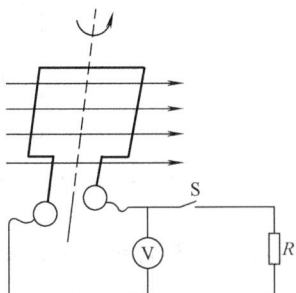

图 3-103　题 7 图

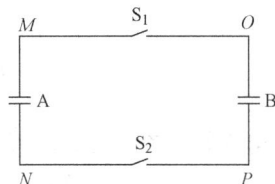

图 3-104　题 8 图

9. 如图 3-105 所示，已知 $E = 50V$，$I = 2A$，$V_A = -10V$，则电阻 $R =$ _____Ω。

10. 如图 3-106 所示电路中，已知 $E_1 = E_2 = 12V$，$R_1 = 27k\Omega$，$R_2 = 3.9k\Omega$，$R_3 = 1.3k\Omega$。开关断开时 $V_A =$ _____V；开关接通时 $V_A =$ _____V。

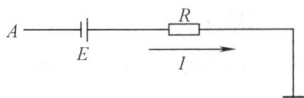

图 3-105　题 9 图

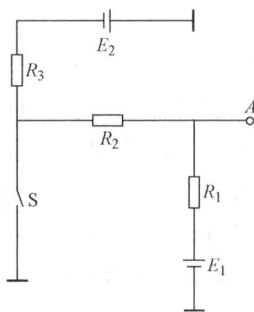

图 3-106　题 10 图

11. 如图 3-107 所示的三相交流电路中若电压表 V_1 的读数为 380V，则电压表 V_2 的读数为_____V；若电流表 A_1 的读数为 10A，则电流表 A_2 的读数为_____A。

12. 有一个表头，量程 100μA，内阻 1000Ω，如图 3-108 所示，将其改装成一个量程为 10mA 和 100mA 的多量程电流表，电阻 $R_1 =$ _____Ω，$R_2 =$ _____Ω。

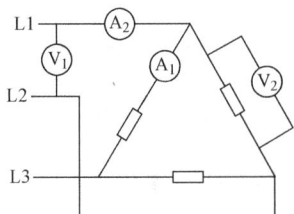

图 3-107　题 11 图

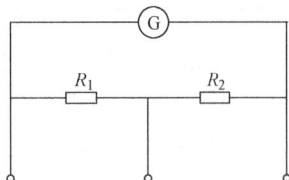

图 3-108　题 12 图

13. 将图 3-109 所示的电压源等效变换成最简电压源，则 $U_S =$ _____V，$R =$ _____Ω。

14. 如图 3-110 所示，已知 $U_{UV} = 380\sqrt{2}\sin\omega t\text{V}$，$i_1 = 38\sqrt{2}\sin\omega t - 30°\text{A}$，如果负载作星形联结，每相阻抗为_____$\Omega$，负载属_____性，三相负载有功功率为_____W。

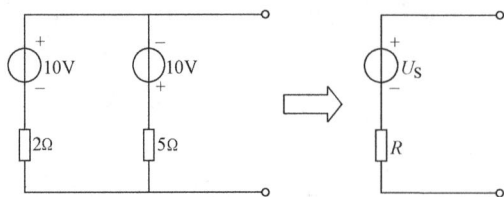

图 3-109　题 13 图

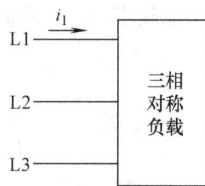

图 3-110　题 14 图

二、单项选择题（在每小题的四个备选答案中，只选一个符合题目要求的，并将其号码填写在题中括号内，每小题 3 分，共 30 分）

15. 两只电容器分别标明"30μF、200V"和"15μF、350V"，串联后接到电压为 450V 的电源上，则（　　）击穿。

A. 30μF 电容器

B. 15μF 电容器

C. 两只电容器全部

D. 两只电容器都不会

16. R_1 和 R_2 为两个并联电阻，已知 $R_1 = 4R_2$，若 R_1 上消耗的功率为 1W，则 R_2 上消耗的功率为（　　）。

A. 1/4W　　　　B. 20W　　　　C. 4W　　　　D. 1/20W

17. 两个正弦交流电流的解析式是：$i_1 = 10\sin(314t + \pi/6)\,\text{A}$，$i_2 = 10\sqrt{2}\sin(314t + \pi/4)\,\text{A}$，这两个式中，两个交流电流相同的量是（　　）。

A. 最大值　　　B. 有效值　　　C. 周期　　　D. 初相位

18. 在图 3-111 所示的电路中，$R_1 = R_2 = 200\Omega$，$R_3 = 100\Omega$，$C = 100\mu\text{F}$，S_1 接通，待电路稳定后，电容器 C 中容纳一定的电荷量，然后，再将 S_2 也接通，则电容器 C 中的电荷量将（　　）。

A. 增加　　　　B. 减少　　　　C. 不变　　　　D. 无法判断

19. 在如图 3-112 所示的正弦交流电流中，当电路处于谐振时，Ⓐ 表的读数为 6A，Ⓐ₁ 表的读数为 10A，Ⓐ₂ 表的读数为（　　）。

A. 4A　　　　　B. 8A　　　　　C. 11.66A　　　D. 无法求出

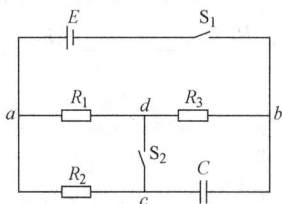

图 3-111　题 18 图

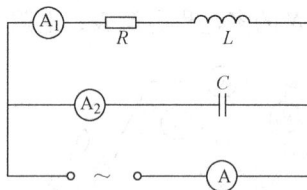

图 3-112　题 19 图

20. 在三相四线制供电线路中，交流电源的频率为 50Hz，线电压为 380V，则（　　）。

A. 线电压为相电压的 $\sqrt{3}$ 倍

B. 线电压的最大值为 380V

C. 相电压的瞬时值为 220V

D. 交流电的周期为 0.2s

21. 选择三相负载连接方式的依据是（　　）。

A. 三相负载对称，选 △ 接法，不对称选 Y 接法

B. 希望获得较大功率，选△接法，否则，选Y接法

C. 电源为三相四线制，选Y接法，电源为三相三线制，选△接法

D. 选用的接法应保证每相负载得到的电压等于其额定电压

22. 如图 3-113 所示的线性电路中，若 E_1 和 E_2 单独作用时，在 R_3 支路产生的电流和功率分别为 3A，36W 和 2A，16W，且这两次流过 R_3 的电流方向与图示 I_3 的方向一致，则当 E_1 和 E_2 同时作用时，R_3 的功率是（   ）。

A. 36W   B. 4W   C. 52W   D. 100W

23. 若电路中某元件两端的电压 $u = 36\sin(314t - 180°)$ V，电流 $i = 4\sin(314t + 180°)$ A，则该元件可能是（   ）。

A. 电阻   B. 电感   C. 电容   D. 无法判断

24. 如图 3-114 所示，两个电池完全相同，安培表的内阻不计。当开关 S 闭合后，两只电表的示数将（   ）。

A. 都增大   B. 都减少

C. 电压表示数减小，安培表示数增大   D. 电压表示数增大，安培表示数减少

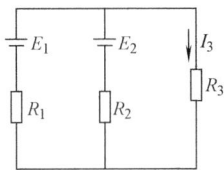

图 3-113 题 22 图   图 3-114 题 24 图

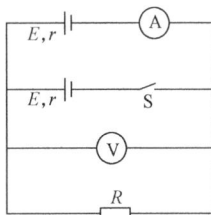

三、判断题（你认为题意正确的，请在题后的括号内划上"√"；题意错误的划"×"，每小题 1 分，共 10 分）

25. 在一个含源电路中，当负载电阻减小时，电源内压降升高，输出端电压下降。（   ）

26. 只有在纯电阻电路中，端电压与电流的相位差才为零。（   ）

27. 两只电容器，一只电容较大，另一只电容较小，如果这两只电容器两端的电压相等，那么电容较大的电容器所带的电荷量一定比电容较小的电容器所带的电荷量大。

（   ）

28. 三相负载作三角形联结时，无论负载对称与否，线电压必定等于相电压。（   ）

29. 一台三相电动机，每个绕组的额定电压是 220V，若三相交流电源的线电压是 220V，则电动机的绕组应连接成星形。（   ）

30. 在如图 3-115 所示电路中，外电路电流的方向就是电位降低方向，电源内部电流的方向就是电位升高的方向。（   ）

图 3-115 题 30 图

31. 电池放久了，用万用表测量电压为1.45V，但是接上电珠却不发光，这主要是电源的电动势变小了。 （　　）

32. 在电阻不变的情况下，加在电阻两端的电压跟通过电阻的电流成正比。 （　　）

33. 在纯电感正弦交流电路中，瞬时功率的最大值就是无功功率。 （　　）

34. 某电路两端的端电压为 $u = 220\sqrt{2}\sin(314t + 30°)\,\mathrm{V}$，电路中的总电流为 $i = 10\sqrt{2}\sin(314t - 30°)\,\mathrm{A}$，则该电路为电感性电路。 （　　）

四、计算题（每小题10分，共30分）

35. 在图 3-116 所示的电路中，已知 $R_1 = 2\Omega$，$R_2 = 4\Omega$，$R_3 = 8\Omega$，$R_4 = 4\Omega$，电源 $E = 12\mathrm{V}$，求 I_1、I_2、I_5。

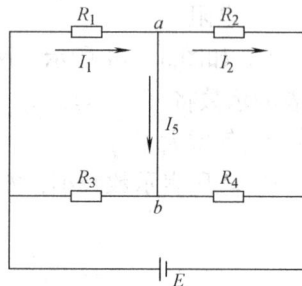

图 3-116　题 35 图

36. 某电阻 $R = 80\Omega$，和另一阻抗为 Z 的线圈串联，接入电压 $U = 40\mathrm{V}$ 的正弦交流电路中，这时电阻两端的电压 $U_R = 20\mathrm{V}$，线圈两端的电压 $U_2 = 30\mathrm{V}$。求：

1）电阻上消耗的功率；

2）线圈消耗的功率；

3）整个电路的功率因数。

37. 某一对称三相交流电源采用星形联结向对称三相负载供电，若已知 L1 相的相电压为 $u_1 = 220\sqrt{2}\sin 314t\,\mathrm{V}$，对应的相线上的线电流为 $i_1 = 5\sqrt{2}\sin(314t - 30°)\,\mathrm{A}$。

1）写出另外两相相电压的解析式；

2）写出另外两根相线中电流的解析式。

高等职业技术教育招生考试　电工电子类
（专业理论）模拟试卷3

电工基础部分（满分100分）

班级_____　学号_____　姓名_____　成绩_____

一、填空题（每格1分，共30分）

1. 某一正弦交流电动势的表达式为 $e = 50\sin(314t + 30°)$V，当 $t = 0.1$s 时，该电动势的瞬时值应为_____V。

2. 标有"220V，25W"白炽灯的热态电阻值是_____；在它未通电时测得的电阻应_____（填大于或小于）上面所计算的电阻值，这是因为_____。

3. 有一个干电池，A为正极，B为负极，则该干电池的电动势方向是_____（填A到B或B到A）。

4. 五个相同的电池，每个电动势均为2V，内阻均为 0.1Ω，串联后与 $R = 4.5\Omega$ 的负载电阻相连，组成闭合回路，则流过电阻R上的电流为_____，R两端的电压为_____，电阻R上消耗的功率为_____。

5. 如图3-117所示为两个电阻的电流随电阻两端的电压变化的图线，则电阻_____的阻值较小。

6. 如图3-118所示的等效电阻 R_{AB} =_____（设每个电阻值均为30Ω）。

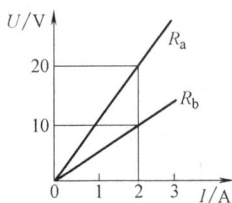

图3-117　题5图

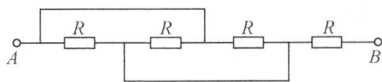

图3-118　题6图

7. 在对称三相交流电路中，对同一个电源、同一组负载，负载作三角形联结时的线电流是作星形联结时的线电流的_____倍；负载作星形联结时的总功率是作三角形联结时的总功率的_____倍。

8. 允许加在"220V，25W"电灯上的交流电压的最大有效值是_____，最大值是_____；允许加在标有"450V，0.5μF"电容器上的交流电压的最大有效值是_____，最大值是_____。

9. 某输电线的电阻共计1Ω，输送的电功率是100kW，用400V的低压送电，输电线因发热损失的功率是_____W，若改用100 000V送电，则输电线因发热损失的功率是_____W。

10. 在正弦交流电路中的功率因数是指电路中的_____和_____的比值。

11. 当电流表要扩大量程时，应_____一个_____的电阻，而电压表要扩大量程时，应_____一个_____的电阻（填串联或并联或较大或较小）。

12. 电压源与电流源之间的等效变换只对_____电路而言，对电源内部并不等效。

13. 如图 3-119 所示的正弦交流电路中，电流表的读数为_____。

14. 如图 3-120 所示的正弦交流电路中，电压表的读数为_____，总电压和总电流的相位差是_____。

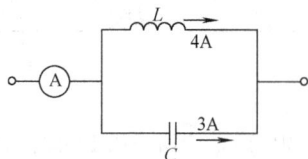

图 3-119　题 13 图　　　　图 3-120　题 14 图

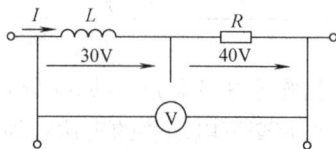

15. 电容 $C_1 = 10\mu F$，$C_2 = 30\mu F$，耐压均为 $300V$，当这两只电容器串联时，其等效电容为_____，总耐压为_____。

二、单项选择题（在每小题的四个备选答案中，只选一个符合题目要求的，请将其号码填写在题中的括号内，每小题 3 分，共 30 分）

16. 把一根长度为 S 的铜导体对折三次后的电阻值为原来阻值的（　　）倍。
A. 不变　　　　　　B. 1/3　　　　　　C. 1/64　　　　　　D. 9

17. 有一白炽灯和电容器串联组成的正弦交流电路，若电源的频率增大，则电容器的（　　）。
A. 容抗减小　　　　B. 电容减小　　　　C. 容抗增大　　　　D. 电容增大

18. 要使四只"110V，40W"灯泡接入电源电压为 220V 的电路中都能正常工作，灯泡应（　　）。
A. 全部串联　　　　　　　　　　　B. 两只串联后与另一只并联
C. 两只并联后与另一只串联　　　　D. 两两串联后再并联

19. 对称三相交流电源的三个绕组顺次作三角形联结时，其回路电动势为（　　）。
A. 每相电动势有效值的 3 倍　　　　B. 每相电动势有效值的两倍
C. 零　　　　　　　　　　　　　　D. 每相电动势有效值的 4 倍

20. 如图 3-121 所示的电路中，A 点的电位 V_A 等于（　　）。
A. $-6V$　　　　　B. $0V$　　　　　C. $15V$　　　　　D. $-3V$

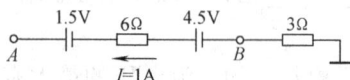

图 3-121　题 20 图

21. 如图 3-122 所示的电路中，下面叙述正确的是（　　）。
A. 当 R 趋向无穷大的时候，叫外电路短路
B. 当 R 趋向零的时候，叫外电路断路即开路

C. 当 R 趋向无穷大的时候，路端电压等于 $2E$

D. 当 R 趋向零的时候，电路上的电流为 E/r

22. 在 RLC 串联谐振电路中，如果增大 R 将带来以下影响的是 （　　）。

A. 电路谐振频率改变 　　　　　　B. 电路谐振曲线变平坦

C. 电路品质因数增大 　　　　　　D. 电路通频带变窄

23. 如图 3-123 所示，当正弦交流电源的电压为 220V，频率为 100Hz 时，三只电灯的亮度相同，现将交流电的频率改为 50Hz，则下列情况中正确的应是 （　　）。

A. A 灯比原来亮 　　　　　　　　B. B 灯比原来暗

C. C 灯比原来亮 　　　　　　　　D. A 灯不变

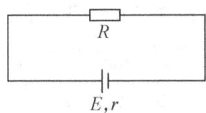

图 3-122　题 21 图　　　　　　　　图 3-123　题 23 图

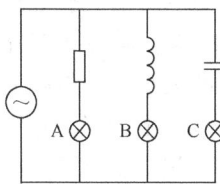

24. 如图 3-124 所示线路中，线路接法没有错误的是 （　　）。

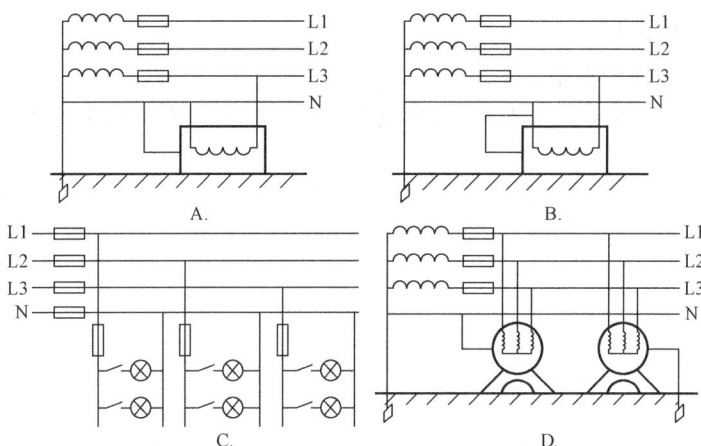

图 3-124　题 24 图

25. 如图 3-125 所示，由相同的均匀金属材料弯成的正方形框架 $abcd$，若把 da 的两端连接在电路上，那么 da 导线与 $dcba$ 导线上消耗的电功率之比为 （　　）。

A. 3∶1　　　　　B. 2∶1　　　　　C. 1∶1　　　　　D. 9∶1

图 3-125　题 25 图

三、判断题（你认为题意正确的，请在题后的括号内划"√"；题意错误的划"×"，每小题 1 分，共 10 分）

26. 公式 $P = I^2R$ 只适用计算串联电路中的电功率，而公式 $P = U^2/R$ 只适用并联电路中。 （　　）

27. 在闭合的全电路中，电流方向总是从高电位流向低电位。 （　　）

28. 在电路中，电位和电压都是相对的，随参考点的改变而改变。 （　　）

29. 视在功率的大小，表示了该交流电源容量的大小。 （　　）

30. 将一段阻值为 R 的导线，拉长到原来的 3 倍后，再分三段，则每段导线的电阻是 R。 （　　）

31. 提高功率因数的目的是提高供电电压，从而提高设备的供电能力。 （　　）

32. 将 $C = 2\mu F$ 的电容器接到直流电路中，它的容抗为 0。 （　　）

33. 电源电动势的大小与外电路无关，是由电源本身的性质所决定的。 （　　）

34. 在三相交流电路中，当三相负载越接近对称时，中性线上的电流值就越小。 （　　）

35. 同一个对称三相交流电源，同一组对称三相负载，负载作 △ 联结时的线电流是作星形联结时的线电流的 $\sqrt{3}$ 倍。 （　　）

四、计算题（每小题 10 分，共 30 分）

36. 如图 3-126 所示的电路中，已知 $E_1 = 6V$，$E_2 = 1V$，各电源的内阻不计，电阻 $R_1 = 1\Omega$，$R_2 = 2\Omega$，$R_3 = 3\Omega$。求：

1）电阻 R_3 上的电流；

2）电阻 R_3 所消耗的功率。

3）当 R_3 的阻值为多少时，R_3 能获得最大功率？最大功率又为多少？

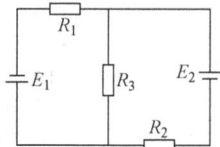

图 3-126　题 36 图

37. 在 RLC 串联正弦交流电路中，已知电阻 $R = 50\Omega$，$L = 5mH$，$C = 50pF$，外加电压 $U = 40V$，当电路发生谐振时。求：

1）谐振频率 f_0；

2）谐振时电路中的电流 I_0；

3）电路的品质因数 Q；

4）谐振时电感和电容器两端的电压 U_L 和 U_C。

38. 如图 3-127 所示的三相照明电路中，各白炽灯的额定电压为 220V，各灯的电阻分别为 $R_U = 22\Omega$，$R_V = 22\Omega$，$R_W = 10\Omega$，现将它们连接成星形接到线电压为 380V 的三相四线制电路中。试求：

1）每相的相电压、相电流和线电流；

2）若中线和 U 相都因故断开，V 相和 W 相上灯泡承受的实际电压各为多大？可能会出现什么情况？

3）简单叙述中线的作用和应注意的问题。

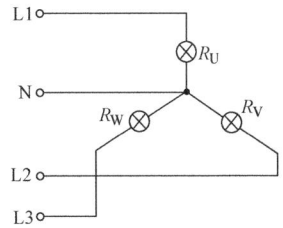

图 3-127　题 38 图

第四部分

参考答案

第一部分 基础练习

单元一 直流电路基础知识

知识要点和分析

【知识要点一】 库仑定律★常见题型　D

【知识要点二】 电场和电场强度★常见题型　36N

【知识要点三】 电流★常见题型　12mA

【知识要点四】 电压和电位★常见题型　$V_a = 40V$；$V_c = -60V$

【知识要点五】 电源和电动势★常见题型　B

【知识要点六】 电阻和电阻定律★常见题型　1）2000m；2）3:8

【知识要点七】 电路和欧姆定律★常见题型　1）4Ω、2A；2）1A、11.5V；3）10V、2.5Ω

【知识要点八】 电能和电功率★常见题型　1）B；2）484Ω、25W、0.8、2.88×10^6

【知识要点九】 电源的最大输出功率★常见题型　4Ω、25W

直流电路基础知识（基本概念）——练习卷1

一、库仑定律

1. 正电荷；负电荷；正电荷；负电荷　2. 负；正　3. 作用力；排斥；吸引　4. 几何线度；小于；距离；忽略　5. 库仑力；电场力；静电力　6. 多少；库仑；C　7. 1.6×10^{-19}C；基元；整数　8. 真空；静点；乘积；正比；平方；反比；连线；kq_1q_2/r^2；静电恒量；9.0×10^9　9. 反；大小；相反；两点电荷的连线　10. 真空中；静电荷；点电荷；11. 9.0×10^9N

二、电场和电场强度

1. 周围；作用力；特殊；力；能　2. 电场　3. 强弱；$E = F/q$；电场力；比值；场强　4. 矢；大小；方向；正电荷；电场力　5. 切线；大小　6. 略　7. $Fd = Eqd$　8. 正；负；相交；强；电场强度　9. 无关　10. 相等；相同　11. 200N

三、电流

1. 定向；正电荷定向运动　2. 安培；A；毫安；微安；mA；μA；10^3；10^6；q/t　3. 电场存在；可移动的电荷；闭合　4. 标量　5. 直流电；交流电；脉动电　6. 周期性变化　7. 大小；方向；直流电；恒流电　8. 大小；方向　9. C；A；B　10. 1）零；2）量程、大；3）串；4）流入、流出　11. 180s

四、电压和电位

1. 做功本领；能；W/q　2. 高；低　3. 伏特；V；毫伏；千伏；mV；kV；10^3；10^6　4. 零；零；0　5. 大地；公共；机壳　6. 1）做功；伏特；2）相对；有关；不变；无关；3）$V_A - V_B$；电位差；电位差　7. 1）零　2）量程；大　3）并　4）流入；流出　8. 1）15V　2）24V

五、电源和电动势

1. 其他；电能　2. 负；正；功；比值；W/q　3. 伏特；V　4. 负；正　5. 内阻　6. 1）本身性质；其他；电能；无关；内部；负；正；低；高；升高　2）做功；内；外；高；低；

正；负；正；负　7. 1）6V　2）1.5V、18J

六、电阻和电阻定律

1. 导体；半导体；绝缘体　2. 自由电子；低；高；相反　3. 阻碍；热能；耗能；分；分
4. 1A　5. R；欧姆；Ω；千欧；兆欧；$k\Omega$；$M\Omega$　6. 正比；反比；$\rho L/S$；电阻率；
$\Omega \cdot m$；本身性质；温度　7. 材料；长度；横截面积；温度；增大；减小　8. 无关；坐标原
点；直　9. 1）0.5Ω　2）3Ω　3）3:1

七、电路和欧姆定律

1. 电路　2. 电源；负载；控制和保护装置；连接导线　3. 线性元件　4. 通路；开路；短路
5. 电压；正比；反比；U/R　$-U/R$　6. 正比；反比；$E/(R+r)$　7. 1）减小；减小；增
大　2）增大；增大；减小　3）等于　4）很大；E/r　8. 1）① 39Ω　② 3.5W
2）$r=1\Omega$　$E=3V$

八、电能和电功率

1. 电能；电功　2. W；焦耳；J　3. UIt；I^2Rt；U^2t/R　4. 快慢；单位时间；功率；P；瓦
特；W　5. UI；I^2R；U^2/R　6. 电能；度（电）；$kW \cdot h$；1000W；电能　7. 电流的热效
应　8. 外电阻；内阻；$P_R + P_r$　9. 外壳；大于；小于；额定值　10. 1）15W、吸收、
-24W、发出、12W、吸收　2）110W、6600J　3）10A、550W

九、电源的最大输出功率

1. 外电路　2. 内外电阻相等；输出；最大；$E^2/4R$　3. 等于；内阻；最大消耗
4. ① 100Ω、1W　② 0.16W

直流电路基础知识——练习卷2

一、判断题

1. ×　2. ×　3. ×　4. ×　5. ×　6. ×　7. ×　8. ×　9. √　10. ×　11. ×　12. ×　13. √
14. ×　15. ×　16. ×　17. √　18. ×　19. ×　20. ×　21. ×　22. ×　23. √　24. √　25. √
26. ×　27. ×　28. ×　29. ×　30. √　31. ×　32. ×　33. √　34. √　35. ×

二、选择题

1. C　2. B　3. C　4. D　5. B　6. A　7. A　8. B　9. C　10. D　11. D

三、填空题

1. 正；负　2. 3　3. 2×10^8；一致　4. 正电荷；相反　5. 排斥；吸引　6. 大小；方向
7. 相交；强；相等；相同；平行　8. 其他形式；电能　9. 负；正　10. 电场；电源
11. 导体；半导体；绝缘体　12. 4；15C　13. 5.8；52　14. 电源；负载；控制和保护装
置；连接导线　15. 通路；断路；短路　16. 660　17. 甲　18. 7.3；15；1.6　19. $r=R_1 +$
R_P；$E^2/4r$

四、计算题

1. 5.4N；21.6N　2. -5×10^{-9}C；4.8N；排斥力　3. 2×10^4N/C　4. 2×10^{-3}N
5. 1）0.5A　2）5V　3）1V　6. 1Ω　7. 20V；4Ω　8. 1:100　9. 1）20V　2）1A
3）1200J　10. 8.325 元　11. 2.5Ω；10W

直流电路基础知识——复习卷

一、库仑定律

1. kq_1q_2/r^2 2. 1）$F/9$ 2）$4F$ 3）略

二、电场和电场强度

1. F/q 2. $5\times10^9\mathrm{N/C}$ 3. 1）负功   2）Eqd

三、电流

1. q/t 2. 0.2A   3. 60s

四、电压和电位

1. W_{ab}/q 2. V_a-V_b 3. 100V   4. $-2\mathrm{V}$；B 点高；高2V

五、电源和电动势

1. W/q 2. 3V   3. 72J

六、电阻和电阻定律

1. $R=\rho L/S$ 2. $1.75\times10^{-8}\Omega\cdot\mathrm{M}$

七、电路和欧姆定律

部分电路欧姆定律：1. U/R 2. 5A   3. 64V   4. $5\times10^{-7}\Omega\cdot\mathrm{m}$

全电路欧姆定律：1. $E/(R+r)$ 2. $U+Ir$；电动势；E/r 3. 1.2A；27W

4. 15V；0.5Ω

八、电能和电功率

1. $=UIt=I^2Rt=U^2t/R$ 2. $UI=I^2R=U^2/R$ 3. $P_E=P_R+P_r$；I^2R+I^2r 4. 1）100V；

2）0.4A   3）0.4W   5. 1）472W   2）8W   3）472W   4）480W；$P_E=P_R+P_r$

九、电源的最大输出功率

1. $r=R$；$E^2/4R$ 2. $R=6\Omega$；6W

直流电路基础知识——测验卷 1

一、判断题

1. √   2. ×   3. ×   4. √   5. √   6. ×   7. ×   8. ×   9. ×   10. √

二、选择题

1. C   2. D   3. C   4. D   5. D   6. D   7. A   8. D   9. C   10. A

三、填空题

1. 基元电荷；$1.6\times10^{-19}\mathrm{C}$ 2. 12.5mA；不能   3. 热态；1936；1210   4. 3：10

5. 反；正   6. 1）10   2）2.5×10^{-2} 3）0.16W   7. 6V；0.6Ω

四、计算题

1. 导体 B 上电流大；21.6C、24C   2. 1kW·h；$3.6\times10^{-6}\mathrm{J}$ 3. 10A；不能选用

*4. 1）20Ω；3.2W   2）10Ω；3.6W；5.04W   3）2Ω；6W   4）2W   5. 5Ω；16V

6. 62.5kW；100W

直流电路基础知识——测验卷 2

一、判断题

1. √   2. ×   3. √   4. ×   5. ×   6. √   7. ×   8. √   9. ×   10. ×

二、选择题

1. D　2. D　3. A　4. C　5. B　6. D　7. D　8. C　9. C　10. A

三、填空题

1. 5400J　2. 3∶1　3. 60V　4. 17.5　5. 100W　6. 807　7. 相交；间隔相等方向相同的平行线　8. 1∶1　9. 3.6×10^6　10. 2Ω；8W　11. R_1；R_1；R_4

四、计算题

1. 18V　2. 9.1A；500W　3. 100W　4. 50V　2.5Ω

直流电路基础知识——测验卷3

一、判断题

1. ×　2. √　3. √　4. ×　5. √　6. ×　7. ×　8. ×　9. √　10. √

二、选择题

1. A　2. A　3. D　4. C　5. D　6. D　7. B　8. D　9. C　10. B

三、填空题

1. 真空中两静点电荷　2. 焦耳；瓦特　3. 1210Ω；10W　4. 电路的电流与端电压之间的关系　5. 60；60J；60J；1W　6. 电场　7. 其他形式的；电；电；其他形式的　8. 定向；0.1A　9. 导体；半导体；绝缘体　10. -15　11. 负载匹配　12. 电流的热效应　13. 端电压；电流；电源外特性曲线　14. 力；能　15. 吸功；放出

四、计算题

1. 2V；3.8Ω；0.95W　2. 1）240V；47.5Ω　2）1200W；1185W；15W；$P_E = P_R + P_r$
3. 1）880W　2）1.584×10^6J　3）8W　4）14.4×10^3J　5）1.569×10^6J

五、实验题

略

单元二　直流电路

知识要点和分析

【知识要点一】　电阻串联电路★常见题型　1）① 26Ω　② 60W　③ 104W　2）29kΩ

【知识要点二】　电阻并联电路★常见题型　1）① 2Ω　② 400W　③ 800W　2）111Ω

【知识要点三】　电阻混联电路★常见题型　1）图略44Ω　2）图略2.5Ω；2A
3）采用电流表外接法

【知识要点四】　电池的连接★常见题型　$4E$；$4r/3$；$4E/(R+4r/3)$

【知识要点五】　电路中各点电位的计算★常见题型　56V；-2V

【知识要点六】　基尔霍夫定律★常见题型　1）$I_1 - I_2 + I_3 - I_4 - I_5 = 0$　2）$I_1 R_1 - I_2 R_2 - I_3 R_3 + E_1 - E_2 = 0$

【知识要点七】　支路电流法★常见题型　$I_1 = 24/7$A；$I_2 = -4/7$A；$I_3 = 20/7$A　（设 I_1 和 I_2 从上节点流入，I_3 流出）

【知识要点八】　电压源与电流源及其等效变换★常见题型　1）a）4A；3Ω 图略
b）15V；3Ω 图略　2）① $I_1 = 0$A；$I_2 = I_3 = 3$A　② 24V　③ 72W

【知识要点九】　戴维南定理★常见题型　1）12；2　2）1A；2.2V；2.2W

【知识要点十】 叠加定理★常见题型 $I_1 = 2.25A$；$I_2 = 1.25A$；$I_3 = 0.75A$

直流电路（基本概念）——练习卷1

一、电阻串联电路

1. 相等；大；之和；正比；正比 2. 串；$99R_g$ 3. 1) 20Ω 2) $15V$

二、电阻并联电路

1. 相等；各分电流；倒数；倒数；反比；反比 2. 并；$1/(99R_g)$ 3. 12Ω

三、电阻混联电路

1. 各电阻消耗的功率之和；UI；I^2R；U^2/R 2. 电位 3. *1) ① 15Ω；$1A$ ② 19.2Ω；$1A$ 2) $(0.5n^2+2)R$

四、电池的连接

1. $3E$；$3r$；I 2. E；$r/3$；$3I$

五、电路中各点电位的计算

1. 电位差；$V_A - V_B$ 2. 不变；无关；相对；不同 3. $-15V$；$30V$；$24V$

六、基尔霍夫定律

1. 节点电流；电流的代数和等于零；$\sum I = 0$ 2. 回路电压；电压的代数和等于零；$\sum U = 0$ 3. 略

七、支路电流法

1. 各支路电流；基尔霍夫定律；回路电压方程 2. $n-1$；$m-n+1$ 3. ① $I_1 = 5A$；$I_2 = -4A$；$I_3 = 1A$ ② $10W$

八、电压源与电流源及其等效变换

1. 恒定；无关；电流 2. 恒定；无关；电压 3. 串联；并联 4. 等效变换；I_sR_0；不变；不等效 5. 零；无穷大 6. 不能 7. 1) $I = 1A$；$U = 5.8V$；$P_R = 58W$；$P_r = 0.2W$；$I = 1A$；$U = 5.8V$；$P_R = 5.8W$；$P_r = 168.2W$ 2) $0.5A$

九、戴维南定理

1. 两个引出 2. 无电源 3. 有电源 4. 等效电源；有源二端网络；开路；置零；等效 5. 短路；开路 6. $1A$

十、叠加定理

1. 线性 2. 置零；短路；开路 3. 不能 4. $2.5A$

直流电路（电阻串并联电路）——练习卷2

一、判断题

1. √ 2. × 3. √ 4. × 5. √

二、选择题

1. A 2. C 3. C 4. B 5. D

三、填空题

1. 并；$R_g/(n-1)$ 2. 串；$(n-1)R_g$ 3. 3:2；2:5 4. 4；3.2；0；0

四、计算题

*1. 24Ω；12Ω；12Ω；12Ω；12Ω；0Ω 2. 1) 30Ω；2) 60Ω；20Ω；3. $10 \sim 55V$

4. 1) 157V；63V；0.13A；0.13A；20W；8W　2) 0.13A；28W

直流电路（电路中各点电位的计算）——练习卷3

1. 4.8V　2. 19V；-2V　3. -3V　4. 15V；3V；-5V；-6V　5. 40V；20Ω

6. 1) 0.5A　2) -8V；4V；-16V　7. 1) 0.5A；1A　2) 8V；8V　8. 1) 65V

2) 1A　3) 40V　9. 30V；20V；-10V

直流电路（基尔霍夫定律及应用）——练习卷4

1. 节点电流；$\sum I = 0$；回路电压；$\sum U = 0$　2. 略　3. 略　4. 略　5. 0.4A；-2A；0

6. 32V；-42V；-24V　7. -4A；5A；8V；5V；15V；-28V；7Ω　8. $I_1 = 6A$；$I_2 = -3A$；

$I_3 = 3A$　9. $I_1 = 10A$；$I_2 = -5A$；$I_3 = 5A$　10. $I_1 = 3A$；$I_2 = 2A$；$I_3 = 1A$　11. 1) $I_1 = 1A$；

$I_2 = 10A$；$I_3 = 11A$　2) 1210W　12. $I_1 = 4A$；$I_2 = 6A$；$I_3 = 10A$　*13. 1A；5W

直流电路（电压源与电流源及其等效变换）——练习卷5

一、填空题

1. 恒定的；负载　2. 理想电压源；内阻　3. 电压；0；恒定的电压；电流；无穷大；恒定的电流　4. 一个理想电流源；内阻　5. 15；5

二、选择题

1. B　2. B　3. B　4. A　5. C　6. B

三、计算题

1. 略　2. 略　3. 2A；14V　4. $I_1 = 3A$；$I_2 = 7A$；$I_3 = 4A$　5. 0.3A

直流电路——复习卷

一、电阻串联电路 略

二、电阻并联电路

1. 略　2. 一个；这几个电阻　3. 分压；串　4. 分流；并　5. 串联一个36Ω的电阻

6. 3Ω；6Ω　7. 24Ω；23.8Ω　*8. 1) 216.4V；38.7W　2) 188.8V；29.5W

9. 1) 串联1800Ω　2) 并联100Ω

三、电阻混联电路

1. 串联；并联　*2. 1) 28Ω；8A　2) 96V；48V　3) 32V；2A　3. 40V；20V；20V；

1W；0.25W；0.25W　4. 1) 5Ω　2) 0　3) 5Ω

四、电池的连接

1. nE；nr；$nE/(R + nr)$　2. E；r/n；$nE/(nR + r)$　3. 30Ω；1.2W

五、电路中各点电位的计算

1. 略　2. 6V

六、基尔霍夫定律

1. 节点电流定律；$\sum I = 0$　2. 回路电压定律；$\sum U = 0$　3. 略

七、支路电流法

1. 略　2. 略　3. $I_1 = 3A$；$I_2 = 7A$；$I_3 = 4A$

八、电压源与电流源及其等效变换

1. 零　图略　2. 无穷大　图略　3. 略　4. 略　5. U_S/R_0；不变

九、戴维南定理

1. 略　2. 20V；11Ω　3. -5V；5Ω；0.5A；1.25W

十、叠加定理

1. 作用；代数和　2. 线性；置零；短路；开路；功率

直流电路——测验卷1

一、判断题

1. ×　2. ×　3. ×　4. √　5. ×

二、选择题

1. B　2. C　3. D　4. D　5. A　6. C　7. B　8. C　9. D　10. A

三、填空题

1. 1:3；6:1；1:6　2. 5Ω；5Ω；3Ω　3. 20V；-2A；3A　4. 300；100；200　5. 并；2；62

四、计算题

1. 18Ω　2. 2.4V；1Ω　3. 0.8A；4Ω；4W　4. 1) $I_1 = 3A$；$I_2 = 0$；$I_3 = 3A$　2) 18W

直流电路——测验卷2

一、判断题

1. √　2. √　3. √　4. √　5. √　6. ×　7. √　8. √　9. ×　10. ×

二、选择题

1. C　2. D　3. C　4. D　5. A　6. B　7. B　8. D　9. C　10. A

三、填空题

1. 5Ω　2. 6V；0.8Ω；1.5V；0.05Ω　3. 2V；9.9Ω；0.1Ω　4. B；A　5. 2A；9V；18W　6. 12Ω；6Ω　7. 0.3　*8. 4.5Ω；900W；7Ω；4/3W

四、计算题

1. 1) 5.1V；0.6A　2) 4.5V；1A　2. 6Ω　3. 9W　4. 1) 38V　2) 0.42A　5. 6.8V　*6. 1) 9A　2) -14V

单元一、二（综合）——测验卷

一、填空题

1. 1/4　2. 2；相同；2　3. 串；并　4. 串；并　5. 串；压　6. 电动势；总电阻　7. 成正比；成反比；无关　8. A；2:1；B；1:2　9. 0；∞；不能　10. 240W　11. -16A　12. 相等；6Ω　13. 2；12；4；9　14. 1；5　15. 3；0；3　16. 略　17. 100V；10Ω

二、判断题

1. ×　2. ×　3. ×　4. √　5. √　6. √　7. √　8. ×　9. ×　10. ×

三、选择题

1. D　2. B　3. D　4. B　5. C　6. A　7. B　*8. D　9. D　10. C

四、计算题

1. 1）2A 2）10V 3）2V 2. 1:4 *3. 100V 4. 2V；4V；5V 5. （1）略

（2）16V （3）略 （4）2.4Ω （5）图略 16V；2.4Ω （6）1.6A 6. 图略

1.5A；10Ω 7. 图略 $U_{S1} = 10V$；$R_{01} = 2\Omega$；$U_{S2} = 9V$；$R_{02} = 3\Omega$；$U_S = 19V$；$R_0 = 5\Omega$

五、实验题

1. 略 2. 略 3. 略

六、附加题

*1. 3Ω；3W 2. 4Ω；15/4Ω *3. 1）2 只 2）40 只 3）8 只 4）50 只

单元三 电容器

知识要点和分析

【知识要点一】 电容器与电容★常见题型 1）C 2）×

【知识要点二】 电容器的参数和种类★常见题型 1）① $17.7 \times 10^{-12}F$；$2.12 \times 10^{-9}C$

② $39 \times 10^{-12}F$ 2）C

【知识要点三】 电容器的连接★常见题型 1）① 160V ② 320V *2）略 3）250V；

50V；不安全

【知识要点四】 电容器中的电场能★常见题型 1）188V；$9.4 \times 10^{-7}J$

电容器（基本概念）——练习卷1

一、电容器与电容

1. 电荷；比；电容；C 2. 极板；电介质 3. 法拉；法；F；微法；皮法；10^{-6}；10^{-12}

4. $C = \varepsilon S/d$ 5. 性质；无关 6. 两极板的正对面积；两极板之间的垂直距离；两极板之间的绝缘介质 7. 小；大 8. 1）$6.8 \times 10^{-4}C$ 2）$14\mu F$

二、电容器的参数和种类

1. 能长期稳定工作，保证电介质性能良好的直流电压；耐压 2. 额定工作电压；标称容量和允许误差 3. 极限；低 4. 外壳 5. 不变；空气；云母；纸介；调；微；正负；极性；交流 6. 平行 7. 低于 8. 1）低于；最大 2）略 3）略

三、电容器的连接

1. 电容器串联电路：1）串 2）倒 倒数 略 Q_1 Q_2 Q_3 略 3）耐压；电容量

4）小；小；反 5）① $100\mu F$；40V；安全 ② 不安全；两只电容器都会被击穿；37.5V

2. 电容器并联电路：1）并 2）之和；$C_1 + C_2 + C_3$；电压；UC_1；UC_2；UC_3 3）电容量；

耐压 4）大；大；正 5）① $1200\mu F$；50V；0.2C；安全 ② 能正常工作；$4 \times 10^{-4}C$；

$6 \times 10^{-4}C$ *③ 20V 3. 电容器混联电路：1）在电路中既有电容器串联关系又有电容器并联关系的电路 2）$40\mu F$；300V

四、电容器中的电场能

1. 储存和释放电荷；储存电荷；释放电荷 2. 电压；电场 3. $CU^2/2$ 4. $1.6 \times 10^{-2}J$

电容器（综合）——练习卷2

一、判断题

1. × 2. × 3. √ 4. × 5. √ 6. √ 7. × 8. × 9. √

二、填空题

1. 绝缘；导体；略 2. C；法拉；F；微法；皮法；μF；pF；10^6；10^{12} 3. 大于；最大值 4. 小；反比 5. 略；不变 1）变大；不变 2）变小 2）变大；变大；不变 6. 变大；变大；变大 7. $1 \times 10^{-8}F$；$1 \times 10^{-8}F$；1V 8. 1）$30\mu F$；10^{-4}；2×10^{-4}；15V 2）$20/3\mu F$；20V；10V；是 3）37.5V 9. $6\mu F$；50V；$150\mu F$；10V 10. $50\mu F$；$50\mu F$；$50\mu F$ 11. 0.2J；0.6J 12. 储能；耗能 13. $10^{-3}A$；$10^{-4}A$ 14. 4×10^{-6}；144×10^{-6}；140×10^{-6} 15. 电阻$R \times 100$；正常；很少；漏；电阻值；短；断

三、选择题

1. D 2. B 3. C 4. B 5. A 6. C 7. A 8. B 9. D

四、计算题

1. 略 2. $10^{-5}F$ 3. $154 \times 10^{-12}F$ 4. $20 \times 10^{-6}F$ 5. 400V；没有变化；$5 \times 10^{-8}F$ *6. 1）$300 \times 10^{-6}C$；$U_1 = 75V$；$U_2 = 150V$ 2）$Q_1 = 400 \times 10^{-6}C$；$Q_2 = 200 \times 10^{-6}C$ 7. 1）$12\mu F$ 2）不安全；83V

五、实验题

略

电容器——复习卷

一、电容器与电容

1. Q/U 2. $\varepsilon S/d$ 3. $1.5 \times 10^{-2}C$ 4. $0.2 \times 10^{-6}F$ 5. 20V 6. $3.5\mu F$；$7\mu F$

二、电容器的参数和种类

1. 额定工作电压；标称容量及允许误差 2. 电解电容器；瓷片电容器；纸介电容器 3. $75 \times 10^{-6}C$

三、电容器的连接

1. 略 2. 略 3. $0.25 \times 10^{-6}F$；$125 \times 10^{-6}C$ 4. $1\mu F$；$55 \times 10^{-6}C$；$165 \times 10^{-6}C$ 5. 正常工作 6. 250V；$0.75\mu F$；450V；$1/6\mu F$ 7. 不安全；720V

四、电容器中的电场能

1. 储能；电场 2. $CU^2/2$ 3. 1）$10^{-7}F$；$2.4 \times 10^{-3}J$ 2）$11 \times 10^{-6}C$；$10^{-7}F$；$605 \times 10^{-6}J$

电容器——测验卷

一、判断题

1. √ 2. √ 3. × 4. × 5. × 6. × 7. × 8. √ 9. × 10. ×

二、选择题

1. A 2. C 3. B 4. A 5. B 6. D *7. C 8. C 9. D 10. C

三、填空题

1. 大；小 2. 减小；变小；变大 3. 1）4/3C 2）1.5C 4. $2\mu F$；150V 5. 0.5C；

CU；$2U$　6. 电荷　7. $45\mu\mathrm{F}$；$20\mu\mathrm{F}$

四、计算题

1. 不可以；250V　2. 1）3V　2）$2\times10^{-6}\mathrm{C}$　3）1V；2V　*3. 1）不变（其值为 $600\times10^{-6}\mathrm{C}$）；$300\times10^{-6}\mathrm{C}$　2）$200\times10^{-6}\mathrm{C}$；$200\times10^{-6}\mathrm{C}$

单元四　磁与电磁感应

知识要点和分析

【知识要点一】　磁感应强度和磁通★常见题型　1）√　2）×　3）① 0.1T　② 0.02N；不变（0.1T）　③ 0.01N；不变（0.1T）

【知识要点二】　磁场强度★常见题型　1）23.9A/m　2）6.4A/m；$8\times10^{-6}\mathrm{T}$

3）5000A/m；$6.3\times10^{-3}\mathrm{T}$；44.1T

【知识要点三】　铁磁性物质的磁化★常见题型　1）顺磁、反磁、铁磁　2）硬磁；软磁；矩磁

【知识要点四】　磁场对电流的作用力★常见题型　1）① 0　② 0.3N　③ 0.15N

2）① √　② √　③ ×　3）A

【知识要点五】　电磁感应现象★常见题型　1）略　2）略

【知识要点六】　电磁感应定律★常见题型　1）① 0.2V　② 0.4A；方向：a 到 b

③ 0.016N　④ 0.08W　⑤ 0.08W

【知识要点七】　电感器★常见题型　$10^{-4}\mathrm{H}$；$2\times10^{-3}\mathrm{Wb}$；$2\times10^{-6}\mathrm{Wb}$

【知识要点八】　自感与互感★常见题型　12.5V

【知识要点九】　互感线圈的同名端★常见题型　B

【知识要点十】　线圈中的磁场能★常见题型　90J

磁与电磁感应（综合）——练习卷

一、填空题

1. 磁性；磁体；磁极；作用力；磁场；相互排斥；相互吸引　2. N；S；S；N；相交

3. 磁化；退磁　4. 特殊；客观；小磁针；大磁　5. 磁场　6. 磁感线　7. 匀强磁场

8. 右手螺旋定则；四指　9. 大拇指；N　10. 磁效应；电　11. 磁感应强度　12. 介质

13. 作用力；手心；大拇指　14. 感应电流；手心；切割；感应电流　15. 电磁感应；感应

感应电动势　16. 感应电动势；感应电流　17. 阻碍　18. 1）右手定则　2）楞次定律

19. 储能；磁场；$LI^2/2$　20. 常数；不；常数

二、计算题

1. $5\times10^{-2}\mathrm{T}$　2. 0.5T　3. 2.8H/m　4. $4\times10^{-6}\mathrm{T}$　5. 2.4N　6. 0.94H

三、作图题

略

磁与电磁感应（综合）——测验卷

一、判断题

1. ×　2. ×　3. ×　4. ×　5. ×　6. ×　7. √　8. 1）√　2）√　3）√　4）×　5）√

6) √ 9. 1) √ 2) × 10. √ 11. A. × B. √ 12. 1) √ 2) √ 3) × 4) × 5) √ 13. √ 14. √

二、选择题

1. D 2. C 3. B 4. B 5. C 6. B 7. B 8. A 9. B 10. C 11. A 12. A 13. C 14. A 15. B 16. A 17. B 18. C 19. A 20. D

三、填空题

1. 切线；N极 2. 磁场；强；强 3. 矢；点；强弱；方向；介质；面 4. 电流有无；电流大小；电流方向 5. 排斥；排斥；吸引 6. 右手螺旋；安培；右手螺旋 7. 阻碍 8. 磁通变化率 9. 右；左手；电；机械；右；右手；机械；电

四、计算题

1. $0.2T$；$8 \times 10^4 A/m$ 2. 0；$9.6 \times 10^{-12}N$；$19.2 \times 10^{-12}N$ 3. 1) $0.4H$ 2) $-4V$ 4. 1) $3V$ 2) $6A$ 3) $1.8N$ 4) $18W$

单元五 正弦交流电路

知识要点和分析

【知识要点一】 正弦交流电的基础知识★常见题型 $8\sin(314t + \pi/2)A$；$6\sin(314t + \pi/3)A$；$\pi/6$；超前；$\pi/6$

【知识要点二】 旋转矢量★常见题型 $u = 311\sqrt{2}\sin(314t + \pi/4)V$

【知识要点三】 纯电阻电路★常见题型 $i = 5\sqrt{2}\sin(314t - \pi/3)A$；$1100W$ 图略

【知识要点四】 纯电感电路★常见题型 ① 110Ω ② $2A$ ③ $i = 2\sqrt{2}\sin(100\pi t + \pi/6)A$ ④ 0；$440var$ ⑤ 略

【知识要点五】 纯电容电路★常见题型 ① 80Ω ② $2.75A$ ③ $i = 2.75\sqrt{2}\sin(100\pi t + \pi/6)A$ ④ 0；$605var$ ⑤ 略

【知识要点六】 RL、RC、RLC 串联电路★常见题型 1) 正；超前；电感性；负；滞后；电容性；零；零；电阻性 2) ① 80Ω ② 100Ω ③ $53°$ ④ $2.2A$；$i = 2.2\sqrt{2}\sin(100\pi t - 53°)A$ ⑤ $290W$；$387var$；$484V \cdot A$ ⑥ 0.6 ⑦ 略 3) $0.14H$ 4) ① 40Ω ② 50Ω ③ $-53°$ ④ $4.4A$；$i = 4.4\sqrt{2}\sin(314t + 53°)A$ ⑤ $580W$；$774var$；$968V \cdot A$ ⑥ 略 5) ① 70Ω ② 40Ω ③ 50Ω ④ $4.4A$；$i = 4.4\sqrt{2}\sin(314t - 37°)A$ ⑤ $176V$；$308V$；$176V$ ⑥ $774W$；$580var$；$968V \cdot A$ ⑦ 0.8 ⑧ 电感性 ⑨ 略

【知识要点七】 RLC 串联谐振电路★常见题型 ① $1.59 \times 10^6 Hz$ ② $0.2 \times 10^{-3}A$ ③ $1mV$；$100mV$

【知识要点八】 RLC 并联电路★常见题型 ① $5A$ ② 30Ω ③ $450W$；$600var$；$750V \cdot A$；电感性电路 ④ 略

【知识要点九】 实际线圈与电容并联电路★常见题型 略

【知识要点十】 提高功率因数的意义和方法★常见题型 $*61 \times 10^{-6}F$；不变

正弦交流电路（基本概念）——练习卷1

1. 略 2. 略 3. 大小；方向；正弦交流电 4. 最大值；角频率；初相位

5. 解析式；波形图；相量图　6. 略　7. 瞬时值；伏；311V；314rad/s；$\pi/4$　8. 瞬时值；安；10A；314rad/s；60°　9. 瞬时值；伏；220V；156V；100πrad/s；$\pi/4$　10. 有效
11. $2\pi f$；$1/f$；$2\pi/T$　12. ① 20$\sqrt{2}$A　② $314t+\pi/4$　③ $\pi/4$　④ 314rad/s　⑤ 50Hz
⑥ 0.02s　13. 20$\sqrt{2}$；20；50；0.02；20　14. 1A；$\sqrt{2}/2$A；50Hz；0.02s；$-\pi/6$　15. 60°；超前；60°　16. $-150°$；滞后；150°　17. 176V　18. $\pi/6$；100A；-50A　19. 角频率
20. $\sqrt{2}$　21. $2t$；10$\sqrt{6}$

正弦交流电路（旋转矢量）——练习卷2
1. 解析式；波形图；旋转矢量图　2. 1）$311\sin(314t+\pi/2)$V　2）略　3）略
3. $2\sin314t$A　图略　4. $25.5\sqrt{2}\sin314t$V　图略　5. $220\sqrt{6}\sin(314t+\pi/6)$V　图略
6. $10\sqrt{6}\sin314t$A　图略　7. 略　8. $10\sin(314t+\pi/2)$A；$8\sin(314t+\pi/3)$V

正弦交流电路（单一参数）——练习卷3
一、填空题
1. 感抗；X_L；电感L；电源频率f；$X_L=\omega L=2\pi fL$；欧姆　2. 容抗；X_C；电容量C；电源频率f；$X_C=1/(\omega C)=1/(2\pi fC)$；欧姆　3. 通；阻；通；阻　4. 隔；通；阻；通　5. $I=U/R$；同相位　6. $I=U/X_L$；超前；90°；φ_u；φ_i；90°　7. $I=U/X_C$；滞后；90°；φ_u；φ_i；$-90°$
8. 有效；有效　9. 50πrad/s；$-\pi/3$；5A；$5\sin(50\pi t-\pi/3)$A　10. 纯电容；纯电感；滞后；90°；超前；90°　11. 220V；50Hz；$\pi/4$；2A；$\pi/2$；$2\sqrt{2}\sin(100\pi t-\pi/4)$A
12. 31.4Ω；7A　13. 有效；0.45；0.63

二、判断题
1. ×　2. √　3. √　4. √　5. ×

三、选择题
1. A　2. B　3. C　4. A　5. C　6. A　7. B　8. C　9. D　10. D　11. B　12. C　13. D

四、计算题
1. 1）10A　2）$i=10\sqrt{2}\sin(314t+\pi/3)$A　3）2200W　4）图略　2. 1）15$\Omega$　2）7.3A
3）$i=7.3\sqrt{2}\sin314t$A　4）0；799var　5）图略　3. 1）318Ω　2）0.69A
3）$i=0.69\sqrt{2}\sin(314t+\pi/2)$A　4）0；151var　5）图略

正弦交流电路（RL、RC、RLC串联）——练习卷4
一、填空题
1. 5A；20V；20V；15V；15V；25V；0　2. 纯电容；纯电感；纯电阻；RLC串联谐振
二、判断题
1. √　2. √　3. √　4. √
三、选择题
1. D　2. C　3. A　4. C　5. A　6. B　7. C
四、计算题
1. 1）50Ω　2）200V　3）150V　4）250V

2. 1) 100Ω　2) $2A$　3) $160V$；$120V$　4) $240W$；$320var$；$400V\cdot A$　5) 0.6

3. 1) 5Ω　2) 10Ω　3) $11A$；$i=11\sqrt{2}\sin(100t+\pi/3)A$　4) 略

4. 1) 100Ω　2) $300V$　3) $400V$　4) $500V$

5. 1) 20Ω　2) 25Ω　3) $8.8A$；$i=8.8\sqrt{2}\sin(100t+53°)A$　4) $176V$；$132V$
5) $1162.6W$；$1548.8var$；$1936V\cdot A$　6) 略

6. 1) 10Ω　2) $2A$　3) $12V$；$24V$；$8V$　4) $24W$；$32var$；$40V\cdot A$

7. 1) 电感性　2) 50Ω　3) $250V$；$u=250\sqrt{2}\sin(314t+83°)V$　4) $150V$；$400V$；$200V$
5) $750W$；$1000var$；$1250V\cdot A$　6) 0.6　7) 略

8. 1) 电容性　2) 50Ω　3) $4A$；$i=4\sqrt{2}\sin(314t+67°)A$　4) $160V$；$160V$；$280V$
5) $640W$；$-480var$；$800V\cdot A$　6) 0.8　7) 略

正弦交流电路（RLC串并联谐振）——练习卷5
一、判断题
1. × 2. √ 3. √ 4. √ 5. × 6. × 7. × 8. × 9. √ 10. ×

二、选择题
1. A 2. B 3. A 4. C 5. B 6. B 7. A 8. A 9. A 10. D

三、填空题
1. $X_L=X_C$；最大；最小；总电压U；QU；电压谐振 2. $X_L=X_C$；最小；最大

3. $\dfrac{1}{2\pi\sqrt{LC}}$；R；0　4. 恰当、合理

四、计算题
＊1) 199×10^3Hz　2) 50Ω　3) $0.5A$　4) 0　5) 100　6) $2500V$；$2500V$　7) 略
8) $0.026A$；$143V$；$118V$；$1.3V$

正弦交流电路——复习卷
一、正弦交流电源
1. $E_m\sin(\omega t+\varphi_{oe})$；$U_m\sin(\omega t+\varphi_{ou})$；$I_m\sin(\omega t+\varphi_{oi})$ 2. 最大值I_m；U_m；E_m；角频率ω；
初相位φ_0 3. $2\pi f$；$2\pi/T$；4. $E_m=\sqrt{2}E$；$U_m=\sqrt{2}U$；$I_m=\sqrt{2}I$ 5. $U_m=100V$；$\omega=314rad/s$；
$\varphi_o=-\pi/4$ 6. $0<U<212V$ 7. $2.282\sin314tA$

二、单一参数交流电路
1. 1) $\dfrac{U}{R}$；$\dfrac{U_m}{R}$；$\dfrac{u}{R}$ 2) $\varphi_u-\varphi_i=0$ 3) 略 4) $UI-UI\cos2\omega t$；$IU_R=I^2R=\dfrac{U^2}{R}$

2. 1) 略 2) $\omega L=2\pi fL$ 3) IX_L；I_mX_L；$u\neq iX_L$ 4) $\dfrac{\pi}{2}$ 5) 略 6) $UI\sin2\omega t$；0；$IU_L=$

$I^2X_L=\dfrac{U_L^2}{X_L}$ 3. 1) 略 2) $\dfrac{1}{\omega C}=\dfrac{1}{2\pi fC}$ 3) IX_C；I_mX_C；$u\neq iX_C$ 4) $-\dfrac{\pi}{2}$ 5) 略 6) $UI\sin2\omega t$；

0；$IU_C=I^2X_C=\dfrac{U_C^2}{X_C}$ 4. 1) $4\sqrt{2}A$；$4A$ 2) $i=4\sqrt{2}\sin\left(100\pi t-\dfrac{\pi}{3}\right)A$ 3) 0 4) $880W$

5）略　5. 1）50Ω　2）$4.4A$　3）$i = 4.4\sqrt{2}\sin\left(100\pi t - \dfrac{\pi}{6}\right)A$　4）$968var$　5）略

6. 1）40Ω　2）$5.5A$　3）$i = 5.5\sqrt{2}\sin(314t + 30°)A$　4）$1210var$　5）略

三、*RLC* 串联交流电路

1. *RL* 串联电路：

1）图略　$U_{mR}\sin\omega t$；$U_{mL}\sin(\omega t + 90°)$；$u_R + u_L$；$\sqrt{U_R^2 + U_L^2}$　$\arctan\dfrac{X_L}{R}$　图略

2）图略　$\omega L = 2\pi f L$；$\sqrt{X_1^2 + R^2}$；$\arctan\dfrac{X_L}{R}$

3）图略　$I^2 R$；$I^2 X_L$；$UI = \sqrt{P^2 + Q_L^2}$

4）$\cos\varphi = \dfrac{P}{S} = \dfrac{R}{Z} = \dfrac{U_R}{U}$

2. *RC* 串联电路：

1）图略　$U_{mR}\sin\omega t$；$U_{mC}\sin(\omega t - 90°)$；$u_R + u_C$；$\sqrt{U_R^2 + U_C^2}$；$\arctan\dfrac{X_C}{R}$　图略

2）图略　$\dfrac{1}{\omega C} = \dfrac{1}{2\pi f C}$；$\sqrt{X_C^2 + R^2}$；$\arctan\dfrac{-X_C}{R}$

3）图略　$I^2 R$；$I^2 X_C$；$UI = \sqrt{P^2 + Q_C^2}$

3. *RLC* 串联电路：

1）图略　$U_{mR}\sin\omega t$；$U_{mL}\sin(\omega t + 90°)$；$U_{mC}\sin(\omega t - 90°)$；$u_R + u_L + u_C$；$\sqrt{U_R^2 + (U_L - U_C)^2}$；$\arctan\dfrac{U_L - U_C}{U_R}$　图略

2）图略　$X_C - X_C = \omega L - \dfrac{1}{\omega C} = 2\pi f L - \dfrac{1}{2\pi f C}$；$\sqrt{R^2 + (X_L - X_C)^2}$；$\arctan\dfrac{X_L - X_C}{R}$

3）图略　$I^2 R$；$Q_L - Q_C = I^2(X_L - X_C)$；$UI = \sqrt{P^2 + Q^2}$

4）$\lambda = \cos\varphi = \dfrac{P}{S} = \dfrac{R}{Z} = \dfrac{U_R}{U}$

4. 1）50Ω　2）$200V$；$200\sqrt{2}\sin(314t + 113°)V$　3）$160V$；$120V$　4）$480W$；$640var$；$800V\cdot A$　5）0.6　6）略

5. 1）80Ω；100Ω　2）$2A$；$i = 2\sqrt{2}\sin(314t + 53°)A$　3）$240W$；$320var$；$400V\cdot A$　4）略

6. 1）$100V$　2）13.3Ω；$0.13H$；$106\times10^{-6}F$　3）$37°$；电感性　4）$u = 100\sqrt{2}\sin314tV$；$i = 6\sqrt{2}\sin(314t - 37°)A$　5）$480W$；$360var$；$600V\cdot A$　6）图略

四、*RLC* 串联谐振电路

1. $X = X_L - X_C = 0$　2. $\dfrac{1}{2\pi\sqrt{LC}}$；L、C；性质　3. 1）最小；R；最大；$\dfrac{U}{R}$　2）U_R；0；同相　3）$\sqrt{\dfrac{L}{C}}$；L、C；电源频率；电阻R　4）$\dfrac{1}{R}\sqrt{\dfrac{L}{C}}$；$R$、$L$、$C$；质量优劣

4. $f_2 - f_1$；$2\Delta f$；$\dfrac{f_0}{Q}$　5. 1）$1592Hz$　2）$10^{-3}A$　3）1000　4）$1V$；$1V$；反相　5）$1mV$；

同相　6. 1）45　2）885Ω　3）20Ω　4）0.16 × 10^{-3}H

五、RLC 并联电路

1. 图略　$I_{mR}\sin\omega t$；$I_{mL}\sin(\omega t - 90°)$；$I_{mC}\sin(\omega t + 90°)$　2. 略

3. $\sqrt{I_R^2 + (I_L - I_C)^2}$；$\dfrac{U}{I}$；$\dfrac{U^2}{R}$；$\dfrac{U^2}{X_L} - \dfrac{U^2}{X_C}$；$UI$　4. $\arctan\dfrac{I_L - I_C}{I_R}$

＊5. 1）3A；4A；8A　2）5A；$i = 5\sqrt{2}\sin(100\pi t + 83°)$A　3）24Ω　4）360W；480var；600V·A　5）电容性

六、实际线圈与电容并联电路

1. 略　2. 略　3. $\dfrac{U}{X_C}$　4. $\dfrac{U}{\sqrt{R^2 + X_L^2}}$　5. $\arctan\dfrac{X_L}{R}$　6. $\sqrt{(I_1\cos\varphi_1)^2 + (I_1\sin\varphi_1 - I_C)^2}$

7. $\arctan\dfrac{I_1\sin\varphi_1 - I_C}{I_1\cos\varphi_1}$　8. $\dfrac{P}{2\pi fU^2}(\tan\varphi_1 - \tan\varphi_2)$　＊9. 1）200Ω　2）60°　3）1.1A

4）0.5A　5）0.71A　6）41°　7）121W；8var；156V·A

七、功率因数

1. 1）提高供电设备的能量利用率　2）减少输电线上的能量损失

2. 1）提高用电设备本身的功率因数　2）在感性负载上并联电容器

＊3. 6×10^{12}J；1.67×10^6kW·h；1.0×10^6元

正弦交流电路（综合）——测验卷

一、判断题

1. ×　2. √　3. √　4. ×　5. ×　6. ×　7. √　8. ×　9. ×　10. ×　11. ×　12. √　13. √　14. √　15. ×

二、选择题

1. D　2. C　3. D　4. C　5. A　6. C　7. B　8. B　9. A　10. B　11. D　12. D　13. D　14. B　15. C

三、填空题

1. 正弦　2. 通直阻交；隔直通交　3. 一次周期性变化；单位时间内　4. 时刻；一个周期内的平均；最大值　5. 交换；消耗　6. RL　7. 总功率　8. 有功功率与视在功率；R、L、C；频率 f　9. 电压与电流；R、L、C；频率 f　10. 电抗；电感；电容　11. a；c；b　12. 并联电容　13. 1）提高供电设备的能量利用率　2）减少输电线上的能量损失　14. 不变；不受；电容器不消耗能量

四、计算题

1. 1）2A　2）440W　3）$i = 2\sqrt{2}\sin\left(100\pi t + \dfrac{\pi}{3}\right)$A　4）略

2. 1）220Ω　2）1A　3）$i = \sqrt{2}\sin\left(100\pi t - \dfrac{\pi}{3}\right)$A　4）0；220var　5）略

3. 1）40Ω　2）5.5A　3）$i = 5.5\sqrt{2}\sin\left(314\pi t + \dfrac{2\pi}{3}\right)$A　4）0；1210var　5）略

＊4. 1）3V；4V　2）−37°

5. 1）① 40Ω；80Ω；50Ω　② 4.4A；$i = 4.4\sqrt{2}\sin(314t - 53°)$A　③ 132V；176V；0

④ 略　⑤ 电感性　2）① 40Ω；80Ω；50Ω　② 4.4A；$i = 4.4\sqrt{2}\sin(314t + 53°)$A

③ 132V；176V；352V　④ 略　⑤ 电容性

*6. ① 1.99×10^6Hz；40；50×10^3Hz　② 106μA；40mV；40mV　③ 14μA

五、实验题

1）略　2）略

单元六　三相交流电路

知识要点和分析

【知识要点一】　三相交流电源★常见题型　1）① $U_P = 220$V；$U_L = 380$V　② $U_P =$ 220V；$U_L = 220$V　2）$u_1 = 220\sqrt{2}\sin(\omega t - 60°)$V；$u_2 = 220\sqrt{2}\sin(\omega t - 180°)$V；$u_3 = 220\sqrt{2}\sin(\omega t + 60°)$V；$u_{23} = 380\sqrt{2}\sin(\omega t - 150°)$V；$u_{31} = 380\sqrt{2}\sin(\omega t + 90°)$V　3）D

【知识要点二】　三相负载的连接★常见题型　1）B　*2）① 相电流：7.3A；7.3A；22A；线电流 7.3A；7.3A；22A；中性线电流 $I_N = 14.7$A　② 9.5A；285V；L2 相因电流过大而烧毁；L3 相因 L2 相烧毁而熄灭

【知识要点三】　三交流相电路的功率★常见题型　1）a 图为星形具有中性线的联结方式；b 图为三角形联结方式　2）22A；22A；11584W；8688var；14480V·A　3）38A；66A；34752W；26064var；43440V·A

【知识要点四】　安全用电★常见题型　1）A　2）A　3）C

三相交流电路（基本概念）——练习卷 1

一、三相交流电源

1. 相等；相同；120°　2. 电磁感应；转子；定子；磁极；线圈　3. $E_m\sin\omega t$；$E_m\sin(\omega t - 120°)$；$E_m\sin(\omega t + 120°)$　4. 零　5. 最大值；正序；负序；正序；负序　6. 星形；三角形；星形；中性点；零点；中性线；零线；相线；火线；黄；绿；红　7. 三根相；三根相；一根中性　8. 一；两；相电压；线电压　9. 相；相；相；中性　10. 超前；30°；$\sqrt{3}$；$\sqrt{3}U_P$　11. 380；220　12. 380V

二、三相负载的连接

1. 对称；不对称；大小；性质；变压器；电动机；三相照明　2. 星形；三角形；中性线　3. 对称三相；对称三相负载　4. 相；相　5. 线电压；相电压　6. 相等；对称　7. 零；相量　8. 不对称；相电压；开关；熔丝；牢固、可靠　9. 相电压；线　10. 相；总阻抗　11. $\sqrt{3}$；滞后；30°　12. 星形；三角形　13. 1）星形：380V；220V；2.2A；2.2A；三角形：380V；380V；3.8A；6.6A　2）① 星形联结　② 三角形联结；③ 220；星形联结；三角形联结　3）B

三、三相交流电路的功率

1. 有功功率之和　2. 1）$P = 3U_P I_P\cos\varphi = \sqrt{3}U_L I_L\cos\varphi$　2）$Q = \sqrt{3}U_L I_L\sin\varphi$　3）$S = \sqrt{3}UI = \sqrt{P^2 + Q^2}$　3. 3；3　4. 1）4.4A；4.4A；2317W　2）7.6A；13.1A；6898W

四、安全用电

1. 50；100；减小　2. 小　3. 36V；24；12　4. 1）两相；线　2）单相；相　5. 触电时流过人体的电流大小　6. 金属外壳；保护接地；金属外壳；保护接零；不允许；保护接地

7. 火；熔丝　2）保护接地；保护接零　3）漏电保护　8. 切断电源；正确救护；打电话通知　9. 操作规程

三相交流电路（综合）——练习卷2

一、判断题

1. √　2. √　3. √　4. √　5. ×　6. ×　7. ×　8. ×　9. ×　10. √　11. ×

二、选择题

1. C　2. A　3. B　4. C　5. B　6. B　7. B　8. B　9. B　10. B

三、填空题

1. 对称；不对称　2. 相等；120°；零　3. 三相四线　4. 各相负载的有功功率；$U_L I_L \cos\phi$；$U_L I_L \sin\phi$；$U_L I_L$

四、计算题

1. 能，中性线保证了不对称负载的相电压始终为220V　2. 略

三相交流电路（安全用电）——练习卷3

一、判断题

1. ×　2. ×　3. ×　4. ×　5. ×　6. √　7. √　8. ×　9. √　10. ×　11. √　12. ×　13. ×

14. ×　15. ×

二、填空题

1. 危险；减小　2. 两；相电压；线电压　3. 接地　4. 四线　5. 大地；保护接地；电源零线；保护接零　6. 不允许　7. 两；线；单；相；两　8. 36V；24V；12V

三、选择题

1. B　2. C　3. B　4. C　5. A　6. C　7. A　8. C　9. D　10. B　11. D　12. A　13. A

三相交流电路——复习卷

一、三相交流电源

1. $E_m \sin\omega t$；$E_m \sin(\omega t - 120°)$；$E_m \sin(\omega t + 120°)$　2. ① 两种电压；相电压；线电压

② $U_L = \sqrt{3} U_P$　③ 线电压超前相电压30°　3. U-V-W-U；U-W-V-U　4. 幅度值；频率；互差120°　5. 电动势；三相四线

二、三相负载的连接

1. 负载的星形接法：1）$\dfrac{U_{YL}}{\sqrt{3}}$　2）I_{YP}　3）$\dfrac{U_{YP}}{Z}$　4）0　5）$\dot{I}_N = \dot{I}_U + \dot{I}_V + \dot{I}_W$

2. 略　3. 负载的三角形接法：1）$U_{\triangle L}$　2）$\sqrt{3} I_{\triangle P}$　3）$\dfrac{U_{\triangle P}}{Z}$　4. 220V；5.5A；5.5A

三、三相交流电路的功率

1. $3U_P I_P \cos\varphi$；$\sqrt{3} U_L I_L \cos\varphi$；$\sqrt{3} U_L I_L \sin\varphi$　$\sqrt{3} U_L I_L = \sqrt{P^2 + Q^2}$　2. 1）44A；44A；17375W

2）76A；131.6A；52125W　*3. 1）不可以　2）22A；22A；22A　4840W　3）16A

四、安全用电

1. 50 ~ 100Hz　2. 36V；24V；12V　3. 两相触电；单相触电；跨步触电　4. 保护接地；保护接零　5. 火；开关；熔丝　6. 触电时流过人体的电流大小

三相交流电路（综合）——测验卷

一、判断题

1. √　2. √　3. ×　4. √　5. ×　6. ×　7. √　8. ×　9. ×　10. ×

二、选择题

1. C　2. A　3. C　4. B　5. B　6. C　7. A　8. D　9. C　10. A

三、填空题

1. 对称；不对称；大小；性质；不对称；三相四线；火；开关；熔丝　2. 相等；相等；$U_{YL} = \sqrt{3} U_{YP}$；U_{YL}超前 U_{YP}30°　3. 1/3　4. 127　5. 线电压；380V　6. 三角形；星形

7. 三相三线

四、综合应用题

1. 应每相并联 22 盏灯；10A　2. 1）Y接法　2）三角形接法　3）6kW　图略

3. $Z = 380\Omega$；220V；0.58A；0.58A；305W；229var；382V·A　4. 1）略　2）4.55A；0

3）34.5V；345.5V　*5. 1）15Ω；16Ω　2）17.32A；3W　3）Ⓐ₁ = Ⓐ₃ = 15A；Ⓐ₂ = 0；

2.25W　6. 略；连接成三角形接法省材料

单元七　变压器和交流电动机

知识要点和分析

【知识要点一】　变压器的构造 ★常见题型　A

【知识要点二】　变压器工作原理 ★常见题型　1）$U_1/U_2 = N_1/N_2 = n$；$I_1/I_2 = N_2/N_1 = \dfrac{1}{n}$

2）C　3）220Ω

【知识要点三】　变压器的功率和效率 ★常见题型　1）不可以，效率不一样

2）116W；2316W；1A　3）$\eta = 83\%$；$\Delta P = 22W$　4）① 50　② 0.1W

【知识要点四】　三相异步电动机 ★常见题型　1）顺时针；逆时针　2）1500r/min；

2；5%

变压器和交流电动机（综合）——练习卷

一、填空题

1. 铁心；线圈；铁心；硅钢；涡流；电路；一次；二次；绝缘　2. 电磁感应　3. 1）电压；$U_1/U_2 = N_1/N_2 = n$　2）电流；$I_1/I_2 = N_2/N_1 = 1/n$　3）阻抗大小；$\dfrac{|Z'|}{|Z_L|} = n^2$　4. 小；细；大；粗　5. 输出功率；输入功率；$(P_2/P_1) \times 100\%$　6. 额定容量；一次额定电压；二次额定电压　7. 定子；转子；电磁感应；电；机械　8. 同步转速；频率；对数；$60f/p$

9. 电动机转速；$(n_0 - n)/n_0 \times 100\%$；0；1；6　10. 1）线　2）线　3）机械　4）输出；

输入 5）220V；380V；127V；220V 11. 全压；降压；降压；串联电阻降压；丫-△换接降压；减小起动电流 12. 变频；变转差率；变极 13. 相；两根相线对调 14. 反接；能耗 15. 1）丫 2）△ 16. 6600匝；0.5mA 17. 220V；15V 18. 24匝；0.08A 19. 36.7；0.02A 20. 0；1V；200Ω

二、选择题

1. C 2. A 3. C 4. D 5. A 6. B 7. A 8. D 9. A

三、计算题

1. 1）180匝 2）0.18A；1.11A 2. 300V；600Ω 3. 10A；20A 4. 0.055A；1.1A；12.1W 5. 4；128Ω 6. 2；0.83mA；1.66mA 7. 1）44V 2）0.02A；0.1A 8. 1）44W 2）1A *9. 1）5 2）0.25W 10. 1）1500r/min 2）1440r/min

第二部分 统测过关

统测总复习卷

直流电路基础知识

一、填空题

1.

物理量名称	电压	电位	电动势	电流	电阻	电荷量	电功	电功率
代号	U	V	E	I	R	Q	W	P
国际单位名称	伏特	伏特	伏特	安培	欧姆	库仑	焦耳	瓦特
国际单位符号	V	V	V	A	Ω	C	J	W

2. 6000；5×10^{-3}；10^4；3×10^{-3}；3×10^3；17×10^{-3}；17×10^{-6}；420；1；3.6×10^6
3. 电流；q/t；正电荷定向运动；相反 4. 5A 5. 电压；绝对；无关；相对；有关；高电位指向低电位 6. 电压；W_{AB}/q 7. 其他形式；电；2V；4J 8. 电流；电阻；R；性质；长度；横截面积；材料的性质；温度；$\rho l/s$ 9. 3:8；10. 3；1/4；11. 3Ω；3A 12. 1A；13.5V；15V；10A；0；0；15V 13. 484Ω；25W 14. 48.4Ω；4.5A；1000W；4；1.44×10^7 15. 38 16. 5Ω；20W

二、选择题

1. D 2. D 3. B 4. A 5. B 6. B 7. A 8. A 9. C 10. A 11. B 12. C 13. A 14. D 15. C 16. C

直流电路

一、填空题

1. 400Ω；25Ω 2. 分压；分流 3. 0.8V；2V；0.2A 4. 6Ω 5. 12Ω；6Ω 6. 0.5A；2.5W；5W；5V；1.25W 7. 3Ω 8. 1A；0.67A；20V；6.67W；50W 9. 15V 10. 10V 11. $\sum I = 0$；$\sum U = 0$ 12. 4；6；7 13. -1A；1A；2V 14. $n-1$ $m-n+1$ 15. 20V；10Ω 16. 各支路电流；基尔霍夫定律 17. 等效变换；短路；开路；外电路；内电路

18. 短路；开路

二、选择题

1. C　2. D　3. A　4. B　5. A　6. C　7. B　8. A　9. A　10. B　11. C　12. A　13. A
14. D　15. B　16. B　17. A　18. C　19. B　20. C　21. D

三、计算题

1. 串联一个 400Ω 的电阻　2. $24k\Omega$　3. 1）$R_{AB}=7.2\Omega$　2）$R_{AB}=12\Omega$　4. $-1.5A$

5. $I_1=1A$（流入 A 节点）；$I_2=10A$（流入 A 节点）；$I_3=11A$（流出 A 节点）；$U_{AB}=110V$

6. 1）$I_1=5A$；$I_2=-3A$；$I_3=2A$　2）$P_{E1}=-80W$；是发出功率；$P_{E2}=-36W$；是发出功率；$P_{R3}=12W$；是吸收功率

电容器

一、填空题

1. 储存电荷；耐压；标称容量　2. 储存电荷能力；任一极板上的带电荷量；两极板间电压；Q/U　3. 法拉；F；微法；μF；皮法；pF　4. 两极板间正对面积，两极板间垂直距离；$\varepsilon S/d$　5. >　6. $1.5\times10^{-6}F$　7. $10^{-5}F$；300V　8. $330\mu F$；$330\mu F$；$330\mu F$　9. $C_1C_2/(C_1+C_2)$；C_1+C_2　10. 小于；小；反比　11. 大于；大；相等　12. 耐压；电容量　13. 电容量；耐压　14. $900\mu F$；$200\mu F$　15. $2\mu F$；125V；$50\mu F$；25V　16. $5\times10^{-4}J$；$1.5\times10^{-3}J$
17. 0.1V；$2.5\times10^{-7}J$

二、选择题

1. C　2. D　3. B　4. D　5. D　6. B　7. C　8. A　9. B　10. B　11. C　12. D

三、实验题

5 个电容串联；每 5 个电容串联为一组，再两组并联；每两个电容串联为一组，再两组并联

磁与电磁感应

一、填空题

1. 磁性；天然磁体；人造磁体　2. 磁场；磁场　3. 北极　4. 导磁；μ；亨/米（H/m）大；强
5. 顺磁性；反磁性；铁磁性；硬磁；软磁；矩磁　6. 磁通；韦伯；Wb　7. 磁极；南极；S；北极；N　8. 磁感应强度；磁通密度；磁密；特斯拉；T　9. 切割磁场　10. 感应电动势；感应电流　11. 变化；自感电动势　12. 储能；电流；电流的平方；电感；$LI^2/2$　13. 相同；极性；绕向

二、选择题

1. C　2. A　3. A　4. C　5. A　6. A　7. C　8. D　9. A　10. B

正弦交流电路

一、填空题

1.

物理量名称	周期	频率	角频率	相位	初相	电感	感抗	电容	容抗
代号	T	f	ω	φ	φ_0	L	X_L	C	X_C
国际单位名称	秒	赫兹	弧度/秒	弧度	弧度	亨利	欧姆	法拉	欧姆
国际单位符号	s	Hz	rad/s	rad	rad	H	Ω	F	Ω

物理量名称	电抗	阻抗	有功功率	无功功率	视在功率	功率因数	品质因数
代号	X	Z	P	Q	S	λ	Q
国际单位名称	欧姆	欧姆	瓦特	乏	伏安	无	无
国际单位符号	Ω	Ω	W	var	V·A	无	无

2. 周期性；正弦规律；最大值；角频率；初相　3. 电磁感应；交流电　4. 解析式　5. 有效值；最大值；$\sqrt{2}$　6. $50\sqrt{2}$A；50A　7. 311V　8. 频率；赫兹（Hz）；周期，秒（s）；$1/f$；$2\pi f$；$2\pi/T$　9. 50Hz；0.02s；314rad/s　10. 2.5s；0.4Hz；0.8πrad/s　11. $\sqrt{2}$A；100πrad/s；0.02s；$2\sin(100\pi t + \pi/6)$A　12. 311V；220V；314rad/s；50Hz；0.02s；$-\pi/4$；-220V　13. $6\sqrt{2}\sin(100\pi t - \pi/3)$A　14. $\varphi_1 - \varphi_2$；$\pi/6$；u_2；u_1；30°　15. 10A；20A；100Hz；$-30°$；60°；超前90°　16. 最大值；周期；初相；50Hz；100πrad/s；$50\sqrt{2}$V；$100\sin(100\pi t - 60°)$V　17. 0.942Ω；3.768Ω；正比　18. 40Ω；10Ω；反比　19. 电感；电容；电阻　20. 减小一半　21. 减小　22. P/S；电路参数R、L、C；电源频率f；1；0；0　23. $16\sin(314t - 60°)$V；32W　24. 2.5A；0；125var　25. 1.25A；125var；0　26. $22\sqrt{2}\sin(1000t + \pi/3)$A；$22\sqrt{2}\sin(1000t + 5\pi/6)$A；$22\sqrt{2}\sin(1000t - \pi/6)$A　27. U_L；U；$U^2 = U_R^2 + U_L^2$　28. U/Z；电压超前电流φ；$\arctan X_L/R$；I^2R；I^2X_L；UI　29. 5V　30. U_R；U；$U^2 = U_R^2 + U_C^2$　31. 13V　32. 电感；电容；电阻　33. $I = U/Z$；电压滞后电流φ；X_C/R；I^2R；I^2X_C；UI　34. 电源提供总功率；S；乘积；$S^2 = P^2 + Q^2$　35. 电路参数；电源频率；$(X_L - X_C)/R$；$(U_L - U_C)/U_R$；$(Q_L - Q_C)/P$　36. X；$X = X_L - X_C$；欧姆Ω；电路呈电感性

37. Z；$Z^2 = R^2 + X^2$；欧姆Ω　38. 电阻；串联谐振　39. $X_L = X_C$；$\dfrac{1}{2\pi}\dfrac{1}{\sqrt{LC}}$；$\dfrac{1}{R}\sqrt{\dfrac{L}{C}}$

40. 小；R；大；U/R　41. 电感　42. 200V；20　43. 选择性；通频带

　　二、选择题

1. A　2. C　3. B　4. D　5. D　6. D　7. C　8. A　9. B　10. B　11. B　12. A　13. D
14. B　15. A　16. A　17. D　18. C　19. B　20. D　21. C　22. B　23. C　24. B　25. D
26. D　27. C　28. A

　　三、计算题

1. 1）1613Ω；0.14A　2）0.07A；7.5W　2. 1）5.5A　2）$u = 311\sin314t$V；$i = 5.5\sqrt{2}\sin(314t - 90°)$A　3）1210var　4）略　3. 1）1.4A　2）$u = 311\sin314t$V；$i = 1.4\sqrt{2}\sin(314t + 90°)$A　3）312var　4）略　4. 1）$20\sqrt{2}\Omega$　2）7.8A　3）1217W　4）1217var　5）$\varphi = 45°$　6）0.71　5. $R = 60\Omega$；$L = 0.26$H　6. 1）100Ω　2）2.2A　3）387.2W　4）290.4var　5）$\varphi = -37°$　6）0.8　7. 1）5Ω　2）44A　3）$U_R = 176$V；$U_L = 440$V；$U_C = 308$V　4）$P = 7744$W；$Q = 5808$var；$S = 9680$V·A　5）0.8　8. 1）5035Hz　2）9mA　3）1581　4）$U_R = 18$mV；$U_L = U_C = 28$V

三相交流电路

一、填空题

1. $311\sin(314t-150°)$ V；$311\sin(314t+90°)$ V　2. 相电压；线电压；$\sqrt{3}U_P$；线电压；30°
3. 星形联结；中性点；零点；N；中性线；零线；相线；火线　4. 三相四线；三相三线
5. 黄；绿；红；黑；白　6. 对称三相负载；不对称三相负载；三相照明电路　7. 星形联结；三角形联结；Y；△　8. 1；$\sqrt{3}$；0；不对称三相负载的相电压对称；开关；熔断器
9. 380V；220V　10. 保护接地；保护接零　11. 3；3　12. 电流；50～100Hz；50　13. 单相触电；两相触电；两相触电　14. 正确安装用电设备；电气设备保护接地；电气设备保护接零；使用各种安全保护用具　15. 定子；转子；电；机械；相；任意两根；对调　16. A；D；B；C；

二、选择题

1. A　2. C　3. B　4. C　5. C　6. B　7. C　8. A　9. D　10. C

三、计算题

1. 4A；4A；2640W　2. 5Ω；380V；76A；132A；69312W　3. 1) 38A；66A　2) 0.6
3) 25992W

变压器和交流电动机

一、填空题

1. 电磁感应　2. 铁心；线圈；硅钢片（或软磁材料）　3. 20A；降压　4. 6600匝；0.5mA

二、选择题

1. B　2. D　3. B　4. C

统测模拟试卷1

一、填空题

1. 伏特　2. 正电荷定向移动的方向　3. 4:3　4. 484Ω；25W　5. 0.4A　6. 18A；0
7. 2Ω；12.5W　8. 6V；3V　9. 12Ω　10. $\sum U=0$　11. 2；3　12. 外电路　13. 标称容量；耐压　14. 2.5×10^{-3}J　15. 4μF　16. 2.5μF；500V　17. 小磁针北极　18. 韦伯（Wb）　19. 感应电动势；感应电流　20. 左手定则　21. 交流电　22. 14.1A；50Hz；314rad/s；$\pi/4$rad　23. $-90°$　24. 纯电感；纯电容；纯电阻　25. 10var；0　26. 10V
27. 0.5　28. 电阻　29. 增大　30. 黄、绿、红　31. 380V　32. 1；$\sqrt{3}$　33. 保护接零
34. 绕组；铁心

二、选择题

1. A　2. D　3. A　4. A　5. D　6. B　7. D　8. C　9. A　10. A　11. C　12. D　13. C
14. D　15. D

三、计算题

1. 2.5A；-4A；-1.5A　2. 1) 5Ω　2) 20A　3) $U_R=60$V；$U_L=280$V；$U_C=200$V
4) 1200W；1600var；2000V·A　3. 1) 22A；22A　2) 0.6　3) 8712W

四、综合题

1. 串联一个阻值为2Ω的电阻图略　2. 1) 标称容量C和耐压U　2) 储存电能；隔直通交

3）① 四个电容串联图略　② 四个电容并联图略

统测模拟试卷 2

一、填空题

1. 减小　2. 1/2　3. 5　4. 16　5. 4；6　6. 484；25　7. 2:1　8. $\sum I = 0$

9. 电磁感应；定子；转子　10. 储能；耗能　11. 最大值；角频率；初相位　12. 反相

13. 3　14. 3　15. 3；6；3；5　16. 不允许　17. −12　18. 超前　19. 100；10

20. 单相；两相　21. 10　22. 16　23. P/S；并联电容　24. 三角形　25. 8　26. 4:1

27. 4Ω；25W　28. 减小；不变　29. 4倍　30. 1.4　31. $n-1$　32. 最小

33. 两；相电压；线电压

二、选择题

1. C　2. B　3. D　4. B　5. B　6. C　7. C　8. C　9. A　10. A　11. D　12. B　13. B

14. A　15. B　16. C　17. C　18. C　19. D　20. D　21. C　22. A　23. B　24. B　25. A

26. B　27. B　28. B　29. C　30. C

三、计算题

1. $I_3 = 4A$　2. 1）10Ω　2）22A；22A　3）0.8，11616W　3. 3.5A；150W　4. 1）100V

2）13.3Ω；0.127H；106μF　3）37°　4）600V · A；480W；360var　5. 1）$f_0 = 3.18 \times$

10^5Hz　2）$I_0 = 0.8$mA　3）$Q = 200$　4）8V；8V

四、综合题

1. 1）不变　2）变小　3）交流电压挡　4）$U = \sqrt{U_L^2 + U_R^2}$　2. 1）正常工作，相电压不变

2）两电灯串联在线电压上，两电灯变暗　3）电灯将烧毁　4）保证不对称负载的相电压对称

统测模拟试卷 3

一、填空题

1. 电压　2. 10Ω　3. 12Ω；12Ω　4. 1936Ω；6.25W　5. 5Ω；20W　6. 0.3A；1.8W；

2.7W；6V；1.2W　7. 9　8. 等效变换；短路；开路；内部电路　9. 10V；2.5Ω

10. 分压；分流　11. 法拉（F）；微法（μF）；皮法（pF）　12. 有效值；最大值是有效的

$\sqrt{2}$倍　13. 电感；电容；电阻　14. 13V　15. 磁感应强度；磁通密度；特斯拉（T）

16. 2.5μF；1000V　17. 0.01s；100Hz；628rad/s　18. 50Hz；0.02s；314rad/s

19. 1.5μF　20. 311V；220V；314rad/s；0.02s；−$\pi/4$；−220V　21. $\sqrt{3}$

二、选择题

1. A　2. C　3. A　4. B　5. D　6. A　7. D　8. C　9. B　10. B　11. C　12. A　13. D

14. C　15. D

三、计算题

1. 1A；10A；11A；110V　2. 60Ω；0.25H　3. 1）38A；66A　2）0.6　3）26063W

四、综合题

1. 1）略　2）并联电容器

2. 最少用两次，分两种情况讨论。

第三部分　高职考试

阶段性测试1——直流电路基础知识

一、填空题

1. 正；负　2. 通路；断路；断路　3. 正电荷；相反　4. 10；小　5. 无；自身性质

6. A；负；50　7. 电动势；总电阻　8. 2；24　9. 2×10^4；8×10^{-5}　10. E向上；U向下；I向下

二、填空题

1. 6∶1　2. 0.5；8；120　3. 100；相同　4. 10；9.6

三、选择题

1. C　2. D　3. A　4. C　5. B　6. C　7. B　8. B　9. A

四、判断题

1. ×　2. √　3. ×　4. ×　5. √　6. √

五、计算题

1. 3A；30V；6V　2. 218V；43Ω　3. $E = 4.8V$；$r = 4Ω$

阶段性测试2——直流电路（1）

一、填空题

1. 电压；功率　2. 反；反　3. 6；4　4. 14　5. 7.2　6. 1.5；0.4　7. 0.1；100　8. 20；20；10；10　9. 40　10. 4；72　11. -10

二、选择题

1. B　2. B　3. C　4. D　5. B　6. D　7. B　8. C　9. A　10. A

三、计算题

1. 0.3A；0.06A；0.24A

2. 6V；5V　3. 0.5A；7V

阶段性测试3——直流电路（2）

一、填空题

1. 短路；断路　2. 线性；电压；电流；功率　3. 0；∞；不能进行　4. 有源二端网络的开路电压；等效电阻　5. 电流代数和；电压代数和

二、填空题

1. $I_1 + I_2 = I_3$；$4I_3 - 8 = 0$；$4I_2 + 4I_3 - 12 = 0$；1A；1A；2A　2. 6；6.75　3. 8；2

4. 2；0.5；1.5

三、选择题

1. C　2. C　3. B　4. A　5. C　6. A　7. B　8. D　9. D　10. D

四、实验题

1）正确连接测量电路，如图4-1所示。

2）S、S_1闭合，S_2断开，电流表测得I_1，S、S_2闭合，S_1断开，电流表测得I_2。

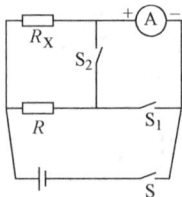

图4-1　题1）图

3）$I_1 = \dfrac{R}{R + R_X} I_2$　$R_X = \dfrac{I_2}{I_1} R - R$

五、计算题

1. $I = 3A$　2. $I = 0.5A$

阶段性测试 4——电容器

一、填空题

1. 储能；耗能　2. 30　3. 600；3　4. 10；75　5. 0；短　6. 10^{-8}；10^{-8}；1　7. 0.05

8. 储能　9. 小；反比　10. 不能

二、选择题

1. B　2. C　3. B　4. A　5. C　6. B　7. C

三、判断题

1. ×　2. ×　3. √　4. ×　5. √　6. √　7. ×　8. √　9. √　10. ×

四、实验题

两个 $4\mu F$ 电容器串联后与 $6\mu F$ 电容器并联。

五、计算题

1. 1）$100\mu F$；90V　2）$24\mu F$；150V　2. 40V

阶段性测试 5——正弦交流电路（1）

一、填空题

1. 最大值；角频率；初相　2. 电感器；电阻器　3. 解析；图像；旋转矢量　4. $-30°$；滞

后　5. $311\sqrt{2}$；311；100；0.01；$\pi/3$　6. 频率；初相　7. 5　8. 0；80var　9. $20\sqrt{2}$

10. $21\sin(314t + \pi/3)$　11. $20\sin(314t + \pi/2)$　12. 60；15°；感性　13. $5\sin(50\pi t + \pi)$

14. $250\sqrt{2}\sin(1000t - \pi/2)$　15. 100；0.05；200　16. 10；47.5　17. 10

二、选择题

1. D　2. A　3. B　4. D　5. C　6. B　7. A　8. B

三、计算题

1. 1）$100\pi rad/s$　2）$220\sqrt{2}V$　3）0.02s　4）$u = 220\sqrt{2}\sin100\pi t V$

2. 1）5000Ω　2）25V　3）$u = 25\sqrt{2}\sin(100t - 60°)V$

3. 1）50Ω，30Ω　2）0.8　3）$i = 2\sqrt{2}\sin(200t - 7°)A$

阶段性测试6——正弦交流电路（2）

一、判断题

1. √　2. ×　3. ×　4. √　5. √　6. ×

二、填空题

1. 50　2. 100；100；10；10^4　3. 60°；0.5；50；$50\sqrt{3}$；100　4. $\dfrac{\pi}{2}$；$14.4\sin\left(100\pi t+\dfrac{\pi}{6}\right)$；

$7.07\sin\left(100\pi t-\dfrac{\pi}{3}\right)$　5. 16　6. 8；6　7. 10　8. $\sqrt{3}/2$

三、选择题

1. A　2. C　3. A　4. C　5. B　6. D　7. C　8. C

四、计算题

1. $\sqrt{3}$kΩ；0.5V　2. 1）10只　2）0.8　3）364Ω　3. 1）0.25mH　2）250kΩ

3）2500V

阶段性测试7——三相交流电路

一、填空题

1. 220V；120°　2. 50　3. 三角形　4. $10\sqrt{3}$；$10/\sqrt{3}$；感性；12505　5. R_4；R_3；R_2；

R_1　6. 火线；保护接零　7. 190　8. 0.82　9. 三根火线　10. 0

二、选择题

1. A　2. B　3. A　4. B　5. A　6. B　7. C　8. B　9. A　10. A

三、计算题

1. 1）55Ω；4A；0.8，2112W　2）4A

2. 1）$I_P=1.2$A；$I_L=1.2\sqrt{3}$A；2）$I_U=I_W=1.2$A；$I_V=1.2\sqrt{3}$A

3. 1）$I_U=I_V=I_W=22$A　2）$I_N=22$A　3）$I_N=(22\sqrt{3}-22)$A　4. 1）$I_u=22$A；2）$I_{uv}=22$A；

3）$I_A=38$A

综合测试卷1

一、填空题

1. 0.1　2. 1600；32　3. 100；相等　4. 2　5. $100\sqrt{2}\sin(1000t-90°)$　6. 60；15°；感性

7. 0.1；100　8. 475；10；47.5　9. 15　10. 10；容性；12574　11. 火；保护接零；保

护接地

二、选择题

1. C　2. C　3. A　4. D　5. D　6. C　7. B　8. A　9. B　10. D

三、实验题

略

四、计算题

1. 1）16V　2）10Ω　6.4W

2. 1）100Ω；60Ω　2）0.8　3）$i=2\sqrt{2}\sin(200t-7°)$A

3. 1）$\text{Ⓐ}_1 = \text{Ⓐ}_2 = \text{Ⓐ}_3 = 6.6\text{A}$ 2）$\text{Ⓐ}_1 = \text{Ⓐ}_2 = 3.8\text{A}$；$\text{Ⓐ}_3 = 6.6\text{A}$

综合测试卷 2

一、填空题

1. 小于   2. $I_1 + I_2 - I_3 = 0$；$I_1R_1 + I_3R_3 - E_1 = 0$；$E_1 - I_2R_2 - I_3R_3 = 0$ 3. 40   4. 15   5. 40

6. 2；0.5；1.5   7. 36   8. 最大值；角频率；初相   9. 储能；耗能   10. 5   11. 有效值

12. $10\sqrt{3}$ 13. $20\sin 314t$ 14. $15\sin(100\pi t + \pi)\text{A}$

二、选择题

1. D   2. B   3. A   4. C   5. D   6. C   7. B   8. D   9. A   10. C

三、实验题

1. 电路如图 4-2 所示。

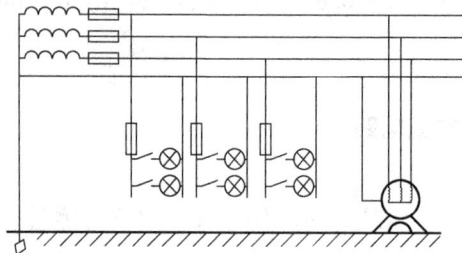

图 4-2   题 1 图

2. 1）电路图如图 4-3 所示。

图 4-3   题 2 图

2）121Ω

四、计算题

1. 0.5A

2. 1）电容性   2）50Ω 3）4.4A；$i = 4.4\sqrt{2}\sin(314t + 97°)\text{A}$ 4）176V；176V；
308V   5）774.4W；580.8var；968V·A   6）0.8   7）略

3. 1）2.2A，1161.6W

2）3.8A，6.6A；3475W

模拟试卷 1

一、填空题

1. 负；4.5   2. 14520；$i = 22\sin(100\pi t + 5\pi/6)$；$i = 22\sin(100\pi t - \pi/6)$ 3. 超前；120°

4. 2.5；12.5   5. $20\mu\text{F}$ 6. 2.5×10^7；0.1；60   7. 219；0.5   8. 220；10   9. 4；

4.8   10. 29；270   11. 4；9   12. 17.3；阻性；25010   13. 6；79   14. 0.2；5

二、单项选择题

15. D　16. A　17. D　18. A　19. B　20. C　21. A　22. A　23. D　24. B

三、判断题

25. ×　26. √　27. ×　28. ×　29. ×　30. ×　31. √　32. ×　33. ×　34. √

四、计算题

35. 1）32V　2）44V　3）$I_3 = 0.6$A

36. 1）不同之处：最大值、初相；相同之处：角频率　2）略

37. 开关闭合：$I_P = U_P/Z = 120/100$A $= 1.2$A　∴ $I_1 = I_2 = I_3 = \sqrt{3} I_P = \sqrt{3} \times 1.2$A ≈ 2.1A

开关断开：$I_U = I_W = I_{UV} = I_{VW} = 1.2$A，　$I_1 = I_3 = 1.2$A

根据节点电流定律可得 $i_V = i_{UV} - i_{VW}$

作向量图可得：$I_V = 2I_{UV}\cos 30° = 2 \times 1.2 \times \sqrt{3}/2$A ≈ 2.1A；$I_2 = 2.1$A

模拟试卷 2

一、填空题

1. 97；−503；603　2. U；I　3. $\pi/6$；100；50　4. $2t$；24.5　5. 100；相同　6. 串联；并联　7. $15\sqrt{2}$；1　8. 放电；2.5　9. 20　10. −8；1.5　11. 380；$10\sqrt{3}$

12. 1.01；9.09　13. 30/7；10/7　14. 5.8；阻性；25010

二、单项选择题

15. D　16. C　17. C　18. B　19. B　20. A　21. D　22. D　23. A　24. D

三、判断题

25. √　26. ×　27. √　28. √　29. ×　30. √　31. ×　32. ×　33. √　34. √

四、计算题

35. $I_1 = 8/3$A，$I_2 = 5/3$A，$I_5 = I_1 - I_2 = 1$A

36. 解：

1）$P_R = U_R^2/R = 20^2/80$W $= 5$W

2）$I = U_R/R = 20/80$A $= 1/4$A，$Z_2 = U_2/I = 30 \times 4 \Omega = 120\Omega$，$Z = U/I = 40 \times 4\Omega = 160\Omega$

$Z_2^2 = R_2^2 + X_L^2$，$120^2 = R_2^2 + X_L^2$

$Z^2 = (R + R_2)^2 + X_L^2$，$160^2 = (80 + R_2)^2 + X_L^2$　解得，$R_2 = 30\Omega$

线圈消耗的功率 $P_2 = I^2 R_2 = 30/4^2$W $= 1.875$W

3）$\lambda = (R + R_2)/Z = (80 + 30)/160 = 0.6875$

37. 1）$u_2 = 220\sqrt{2}\sin(314t - 120°)$V，$u_3 = 220\sqrt{2}\sin(314t + 120°)$V

2）$i_2 = 5\sqrt{2}\sin(314t - 150°)$A，$i_3 = 5\sqrt{2}\sin(314t + 90°)$A

模拟试卷 3

一、填空题

1. 25V　2. 1936Ω；小于；电阻值的大小随温度的升高而增大　3. B 到 A　4. 2A；9V；18W　5. R_b　6. 40Ω　7. 3；1/3　8. 220V；311V；318V；450V　9. 62500；1　10. 有功功率；总功率　11. 并联；较小；串联；较大　12. 外　13. 1A　14. 50V；36.9°

15. $7.5 \times 10^{-6}F$；$400V$

二、单项选择题

16. C　17. A　18. D　19. C　20. D　21. D　22. B　23. D　24. A　25. A

三、判断题

26. ×　27. ×　28. ×　29. √　30. ×　31. ×　32. ×　33. √　34. √　35. ×

四、计算题

36.

1）R_3 上的电流 $I_3 = 1A$

2）电阻 R_3 所消耗的功率 $P = I_3^2 R_3 = 3W$

3）当 $R_3 = r' = 2/3\Omega$ 时，R_3 能获得最大功率，最大功率为：$P_m = \dfrac{E^2}{4R_3} = \dfrac{(11/3)^2}{4 \times 2/3}W = 5W$

37. 1）$f_0 = \dfrac{1}{2\pi \sqrt{LC}} = \dfrac{1}{2 \times 3.14 \sqrt{5 \times 10^{-3} \times 50 \times 10^{-12}}}kHz = 318kHz$

2）$I_0 = \dfrac{U}{R} = \dfrac{40}{50}A = 0.8A$

3）$Q = \dfrac{1}{R} \sqrt{\dfrac{L}{C}} = \dfrac{1}{50} \sqrt{\dfrac{5 \times 10^{-3}}{50 \times 10^{-12}}} = 200$

4）$U_L = U_C = QU = 200 \times 40V = 8000V$

38.

1）$U_{U相} = U_{V相} = U_{W相} = \dfrac{U_L}{\sqrt{3}} = \dfrac{380}{\sqrt{3}}V = 220V$

$I_{U线} = I_{U相} = \dfrac{U_{U相}}{R_U}A = \dfrac{220}{22}A = 10A$

$I_{V线} = I_{V相} = \dfrac{U_{V相}}{R_V}A = \dfrac{220}{22}A = 10A$

$I_{W线} = I_{W相} = \dfrac{U_{W相}}{R_W}A = \dfrac{220}{10}A = 22A$

2）若中线和 U 相都因故断开，R_V 与 R_W 串联在线电压380V上，V 相和 W 相上灯泡承受的实际电压各为：

$$U_{RV} = \dfrac{R_V}{R_V + R_W}U = \dfrac{22}{22 + 10} \times 380V = 261V$$

$$U_{RW} = U - U_{RV} = (380 - 261)V = 119V$$

分析：V 相由于超压而使灯 R_V 烧毁，W 相由于断路（R_V 烧毁）而熄灭。

3）中线的作用是保证三相不对称负载的相电压对称。

应注意的问题：中线上不能接开关和熔丝。

参 考 文 献

［1］刘志平. 电工技术基础 ［M］. 2 版. 北京：高等教育出版社，2009.

［2］刘志平，苏永昌. 电工基础 ［M］. 2 版. 北京：高等教育出版社，2006.

［3］周绍明. 电工基础 ［M］. 2 版. 北京：高等教育出版社，2006.

［4］周绍明. 电工基础学习辅导与练习 ［M］. 2 版. 北京：高等教育出版社，2006.

［5］谭恩鼎. 电工基础 ［M］. 2 版. 北京：高等教育出版社，1987.

［6］江缉光. 电路原理 ［M］. 北京：清华大学出版社，1996.

［7］俞艳. 电工技术基础与技能 ［M］. 北京：人民邮电出版社，2010.

［8］俞艳. 电工技术基础与技能学习指导和练习 ［M］. 北京：人民邮电出版社，2010.

［9］秦曾煌. 电工学 ［M］. 北京：人民教育出版社，1979.

［10］刘建军. 电工基础习题集与试卷库 ［M］. 武汉：武汉理工大学出版社，2010.

［11］刘全忠. 电工学习题精解 ［M］. 北京：科学出版社，2002.

［12］冯满顺. 电工与电子技术 ［M］. 2 版. 北京：电子工业出版社，2008.

［13］周德仁. 电工基础实验 ［M］. 2 版. 北京：电子工业出版社，2007.